スラスラわかるC++

Beginner's Best Guide to Programming

第3版

矢沢久雄 著 *Hisao Yazawa*

本書内容に関するお問い合わせについて

このたびは翔泳社の書籍をお買い上げいただき、誠にありがとうございます。弊社では、読者の皆様からのお問い合わせに適切に対応させていただくため、以下のガイドラインへのご協力をお願い致しております。下記項目をお読みいただき、手順に従ってお問い合わせください。

●ご質問される前に

弊社Webサイトの「正誤表」をご参照ください。これまでに判明した正誤や追加情報を掲載しています。

正誤表　https://www.shoeisha.co.jp/book/errata/

●ご質問方法

弊社Webサイトの「書籍に関するお問い合わせ」をご利用ください。

書籍に関するお問い合わせ　https://www.shoeisha.co.jp/book/qa/

インターネットをご利用でない場合は、FAXまたは郵便にて、下記"翔泳社 愛読者サービスセンター"までお問い合わせください。
電話でのご質問は、お受けしておりません。

●回答について

回答は、ご質問いただいた手段によってご返事申し上げます。ご質問の内容によっては、回答に数日ないしはそれ以上の期間を要する場合があります。

●ご質問に際してのご注意

本書の対象を越えるもの、記述個所を特定されないもの、また読者固有の環境に起因するご質問等にはお答えできませんので、予めご了承ください。

●郵便物送付先およびFAX番号

送付先住所　〒160-0006　東京都新宿区舟町5
FAX番号　03-5362-3818
宛先　（株）翔泳社 愛読者サービスセンター

※本書の内容は、本書執筆時点（2022年6月）の内容に基づいています。
※本書に記載されたURL等は予告なく変更される場合があります。
※本書の出版にあたっては正確な記述につとめましたが、著者や出版社などのいずれも、本書の内容に対してなんらかの保証をするものではなく、内容やサンプルに基づくいかなる運用結果に関してもいっさいの責任を負いません。
※本書に掲載されているサンプルプログラムやスクリプト、および実行結果を記した画面イメージなどは、特定の設定に基づいた環境にて再現される一例です。

はじめに

学校で習う第一外国語が英語であるように、ITの世界にも第一プログラミング言語と呼べるものがあります。それは、C言語です。ただし、昔ながらのC言語を使う必要はありません。現在では、C言語にオブジェクト指向プログラミングのための機能を追加し、C言語と上位互換性があって、より良いC言語とも呼ばれているC++があるからです。読者の皆様、C++を覚えましょう。そうすれば、間違いありません。

本書は、プログラミングの基礎知識とC++の言語構文を学ぶ本です。はじめてプログラミングとC++を経験する人を対象にしています。プログラミングを覚えるには、とにかく実習あるのみです。プログラミングツールの入手方法とインストール方法から丁寧に説明しますので、皆さんのパソコンに実習環境を構築して、実際にプログラムを作ってください。ただし、実習の紙上体験もできるように、すべてのプログラムの実行結果を掲載しています。

筆者は、プログラミングに関わって、かれこれ40年になります。20年ほど前から、プログラミングを教える仕事もしています。多くの学習者に触れてきたことで、プログラミングを教えるコツがつかめました。それは、プログラミング言語の様々な構文で、どのような考えを表現するのかを、きちんと説明することです。なぜなら、プログラミング言語は言語であり、言語は人間の考えを表現するものだからです。大事なことなので、大きく書きます。

プログラミング言語は人間の考えを表現するものである！

本書は、2013年に発刊された初版から、多くの皆様にお読みいただいております。このたび、第3版を発刊するにあたり、時代に合わせて内容を大幅に改訂いたしました。本書のゴールは、皆様が、C++というプログラミング言語を使って、自分の考えを自由自在に表現できるようになることです。さあ、はじめましょう。

2022年6月吉日　矢沢久雄

本書について

本書は、はじめてプログラミングとC++を経験する人を対象に、構文解説を中心に基礎からやさしく解説した入門書です。全部で10の章に分かれており、各章でプログラミングやC++の特定のテーマについて解説しています。読み終えるころには、C++のプログラムを作るために最低限必要な知識が身についていることでしょう。

macOSをご利用の場合は、後述する「macOSをご利用の方へ」を必ずお読みいただき、学習を進めてください。

各章には以下の要素があり、理解を助けます。

1. 章の内容をイラストで紹介

各章の冒頭には内容をイラストで紹介するコーナーがあります。どんなことを学ぶのか、事前に把握して心の準備をしてください。

2. 本編の解説

プログラミング初心者でも理解できるよう、難しい言葉はできるだけ使わずに説明しています。また、読み進めやすいように親しみやすさも意識しました。

3. たくさんの図解

文章による説明の理解を助けるために、図解を使って補足しています。

4. Memo

説明に関連して、留意していただきたいことなどをまとめています。

5. Column

説明の流れから外れますが、今後のために知っておいたほうがよい情報などをまとめています。

Column

6. 注意

主に、翔泳社のWebページからダウンロードできる本書のサンプルプログラムについての内容とその利用方法について、注意が必要なことを記載しています。

7. POINT

その節で解説してきたことを確認するために、節末にポイントを簡潔にまとめています。見直しなどをする際に活用してください。

ソースコードの掲載方法について

紙面の都合上、本書では、サンプルプログラムのソースコードを任意の位置で折り返して掲載している場合があります。

学習の進め方

本書は、以下の内容を意識しながら読み進めていただくと、より学習効果が高まります。

プログラミングツールを入手しインストールする

第1章を参照して、無償で入手できるプログラミングツールをダウンロードして、皆様のパソコンにインストールしてください。

プログラミングの手順を覚える

第1章を参照して、プログラミングツールの使い方と、プログラミングの手順を覚えてください。

音読しながらサンプルプログラムを作って動作確認する

各章の説明を読み、そこに示されているサンプルプログラムを作って、動作を確認してください。このとき大事なことは、プログラムを音読することです。音読すれば、言語を覚えられます。決まった読み方はありませんので、英語と数式だと思って、自分流に音読してください。少しぐらい意味がわからない部分があっても、後で必ずわかるので、気にしないでください。

サンプルプログラムを自分の考えで改造する

さて、ここが最も重要です。「プログラミングができる」とは、プログラミング言語で自分の考えを表現できることを意味します。そのための練習として、サンプルプログラムを自分の考えで改造してください。機能を変えるのでも、追加するのでも構いません。やってみたいと思ったことを、やってください。小さな改造の経験を積み重ねることで、ゼロからプログラムを作れるようになります。

章末のCheck Testをやってみる

本書の各章末には、Check Testがあります。各章の学習のまとめとして、問題を解いてください。解答は、巻末にあります。

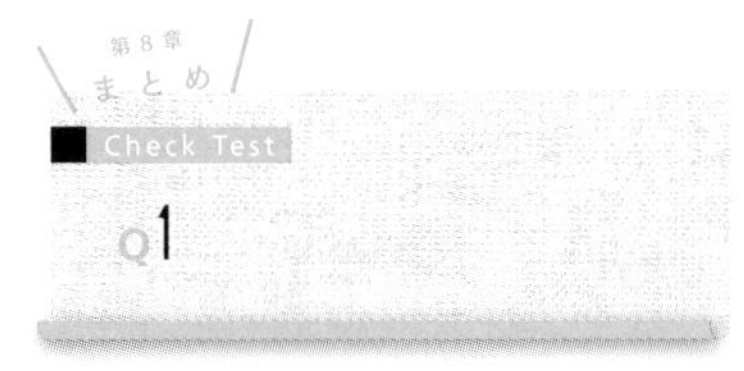

自分の考えでオリジナルのプログラムを作る

本書の学習が終了したら、自分の考えでツールやゲームなど、オリジナルのプログラムを作ってください。それが、本書のゴールです。

プログラミングツールの種類

本書では、以下のプログラミングツールを使います。入手方法とインストール方法は、第1章を参照してください。MinGW（Minimalist GNU for Windows）は、Unix系のOSでよく使われているGNU（GNU's Not Unix）プロジェクトのコンパイラをWindowsに移植したものです。TeraPadは、寺尾 進氏が開発したテキストエディタです。どちらも無償で入手できます。

- コンパイラ：MinGW version 9.2.0
- テキストエディタ：TeraPad version 1.09

※バージョン番号は、インストールした時期により異なります。

サンプルプログラムの動作環境

本書に掲載されているサンプルプログラムは、以下の環境で動作確認を行っています。

- OS：Windows 11 Home、Windows 10 Pro
  macOS Monterey 12.4

画面ショットについて

本書に掲載している画面ショットはWindowsのものです。多くはWindows 11によるもので、Windows 10については必要に応じて掲載しています。

付属データのダウンロード方法と使い方

本書に掲載されているサンプルプログラムのソースファイルは、付属データとして翔泳社のWebページからダウンロードできます。下記URLにアクセスし、Webページに記載されている指示に従ってダウンロードしてください。

サンプルプログラムのソースファイルは、Windows用とmacOS用に分かれています。学習環境に合わせて必要なファイルをダウンロードしてください。

サンプルのダウンロード

https://www.shoeisha.co.jp/book/download/9784798172941/

本書の中では、すべての章のサンプルプログラムをCドライブ直下の「samples」ディレクトリ（フォルダ）に作成しています。上記URLからダウンロードしたサンプルプログラムのファイルは、管理しやすいように、章ごとにフォルダを分け、全体をzip形式で圧縮しています。本書の内容の通りに実習をしたい場合は、解凍したxxxx.cppやxxxx.hといったファイルを、「samples」ディレクトリにコピー＆ペーストしてください。

macOSをご利用の場合は、後述する「macOSをご利用の方へ」をご覧ください。

◆注意

※付属データに関する権利は著者および株式会社翔泳社、またはそれぞれの権利者が所有しています。

※付属データの提供は予告なく終了することがあります。あらかじめご了承ください。

◆免責事項

※付属データの内容は、本書執筆時点の内容に基づいています。

※付属データの内容は、著者や出版社などのいずれも、その内容に対してなんらかの保証をするものではなく、内容やサンプルに基づくいかなる運用結果に関してもいっさいの責任を負いません。

macOSをご利用の方へ

本書では、Windows環境を前提に学習を進めています。macOSでの学習環境の構築とプログラムのコンパイル・実行方法については、本書の付属データとして提供するPDFファイルで説明しています。

付属データは翔泳社のサイトからダウンロードできます。ダウンロード方法については、先に述べた「付属データのダウンロード方法と使い方」をご覧ください。

masOSについては次の環境でソースコードの動作確認をしています。

- OS：macOS Monterey 12.4
- コンパイラ：gcc
- テキストエディタ：CotEditor 4.2

本書を読み進めるうえでの注意事項

macOSをご利用の場合、本書の下記記載については、macOS用のものに読み替えてください。プログラムを実行する際は、次項の内容をご覧ください。

表0-1　読み替えが必要な記載内容

読み替え対象	本書（Windows）	macOS
ソースコードのコンパイル・実行環境	コマンドプロンプト	ターミナル
エスケープ記号	¥	\

プログラムを実行する際の注意事項

本書の付属データで紹介しているmacOS環境では、「書類」ディレクトリ（フォルダ）の中に作成した「samples」ディレクトリ（フォルダ）をカレントディレクトリとしています。

付属データに従って作成した学習環境の場合、本書に記載しているプログラムをコンパイルするためのコマンドは、macOSのターミナルでも同じです。ただし、macOSでプログラムをカレントディレクトリから実行する場合は、コマンドの前に必ず「./」をつけて実行してください。

Windows：コマンドプロンプト（本書の記載）

```
C:¥samples>g++ -o list2_3.exe list2_3.cpp    コンパイル
C:¥samples>list2_3.exe    実行
```

macOS：ターミナル

```
…;samples …$ g++ -o list2_2.exe list2_2.cpp    コンパイル
…;samples …$ ./list2_3.exe    実行
```

なお、第9章の「9_3 ダンププログラムの作成」で紹介している一部のプログラムでは、上記を踏まえたうえで本書に記載している実行方法を試しても、うまく動作しないものがあります。この部分のmacOSでの実行方法については、本書の付属データとして提供するPDFファイル内の記述をご覧ください。

目次

CONTENTS

第1章 プログラミングの準備をする …… 001

1_1 プログラミングツールを入手してインストールする 003

コンパイラの入手とインストール 003
パスの設定 010
テキストエディタの入手とインストール 015
実習用のディレクトリの作成 016

1_2 プログラミングの手順を覚える 017

プログラミングの手順 017
ソースファイルの作成 019
コンパイル 022
プログラムの実行 025
プログラムの改造 025

1_3 プログラミングの基礎知識を知る 027

コンピュータの五大装置 027
3種類の処理の流れ 028
変数、演算子、関数 029
プログラムの部品化 031
C言語一族の系譜 032

第1章まとめ Check Test 034

第2章 役に立つプログラムを作る（C++の基本構文）

第2章 役に立つプログラムを作る（C++の基本構文） 035

2_1 ほとんどのプログラムに共通する雛型 037
この章で作るプログラム 037
プログラムの雛型 038
ヘッダファイル 038
ネームスペース 040
main関数 042

2_2 データ型と算術演算子 045
変数の宣言とデータ型 045
データ型の名称の意味 047
よく使われるデータ型 048
変数の宣言とコメント 048
算術演算子 050

2_3 コンソール入出力と書式設定 053
cinとcoutによるコンソール入出力 053
BMIを求めるプログラムを完成させる 055
出力の書式設定 058
複合代入演算子 060
定数の定義 063
暗黙の型変換と明示的な型変換 067

第2章まとめ Check Test 070

第3章 条件に応じた分岐と繰り返し……071

3_1 分岐を行うための構文 073
if～else文による分岐 073
比較演算子 076
if～else文のバリエーション 077
論理演算子 079
if～else文では冗長になってしまう例 082
switch文による分岐 085

3_2 繰り返しを行うための構文 091
while文による繰り返し 091
do～while文による繰り返し 093
for文による繰り返し 096
while文とfor文の使い分け 098
多重ループ 100

3_3 配列と繰り返し 103
配列の宣言 103
配列とfor文 104
break文による繰り返しの途中終了 107
continue文による
処理のスキップと繰り返しの継続 109

第3章まとめ Check Test 113

第4章 プログラムを関数で部品化する

第4章 プログラムを関数で部品化する …… 115

4_1 **複数の関数から構成されたプログラム** 117

あらかじめ用意されている関数を使う 117
自分で関数を作る 120
自分で作った関数を使う 122
ヘッダファイルの役割 124
ローカル変数とグローバル変数 127

4_2 **関数の引数をポインタにする** 129

引数の値渡しとポインタ渡し 129
引数のポインタ渡しの関数を呼び出す 131
ポインタ渡しの仕組みを知るための実験プログラム 134
&（アンパサンド）と*（アスタリスク）の機能 136
配列は必ずポインタ渡しになる 138
ポインタを使った配列の要素の読み出し 140
引数の参照渡し 144

4_3 **構造体とポインタ** 146

構造体の定義 146
構造体をデータ型とした変数と配列 148
構造体のポインタを関数の引数にする 151
構造体のポインタのメンバを読み書きする 153

第4章まとめ Check Test 158

第5章 プログラムをクラスで部品化する

第5章 プログラムを
クラスで部品化する 159

5_1 あらかじめ用意されているクラスを使う 161
関数のイメージは機械 161
オブジェクトのイメージは生き物 162
stringクラスの様々な機能 165
stringクラスの様々な機能を使う 167

5_2 自分でクラスを作って使う 171
クラスの定義 171
メンバ変数をprivateにする理由 173
メンバ関数とコンストラクタの実装 175
コンストラクタの処理内容 176
メンバ関数の処理内容 178
自分で作ったクラスを使う 179
privateなメンバ変数を読み出す方法 181

5_3 オブジェクトの生成と破棄 187
クラスとインスタンス 187
コンストラクタとデストラクタ 190
new演算子とdelete演算子 194
オブジェクトの動的な生成と
破棄が必要なプログラム 196
静的メンバを定義する 198
静的メンバを使う 201

第5章まとめ Check Test 206

第6章 クラスがあるから表現できること……207

6_1 データと処理をひとまとまりにするカプセル化 209
カプセル化、継承、多態性の概要 209
変数と関数でカウンタを表現する 212
クラスでカウンタを表現する 214
データを保護するカプセル化 217

6_2 改造せずに機能を付け足す継承 222
既存のカウンタを継承して新たなカウンタを作る 222
継承の仕組み 226
イニシャライザを利用したサンプルプログラム 229
集約と委譲 232

6_3 同じプロトタイプのメンバ関数を複数のクラスに定義する多態性 238
犬と猫による多態性の例 238
汎化と特化 240
純粋仮想関数と抽象クラス 243
抽象クラスのポインタの配列 245

第6章まとめ Check Test 249

第7章 オーバーライドとオーバーロード ……251

7_1 オーバーライドと仮想関数 253
メンバ関数のオーバーライド 253
派生クラスから
基本クラスのメンバ関数を呼び出す 256
オーバーライドしただけでは問題が生じる 258
仮想関数による問題の解決 258

7_2 関数のオーバーロード 262
単独の関数のオーバーロード 262
メンバ関数のオーバーロード 265
コンストラクタの自動生成と
オーバーロード 267
デフォルト引数 272

7_3 演算子のオーバーロード 276
演算子をオーバーロードする意義 276
算術演算子のオーバーロード 278
比較演算子のオーバーロード 283
>> 演算子と << 演算子のオーバーロード 287

第7章まとめ Check Test 292

第8章 コピーコンストラクタと代入演算子のオーバーロード

第8章 コピーコンストラクタと代入演算子のオーバーロード …… 293

8_1 **コピーコンストラクタ** 295

通常のコンストラクタとコピーコンストラクタの違い 295

独自にコピーコンストラクタを作成する 299

デフォルトコピーコンストラクタでは問題が生じる場面 302

独自のコピーコンストラクタで問題を解決する 307

8_2 **代入演算子のオーバーロード** 313

オブジェクトの代入ではコピーコンストラクタが呼び出されない 313

代入演算子のデフォルトのオーバーロードでは問題が生じる場面 316

独自の代入演算子のオーバーロードで問題を解決する 319

8_3 **関数とクラスの作り方と使い方のまとめ** 324

実用的な関数の作り方と使い方 324

サンプルプログラムを短く記述する場合の関数の作り方と使い方 325

実用的なクラスの作り方と使い方 328

サンプルプログラムを短く記述する場合のクラスの作り方と使い方 330

第8章まとめ Check Test 334

第9章 エラー処理とファイル処理 ……………… 335

9_1 エラー処理 337
戻り値でエラーを知らせる 337
戻り値でエラーの種類を知らせる 340

9_2 ファイル処理 346
テキストファイルとバイナリファイル 346
C++のファイル処理の特徴 347
テキストファイルへ書き込む 347
テキストファイルから読み出す 351
バイナリファイルへ書き込む 353
バイナリファイルから読み出す 356

9_3 ダンププログラムの作成 359
コマンドライン引数を取得する 359
2進数と16進数 362
ダンププログラムを作る 365
標準出力と標準エラー出力の違い 369

第9章まとめ Check Test 372

第10章 テンプレートとSTL 373

10_1 関数テンプレートとクラステンプレート 375
関数テンプレート 375
複数のプレースホルダを使った関数テンプレート 378
クラステンプレート 382

10_2 コンテナの機能を提供するSTL 385
STLのコンテナの種類 385
ベクトル 387
マップ 389
キューとスタック 391

10_3 アルゴリズムを提供するSTL 395
STLのアルゴリズムの種類 395
整列のアルゴリズム 396
探索のアルゴリズム 398
その他のアルゴリズム 400

第10章まとめ Check Test 403

付録……405

A-1 構文一覧 406
A-2 主なデータ型、演算子などの一覧 418

まとめのCheck Testの解答例……427

索引……431

第1章

プログラミングの準備をする

この章では、まず、パソコンにコンパイラとテキストエディタをインストールし、次に、プログラミングの手順を知るためのプログラムを作成します。最後に、プログラミング全般に関わる基礎知識を学びます。

この章で学ぶこと

1 _プログラミングに必要なツール

2 _プログラミングの手順

3 _プログラミングの基礎知識

プログラミングには
何が必要なんだろう？
プログラミングツールを
使うんだよ
今時のパソコンは
しゃべるんだな……
それって、
買わないとダメ？
無償で入手
できるものがあるから、
それを使うといいよ
それなら、
すぐにプログラミング
を始められるね！
その前に、
プログラミング
ツールをインストール
しなくちゃ！

1_1 プログラミングツールを入手してインストールする

コンピュータの入手とインストール

プログラミングツールとは、プログラムを作る道具のことです。本書では、コンパイラとテキストエディタというプログラミングツールを使います。テキストエディタを使って、プログラムを記述します。コンパイラを使って、プログラムを実行可能な形式に変換します。

はじめに、プログラミングツールを入手してインストールしましょう。

なお、macOSをご利用の場合は、この1_1については本書の付属データ内にある「1_1 プログラミングツールを入手してインストールする（macOS）」をご覧ください。

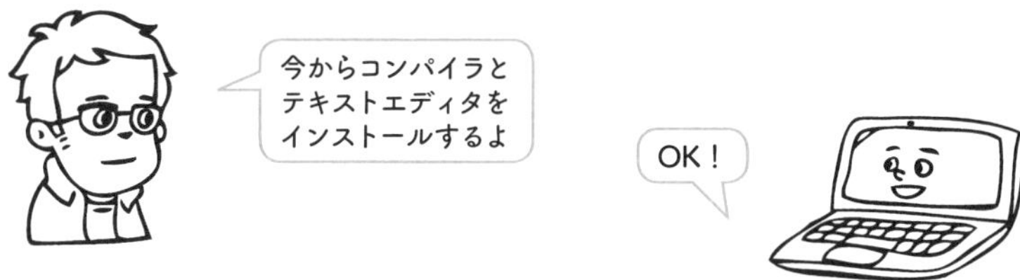
今からコンパイラと
テキストエディタを
インストールするよ
OK！

まず、MinGW（ミン・ジー・ダブリュ）というコンパイラを入手してインストールします。Webブラウザを起動して、

https://osdn.net/projects/mingw/

にアクセスしてください。「MinGW - Minimalist GNU for Windows」というWebページが表示されたら、「Download」の下にある「mingw-get-setup.exe」をクリックしてください。

注意
アクセスした際に「We use cookies to understand …」と表示される場合がありますが、このメッセージに「Accept」しなくてもダウンロードできます。

注意
この情報は本書の刊行時点のものであり、後からダウンロード方法が変更されることがあります。詳しくは下記URLにアクセスして、［追加情報］タブの内容をご覧ください。
https://www.shoeisha.co.jp/book/detail/9784798172941

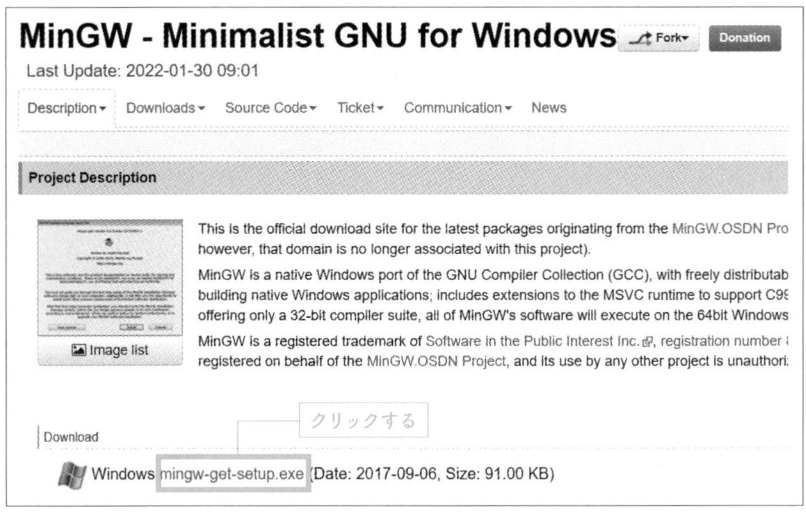

MinGWのダウンロードページ

これによって、mingw-get-setup.exeというファイル（ファイル名の拡張子の.exeは、Windowsのデフォルトの設定では表示されません）がダウンロードされます。ファイルがダウンロードされる場所は、一般的にWindowsの「ダウンロード」というディレクトリ（フォルダ）です。

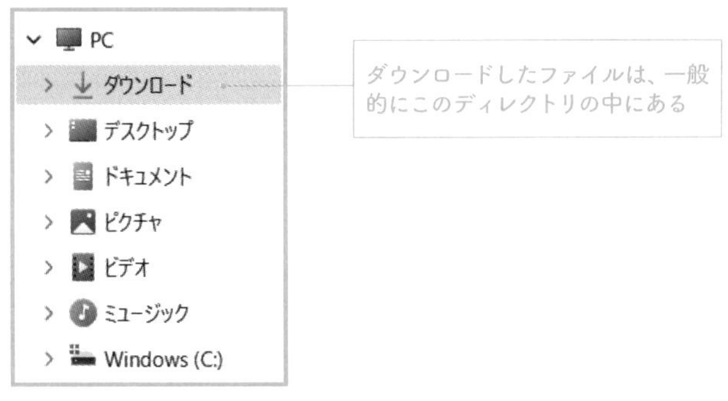

ダウンロードディレクトリ（フォルダ）

ダウンロードしたmingw-get-setup.exeをダブルクリックして実行します。「MinGW Installation Manager Setup Tool」と示されたウインドウが表示されたら「Install」ボタンをクリックしてインストールを開始します。

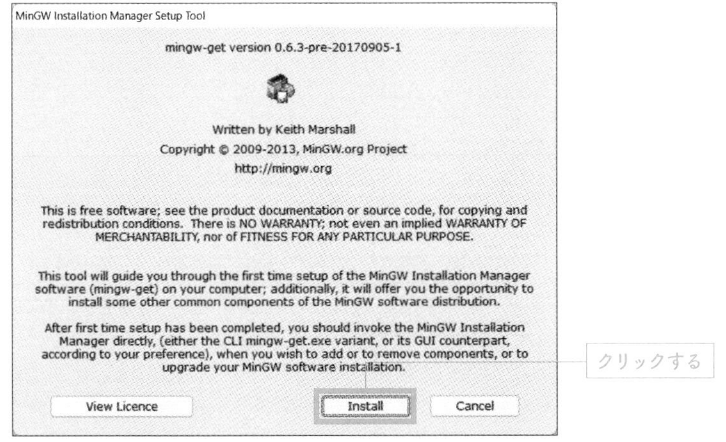

「Install」ボタンをクリックしてインストールを開始する

インストールするディレクトリを設定するウインドウが表示されたら、デフォルトの「C:\MinGW」のまま「Continue」ボタンをクリックします。これによって、CドライブI直下のMinGWというディレクトリにMinGWがインストールされます。

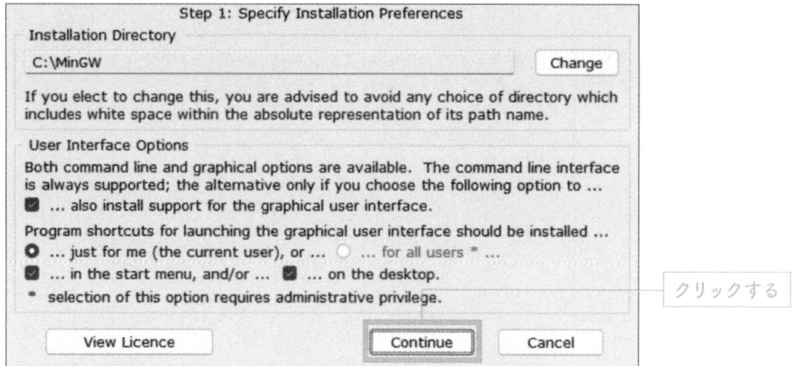

デフォルトの設定のまま「Continue」ボタンをクリックする

次のウインドウで、MinGW Installation Managerというツールがダウンロードされます。ダウンロードが完了すると、「Continue」ボタンをクリックできるようになるので、クリックしてください。

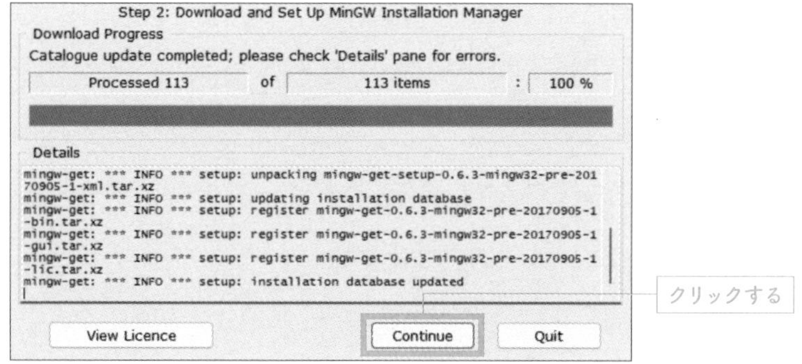

ダウンロードが完了したら「Continue」ボタンをクリックする

「MinGW Installation Manager」というウインドウが表示されます。このウインドウで、MinGWの複数のツールの中から必要なものを選択してインストールします。

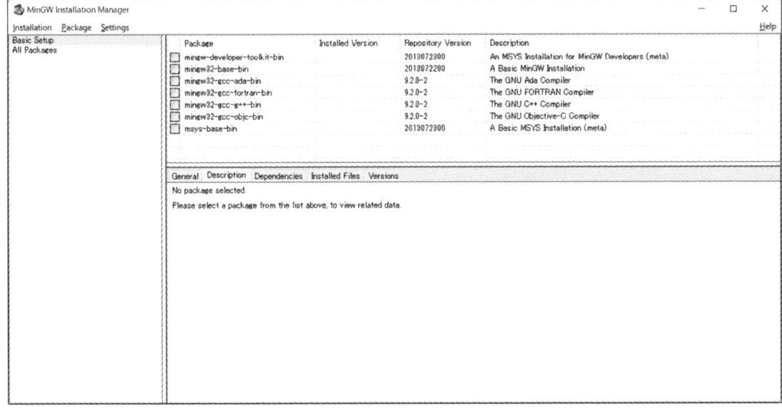

「MinGW Installation Manager」というウインドウが表示される

ここでは、一覧表示されたツールの中から、次をインストールします。

- mingw-developer-toolkit-bin
- mingw32-base-bin
- mingw32-gcc-g++-bin
- msys-base-bin

それぞれのツールをクリックして表示されるメニューから、「Mark for Installation」を選択してください。チェックマーク（矢印のマーク）が付いて選択された状態になります。

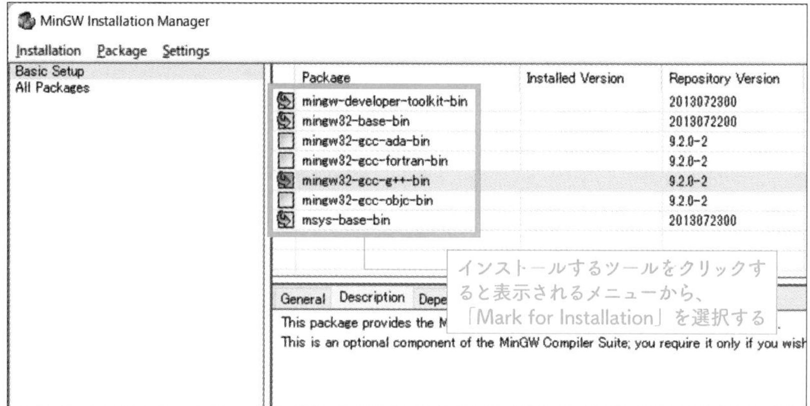

インストールするツールを選択する

「MinGW Installation Manager」のウインドウで上部の「Installation」メニューから「Apply Changes」を選択します。

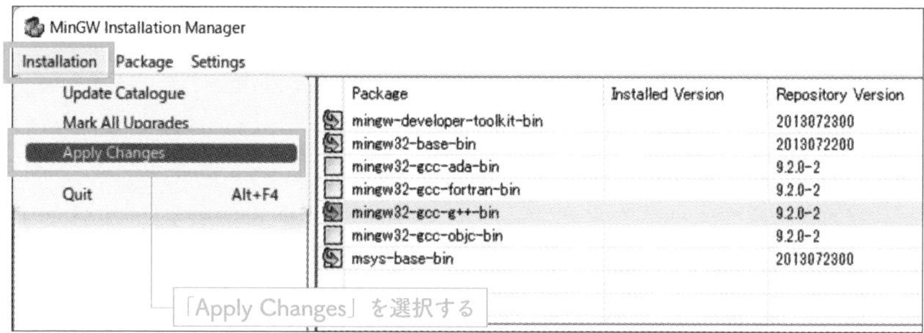

「Apply Changes」を選択する

「Schedule of Pending Actions」というウインドウが表示されたら「Apply」ボタンをクリックします。これによって、選択したツールのダウンロードとインストールが行われます。

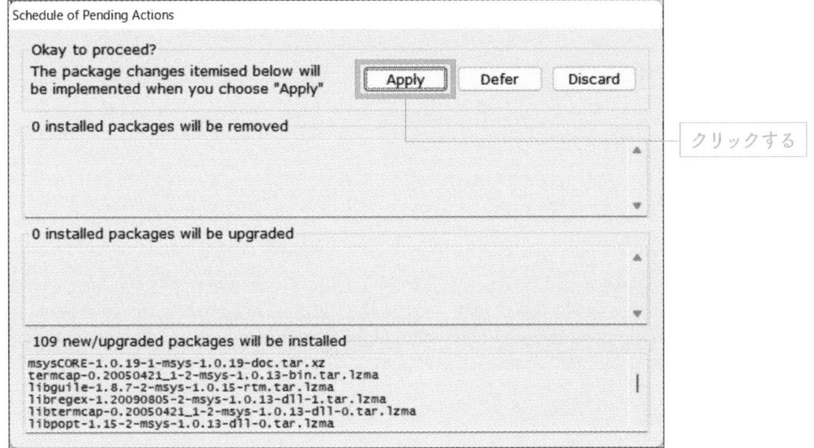

「Apply」ボタンをクリックしてツールのインストールを開始する

インストールが完了すると「Applying Scheduled Changes」のウインドウの「Close」ボタンをクリックできるようになるので、クリックしてください。

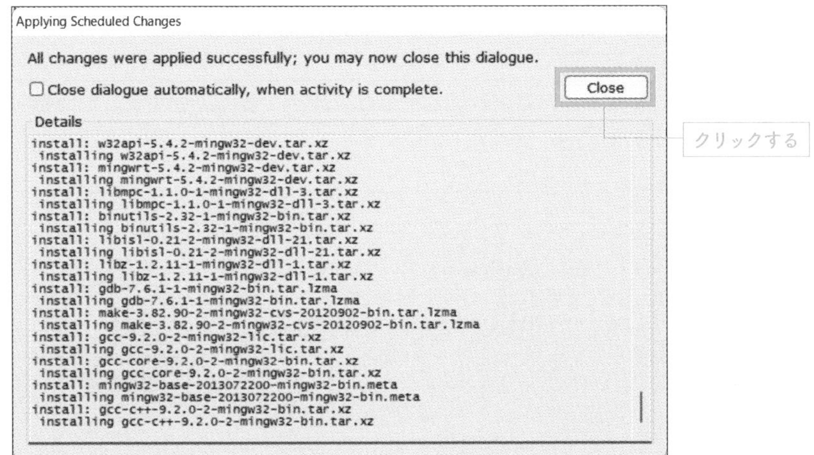

インストールが完了したら「Close」ボタンをクリックする

「MinGW Installation Manager」のウインドウに戻ったら、「Installation」メニューから「Quit」を選択して、ウインドウを閉じてください。

Column

GCCとMinGW

GNUプロジェクトのコンパイラを**GCC**（ジーシーシー：GNU Compiler Collection）と呼びます。GCCは、C++、Objective-C、FORTRAN、Adaなど、複数のコンパイラを提供します。それらの中で、GCCのC++コンパイラを**G++**（ジープラスプラス）と呼びます。
GCCは、UNIX系のOSでよく使われています。MinGWは、GCCをWindowsに移植したものです。最小限の機能を移植したという意味で、Min（Minimalist＝最小限）という言葉が付いています。

パスの設定

MinGWを利用するには、インストールした後、パスの設定が必要になります。**パスの設定**とは、インストールしたツールのファイルが置かれたディレクトリを、Windowsに知らせることです。パスを設定することで、ツールを起動できるようになります。**パス**（path）とは、直訳すると「道筋」という意味です。目的のファイルにたどり着くまでの道筋というわけです。

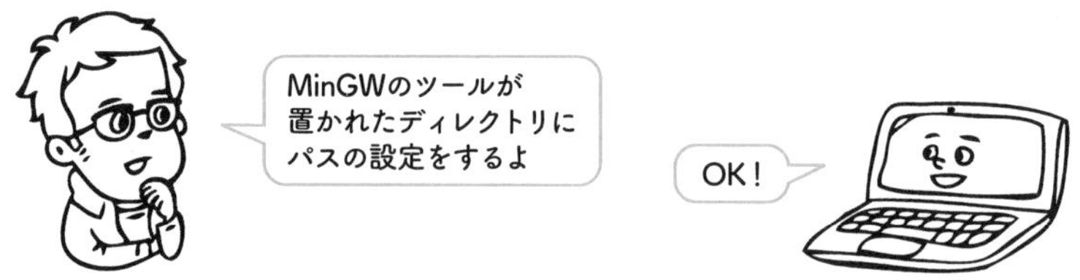

パスの設定は、Windowsの標準機能で行います。「システムのプロパティ」ウインドウで設定していきますが、Windows 11とWindows 10で手順が少し異なるため、使用しているOSに合わせて読み進めてください。

Windows 11で「システムのプロパティ」ウインドウを開く

Windowsの「スタート」ボタンをクリックして、「設定」のアイコンをクリックしてください。「設定」のウインドウが表示されたら、左側で「システム」が選択されていることを確認し、右側に表示された項目をスクロールして「バージョン情報」をクリックしてください。

[Windows 11]「システム」の「バージョン情報」をクリックする

ウインドウの上部が「システム > バージョン情報」という表示になったら、「関連リンク」の「システムの詳細設定」をクリックし、「システムのプロパティ」ウインドウを開きます。

次は、『「システムのプロパティ」ウインドウから「環境変数」を設定する』に進んでください。

[Windows 11]「関連リンク」の「システムの詳細設定」をクリックする

Windows 10で「システムのプロパティ」ウインドウを開く

Windowsの「スタート」ボタンをクリックして、「設定」のアイコンをクリックしてください。「Windowsの設定」のウインドウが表示されたら「システム」をクリックします。

「設定」のウインドウの左側に表示される「詳細情報」をクリックし、ウインドウの右側に表示される「関連設定」の「システムの詳細設定」をクリックして、「システムのプロパティ」ウインドウを開きます。

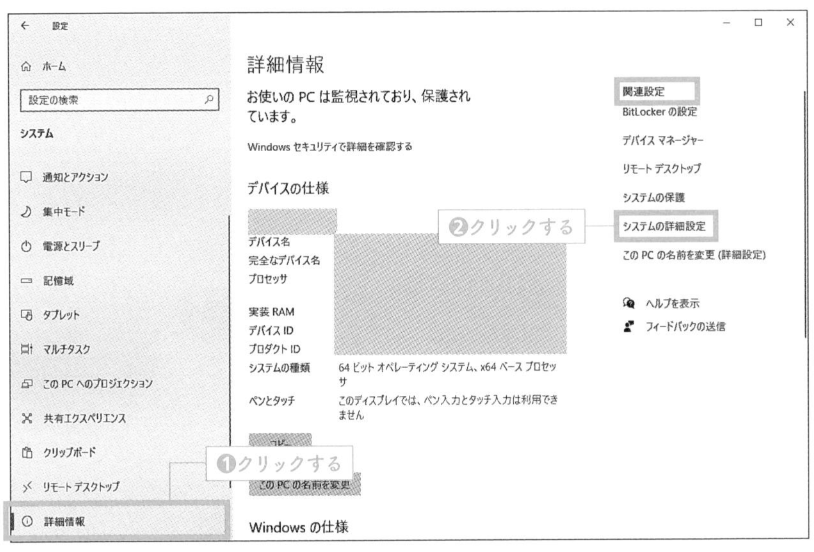

[Windows 10]「関連設定」の「システムの詳細設定」をクリックする

「システムのプロパティ」ウインドウから「環境変数」を設定する

「システムのプロパティ」というウインドウが表示されたら、「環境変数」ボタンをクリックしてください。**環境変数**とは、Windowsに情報を知らせるための変数です。パスの設定は、Pathという名前の環境変数で行います。

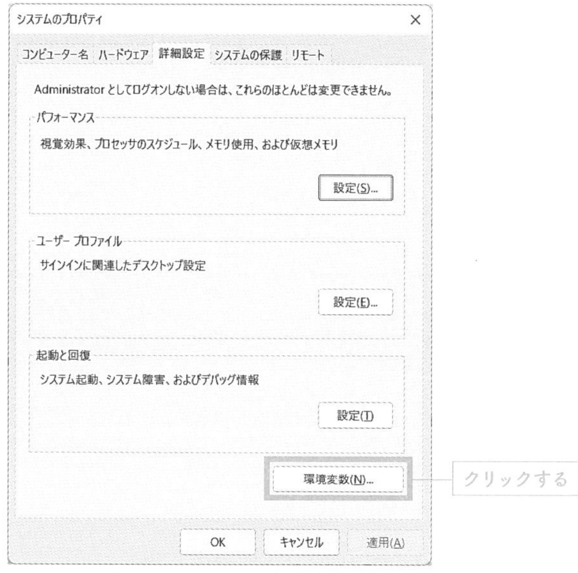

「環境変数」ボタンをクリックする

ここでは、Pathという名前の環境変数に、MinGWのツールが格納されているC:¥MinGW¥binおよびC:¥MinGW¥msys¥1.0¥binというディレクトリを設定します。「環境変数」というウインドウの下側にある「システム環境変数」で「Path」をクリックして選択し、「編集」ボタンをクリックしてください。

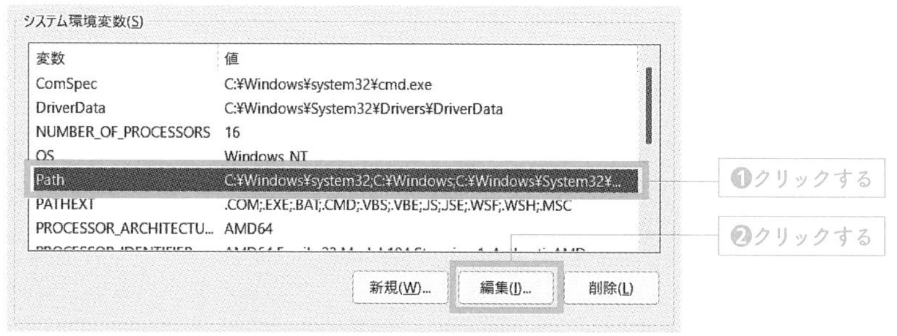

システム環境変数の「Path」を選択して「編集」ボタンをクリックする

「環境変数名の編集」というウインドウが開いたら、「新規」ボタンをクリックし、「C:¥MinGW¥bin」と入力して「OK」ボタンをクリックします。

環境変数Pathに1つ目のディレクトリを設定する

「環境変数」のウインドウに戻ったら、先ほどと同様に「システム環境変数」で「Path」をクリックして選択し、「編集」ボタンをクリックします。「環境変数名の編集」というウインドウが表示されたら「新規」ボタンをクリックし、「C:¥MinGW¥msys¥1.0¥bin」と入力して「OK」ボタンをクリックします。

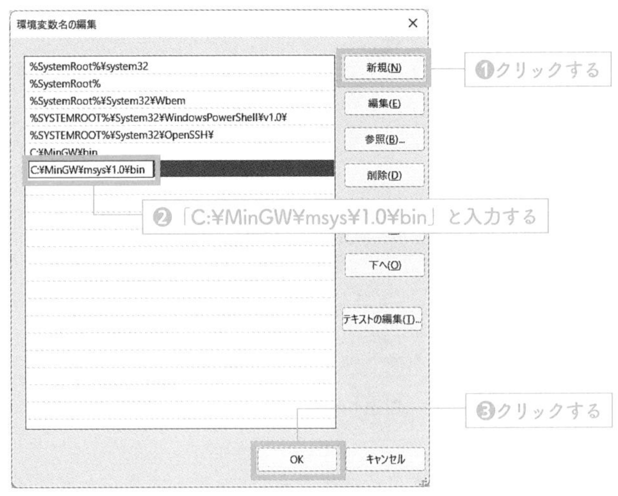

環境変数Pathに2つ目のディレクトリを設定する

「環境変数」のウインドウに戻ったら、「OK」ボタンをクリックします。「システムのプロパティ」のウインドウに戻ったら、「OK」ボタンをクリックします。これで、パスの設定は完了です。

「設定」のウインドウで、右上の「×」ボタンをクリックします。以上で、MinGWのインストールは、すべて完了です。

テキストエディタの入手とインストール

次に、テキストエディタを入手してインストールします。本書で使うテキストエディタは、TeraPad version 1.09です。Webブラウザを起動して、

https://tera-net.com/library/tpad.html

にアクセスしてください。「シンプルなテキストエディタ」というWebページが表示されたら、「ダウンロード」の部分にある「tpad109.exe（776KB）（インストーラ付き）」をクリックしてください。

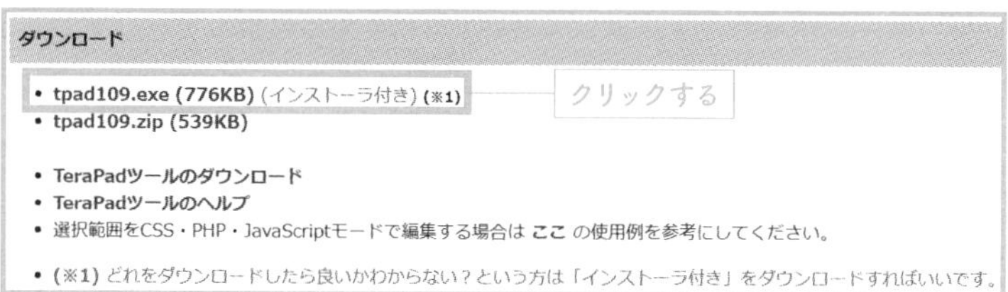

「tpad109.exe（776KB）（インストーラ付き）」をクリック

これによって、tpad109.exeというファイルがダウンロードされます。ファイルがダウンロードされる場所は、一般的にWindowsの「ダウンロード」というディレクトリ（フォルダ）です。

ダウンロードしたtpad109.exeをダブルクリックして実行します。「この不明な発行元からのアプリがデバイスに変更を加えることを許可しますか？」という警告が表示されたら、「はい」ボタンをクリックします。これ以降、いくつかのウインドウが表示されますが、すべてデフォルトの設定のままで、「次へ」

ボタンをクリックしていって問題ありません。「フォルダが存在しないため、インストール時に作成します。続行しますか？」というウインドウが表示されたら「はい」ボタンをクリックします。

インストールが完了すると、自動的にテキストエディタが起動して、その中に機能や動作環境が示されます。「ファイル」メニューから「閉じる」を選んで、テキストエディタを終了してください。これで、テキストエディタのインストールは完了です。

これ以降、本書では、テキストエディタまたはTeraPadと呼びます。Windowsのデスクトップには、TeraPadのアイコンが作成されているはずです。

デスクトップ上のTeraPadのアイコン

実習用のディレクトリの作成

本書では、Cドライブの直下にsamplesというディレクトリを作成し、そこにプログラムのファイルを格納することにします。Windowsのエクスプローラを使って、Cドライブの直下に「samples」ディレクトリ（フォルダ）を作成してください。

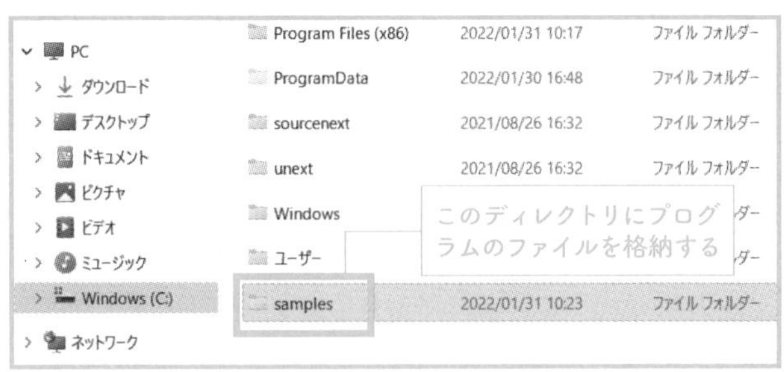

Cドライブの直下に「samples」ディレクトリ（フォルダ）を作成

1_2 プログラミングの手順を覚える

プログラミングの手順

本書に掲載されたサンプルプログラムを作る手順は、どのプログラムでも基本的に同じです。以下に手順を示しますので、もしも忘れてしまった場合は、ここに戻って復習してください。

なお、macOSをご利用の場合は、この1_2については本書の付属データ内にある「1_2 プログラミングの手順を覚える（macOS)」をご覧ください。

❶ テキストエディタでソースコードを記述する

テキストエディタを起動して、サンプルプログラムを音読しながら記述します。プログラミング言語の構文に従って記述されたプログラムを、**ソースコード**と呼びます。ソース（source）は、「元」という意味です。実行可能なプログラムの元となるので、ソースコードと呼ぶのです。

C++のソースコードは、ファイル名の拡張子を**.cpp**とする約束になっています。cppは、「C plus plus」を意味しています。ソースコードが記述されたファイルを、**ソースファイル**と呼びます。

❷ コンパイラでソースコードをコンパイルする

コンパイラを使って、ソースコードを実行可能な形式に変換します。この変換を**コンパイル**と呼び、変換を行うプログラミングツールを**コンパイラ**と呼びます。コンパイル（compile）は、「編集する」や「翻訳する」という意味です。

Windowsでは、実行可能ファイルの拡張子は、**.exe**です。exeは、「executable（実行可能）」を意味しています。たとえば、list1_1.cppというソースファイルをコンパイルすると、list1_1.exeという実行可能ファイルが得られます。

もしも、ソースコードの内容に構文上の誤りがあると、コンパイル時にエラーメッセージが表示され、実行可能ファイルは生成されません。この場合には、テキストエディタでソースコードの内容をよく見直し、誤りを見つけて修正し、上書き保存してから、再度コンパイルしてください。

ここで、上書き保存することを忘れないように注意してください。もしも、上書き保存しないでコンパイルすると、「ちゃんと誤りを修正したのに、同じ誤りが表示されたぞ？」と驚くことになります。

修正後のソースコードを
上書き保存していないん
じゃないの！？

❸ プログラムを実行する

実行可能ファイルを実行して、動作を確認します。このとき、「このプログラムは、こういう内容だから、きっとこういう結果になるはずだ」と予測してから動作を確認してください。予測通りになれば、「なるほど、このように記述すれば、このような結果になるのか！」という体験を通して、プログラミング言語の構文をしっかり覚えられます。

もしも、予測した通りの結果にならなかった場合は、プログラムの内容に誤りがあります。テキストエディタでソースコードの内容をよく見直し、誤りを見つけて修正し、上書き保存してから、再度コンパイルしてください。ここでも、修正後のソースコードの上書き保存を忘れないように注意してください。

❹ 自分のアイディアでプログラムを改造する

本書に掲載されたサンプルプログラムを作って、実行結果を確認できたら、そこでテーマとしている構文がわかったはずです。その構文を使って、自分のアイディアでプログラムを改造してください。これを行うかどうかが、プログラミングができるようになるかどうかの鍵を握っています。

どのような改造でも構いません。画面に表示される文字列を変更するだけでもOKです。足し算を引き算に変えるだけでもOKです。いくつかのサンプルプログラムで覚えた構文を組み合わせてもOKです。「もしも、こうしたら、どうなるのだろう？」という疑問を解決するための実験をするのでもOKです。とにかく、サンプルプログラムを作って終わりにせずに、自分の考えでプログララムに手を加えてください。

ソースファイルの作成

それでは、実際にプログラムを作ってみましょう。ここでは、最初に作るプログラムとして定番の「ハローワールド」を作ります。これは、画面に「hello, world」と表示するだけのプログラムです。C言語の開発者らが自ら著した「プログラミング言語C」（原題：The C Programming Language）という有名な本の中で、最初に紹介されていたプログラムだったので、他のプログラミング言語でも、最初に作るプログラムとして定番になっています。このプログラムは、何の役にも立ちません。プログラムが動作したことを確認できるだけです。

まず、テキストエディタでソースコードを記述します。Windowsのデスクトップにある TeraPadのアイコンをダブルクリックして、TeraPadを起動してください。

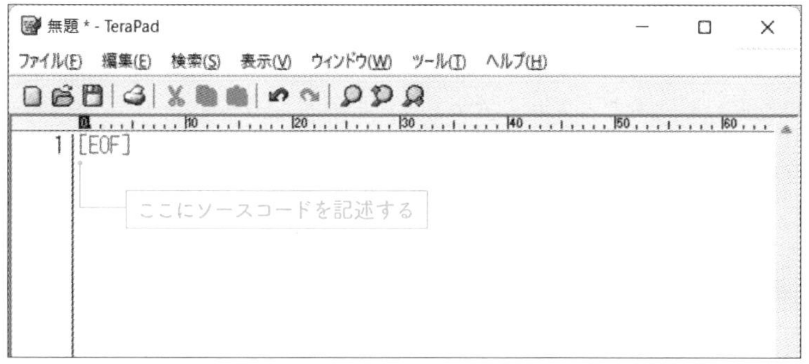

TeraPadの起動画面

テキストエディタは、文字だけが打ち込める簡易ワープロのようなものです。プログラムの**ソースコード**は、プログラミング言語の言語構文で記述された文書です。テキストエディタで、ソースコードという文書を記述するのです。TeraPadのウインドウの中に、リスト1-1に示したソースコードを打ち込んでください。ソースコードは、基本的にすべて半角英数文字で記述します。漢字入力モードになっていないことを確認してください。

リスト 1-1　ハローワールド（list1_1.cpp）

```
#include <iostream>
using namespace std;

int main() {
  cout << "hello, world" << endl;
  return 0;
}
```

音読しながら打ち込む

C++の構文は、英語と数式を混ぜたようなものです。英語なので、単語の区切りには、スペースを入れます。

using namespace std; と int main() { の間は、文書の区切り目なので、空行（何も入力せず改行だけした行）にしています。

{ と } で囲まれた部分は、囲まれていることがわかりやすいように、行の先頭に2個のスペースを入れています。この書式を**字下げ**（じさ）や**インデント**と呼びます。

行の末尾にセミコロン（;）がある部分は、それが「〜せよ」という命令であることを意味しています。セミコロンがない部分は、プログラムの枠組みや設定を意味しています。

構文の意味がわからなくても、英語と数式を混ぜたようなものだと考えて、音読してください。音読しながら、「たぶん、こういう意味だろう」と考えてください。音読の方法に決まりはありませんので、自己流で構いません。構文の意味がわかると、音読の方法が自然と変わります。たとえば、stdの部分は、意味を知らなければ「エス・ティ・ディ」と読むでしょう。後で、standardの略だと知れば、「スタンダード」という読み方に変わります。

以下に音読の例を示します。< >、( )、{ }、" " など、囲むことを意味する記号や、命令の末尾のセミコロンなど、読んでいない部分がありますが、これは、筆者流の読み方です。C++の構文として当然あるべきものを読まないのです。

ここでは、わかりやすいように、スペースを入れる部分を△で示しています。このスペースの入れ方にも、筆者流の部分があります。C++は、単語や記号が適切に識別できるなら、スペースを入れる数に決まりはありません。

```
#include△<iostream>                  シャープ・インクルード・アイオーストリーム
using△namespace△std;                 ユージング・ネームスペース・スタンダード

int△main()△{                         イント・メイン
△△cout△<<△"hello,△world"△<<△endl;   シーアウト・小なり小なり・ハローワールド・小なり小なり・エンドライン
△△return△0;                          リターン・ゼロ
}
```

ソースコードを記述できたら、TeraPadの「ファイル」メニューから「名前を付けて保存」を選んでください。「名前を付けて保存」というウインドウが開いたら、上部にある「保存する場所」に、Cドライブ直下のsamplesを指定してください。下部にある「ファイル名」に、list1_1.cppと入力してください。本書では、わかりやすいように、「list」に「サンプルプログラムの番号を付記したもの」をソースファイル名にします。

ソースファイル名を入力したら、「保存」をクリックしてください。

Cドライブ直下の「samples」フォルダに保存

コンパイル

次に、コンパイラでソースコードをコンパイルします。

Windows 11の場合、Windowsの「スタート」ボタンをクリックして表示されるメニューから、「すべてのアプリ」→「Windowsツール」を選択してください。「Windowsツール」というウインドウが表示されたら、「コマンドプロンプト」をダブルクリックしてコマンドプロンプトを起動してください。

[Windows 11]「コマンドプロンプト」を起動する

Windows 10の場合、Windowsの「スタート」ボタンをクリックして表示されるメニューから、「Windowsシステムツール」→「コマンドプロンプト」をクリックして、コマンドプロンプトを起動してください。

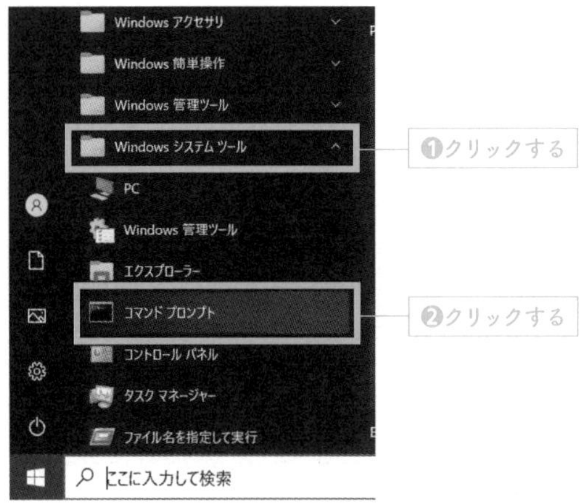

[Windows 10]「コマンドプロンプト」を起動する

コマンドプロンプトは、Windowsに標準装備されているツールです。ソースコードのコンパイルとプログラムの実行は、コマンドプロンプトで行います。

「コマンドプロンプト」というウインドウが表示されたら、キーボードからコマンドを入力して使います。**コマンド**とは、命令を表す文字列を入力して最後に［Enter］キーを押すことで実行するプログラムのことです。ここでは、3つのコマンドを覚えてください。「cd」と「dir」と「g++」です。

cdは、**カレントディレクトリ**（操作の対象となっている現在のディレクトリ）を変更します。cdは、change directory（ディレクトリを変更せよ）という意味です。

dirは、カレントディレクトリのファイルの一覧を表示します。dirは、directory（ディレクトリ、ファイルの帳簿）という意味です。

g++は、ソースファイルをコンパイルして実行可能ファイルを作成します。g++は、GNUのC++という意味です。

起動直後のコマンドプロンプトのウインドウでは、

```
C:¥Users¥ユーザー名
```

と表示され、その後にキー入力が可能であることを示すカーソルが点滅しています。これは、カレントディレクトリが、C:¥Users¥ユーザー名（ユーザー名の部分には、Windowsのユーザー名が示されます）であることを意味しています。

先ほど作成したソースファイルlist1_1.cppはCドライブ直下のsamplesディレクトリにあるので、「cd ¥samples」というコマンドを実行します。cdと¥samplesの間にスペースを入れることに注意してください。これによって、カレントディレクトリが、Cドライブ直下のsamplesに変更されます。

```
コマンド プロンプト
Microsoft Windows [Version 10.0.22000.469]
(c) Microsoft Corporation. All rights reserved.

C:¥Users¥yazaw>cd ¥samples  ← cd ¥samplesと入力して［Enter］キーを押す

C:¥samples>  ← カレントディレクトリがCドライブ直下のsamplesに変更される
```

カレントディレクトリの変更

いよいよ、コンパイルです。「g++ -o list1_1.exe list1_1.cpp」というコマンドを実行してください。g++、-o、list1_1.exe、list1_1.cppの間にスペースを入れることに注意してください。-oのoは、英小文字のオーです。これによって、list1_1.cppというソースファイルがコンパイルされて、list1_1.exeという実行可能ファイルが作成されます。

-oは、g++コマンドに設定するオプションです。oは、output（出力）を意味していて、-o list1_1.exeという設定で、コンパイル後に出力される実行可能ファイルの名前がlist1_1.exeになります。このオプションを設定しないと、実行可能ファイルの名前はデフォルトでa.exeになります。a.exeでは、わかりにくいので、オプションを設定してください。

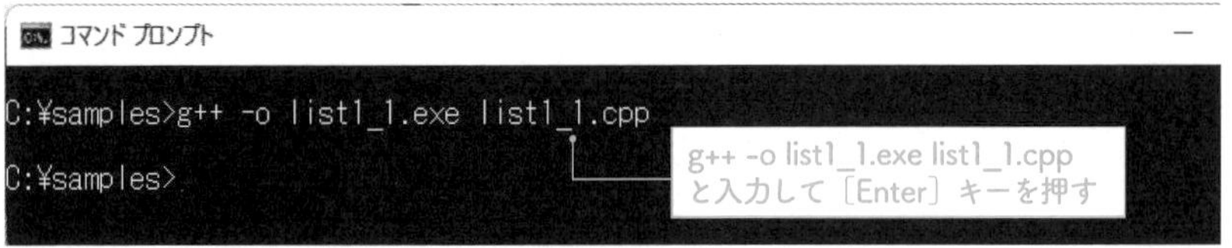
コマンド プロンプト
C:¥samples>g++ -o list1_1.exe list1_1.cpp
C:¥samples>
g++ -o list1_1.exe list1_1.cpp
と入力して［Enter］キーを押す

コンパイルが成功した場合に表示される画面

コンパイルが成功すると、何も表示されません。もしも、プログラムの内容に誤りがあると、コンパイル時にエラーメッセージが表示されます。このエラーメッセージを嫌がらないことが、プログラミング上達の秘訣です。誤りを見つけて修正し、再度コンパイルしてエラーがなくなると、とても爽快な気分になります。それを楽しんでください。

Column

コンパイラのオプションの種類

g++コマンドの後に -（ハイフン1つ）または--（ハイフン2つ）を付けてオプションを指定できます。オプションの種類は、g++コマンドの後に--help（ハイフン2つとhelp）というオプションを指定すると表示されます。

プログラムの実行

それでは、プログラムを実行してみましょう。このプログラムは、画面に「hello, world」と表示します。そうなるはずだと予測して、実行可能ファイルを実行してください。実行可能ファイルのファイル名を入力して［Enter］キーを押せば、実行できます。ここでは、list1_1.exeと入力して［Enter］キーを押してください（.exeを省略しても実行できます）。

```
C:¥samples>list1_1.exe
hello, world

C:¥samples>
```

list1_1.exeと入力して［Enter］キーを押す

予測した通りの実行結果になっている

list1_1.exeを実行

「何かが表示された」ではなく、きちんと実行結果を確認してください。ここでは、画面に「hello, world」と表示するプログラムを作りました。実行結果として、確かに「hello, world」と表示されています。とてもシンプルなプログラムですが、自分が予測した通りの結果になると、嬉しい気分になるはずです。予測通りにならなかったら、実行結果から原因を考えて、プログラムを修正してください。これは、推理小説やパズルのようであり、とても楽しい作業です。

なお、コマンドプロンプトを終了させるには、「exit」とキー入力して［Enter］キーを押します。exitは、コマンドプロンプトを閉じるコマンドです。

プログラムの改造

最後に、自分のアイディアでプログラムを改造してみましょう。この章のテーマは、プログラミングの準備をすることなので、C++の言語構文をまったく説明していません。そうであっても、何か改造できることがあるはずです。

たとえば、画面に表示される「hello, world」を「皆さん、こんにちは」という日本語に変えてみるというのはどうでしょう。" " で囲まれた「hello, world」が表示されるのだから、" " の中身を「皆さん、こんにちは」に変えればよいのではないか、と予測できるはずです。そう思ったら、実際にやってみてください。ソースコードは、基本的にすべて半角英数文字で記述しますが、" " で囲まれた文字列データには、全角の漢字や仮名文字を使えます。

POINT

プログラムをマスターするコツ

- ✔ 音読しながらプログラムを打ち込みましょう。読み方に決まりはないので、自己流で読んでください。音読することで、プログラムの構文を覚えられます
- ✔ コンパイルエラーを嫌がらないでください。コンパイラは、ソースコードをチェックしてくれる先生のようなものです
- ✔ 実行結果を予測してから実行してください。予測通りにならなかったら、その原因を突き止めることを楽しみましょう
- ✔ プログラミングをマスターするとは、自分の考えをプログラムに表現できるようになることです。サンプルプログラムを自分のアイディアで改造しましょう

1 3 プログラミングの基礎知識を知る

コンピュータの五大装置

本書の第2章以降では、C++の様々な言語構文を説明します。その前に、プログラミング全般に関わる基礎知識を知っておきましょう。基礎知識があれば、第2章以降の学習が容易になるからです。

まず、コンピュータのハードウェアとソフトウェアの関係を説明します。**ハードウェア**とは、CPU、メモリ、キーボード、液晶ディスプレイなどの装置のことです。**ソフトウェア**とは、プログラムのことです。

どのような種類のコンピュータであっても、ハードウェアは、「入力装置」「記憶装置」「演算装置」「出力装置」「制御装置」から構成されていて、これらを**コンピュータの五大装置**（ごだいそうち）と呼びます。コンピュータの五大装置からわかることは、コンピュータにできることが、**入力**（データを入れる）、**記憶**（データをためる）、**演算**（データを加工する）、**出力**（データを出す）、および**制御**（プログラムの内容を解釈・実行して他の装置を動かす）だけだということです。

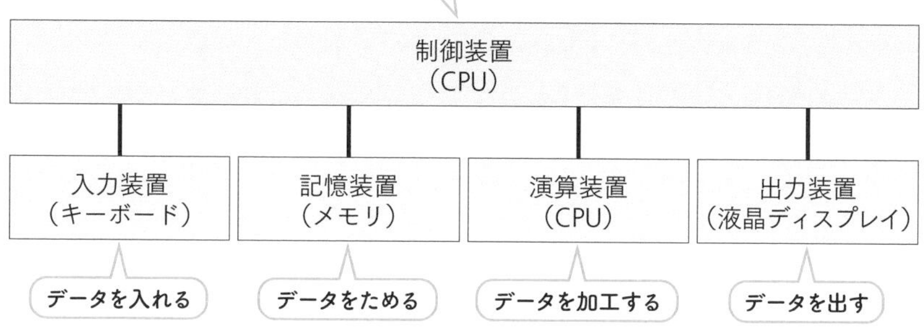

ソフトウェアすなわちプログラムは、コンピュータに行わせる**命令**（～せよ）を書き並べたものです。命令の種類は、大きく分けて「入力せよ」「記憶せよ」

「演算せよ」「出力せよ」の4つだけです。なぜなら、コンピュータのハードウェアにできることが、それらだけだからです。制御は、プログラムの内容を解釈・実行して他の装置を動かすことなので、「制御せよ」という命令はありません。

命令によって、データが処理されます。したがって、処理の種類は、「入力」「記憶」「演算」「出力」の4つだけです。プログラムを作るときには、自分のやりたいことを入力、記憶、演算、出力の4つの処理に分けて整理する必要があります。これは、プログラマならではの考え方であり、「プログラマ脳」と呼べるものです。

3種類の処理の流れ

この第1章で作成したプログラムには「hello, worldと出力せよ（画面への表示は、データの出力に該当します)」という1つの命令しかありませんでしたが、実用的なプログラムは、複数の命令から構成されます。「〜せよ」「〜せよ」「〜せよ」が何行も書かれているのです。

ソースコードに記述した命令は、基本的に、上から下に向かって順番に解釈・実行されます。次々と命令が実行されていくことを「処理が流れる」と考えます。そして、上から下に向かって順番に流れることを**順次**（じゅんじ）と呼びます。

プログラムの目的によっては、条件に応じて流れを分けて、異なる処理を行うこともあります。この流れを**分岐**（ぶんき）と呼びます。さらに、同じ処理を何度か繰り返すこともあります。この流れを**繰り返し**（くりかえし）と呼びます。分岐や繰り返しを行う場合は、第3章で説明する専用の構文を使います。

プログラミング言語で表現する流れは、順次、分岐、繰り返し、の3つだけです。プログラムを作るときには、自分のやりたいことを「順次」「分岐」「繰り返し」の3つに分けて整理する必要があります。これも、プログラマ脳と呼べるものです。

ゲームのプログラムを作りたいんだけど、
どうしたらいいの？

変数、演算子、関数

C++の構文は、英語と数式を混ぜたようなものです。英語と数式で、入力、記憶、演算、出力という4つの命令（処理）と、順次、分岐、繰り返しという3つの流れを表現するのです。様々な表現がありますが、最初に、最も基本となる「変数」「演算子」「関数」の3つを覚えてください。

変数は、記憶装置であるメモリの中に用意されたデータ格納領域に名前を付けたものです。名前は、プログラマが自由に付けます。aやbのような1文字でも、sumやaverageのような複数文字の名前でも構いません。

変数のイメージは、データを入れる箱です。たとえば、変数aは、aという名前が付けられた箱です。以下は、変数aに123というデータが格納されたイメージを示したものです。データの**格納**は、データの記憶に該当します。

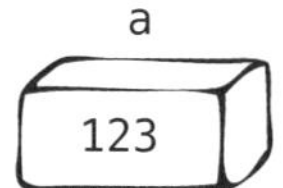

変数は「データを入れる箱」と
イメージするとわかりやすいよ！

演算子は、データに何らかの加工を行い、結果の値を得るものです。演算子は、記号や文字列で示されます。代表的な演算子として、**加算**、**減算**、**乗算**、**除算**を意味する「**+**」「**-**」「*****」「**/**」があります。プログラムは、半角英数記号で記述するので、乗算が×ではなく＊（アスタリスク）であることと、除算が÷ではなく/（スラッシュ）であることに注意してください。

以下は、変数aと変数bの加算結果を、変数sumに格納するプログラムです。「**=**」は、等しいことではなく、右辺の演算結果を、左辺の変数に格納することを意味します（等しいことは、「==」で示します）。変数aの値が123で、変数bの値が456だとすれば、変数sumには、123 + 456の演算結果である579が格納されます。変数に値を格納することを、「**代入**（だいにゅう）する」ともいいます。

関数（かんすう）は、「関係のある数」という意味ではありません。英語のfunctionの発音を中国語で表記すると「函数（ハンスウ）」になり、それを日本語で「関数」としたのです。functionは、「機能」という意味です。C++の関数は、あらかじめ用意されている機能に、名前を付けたものです。

たとえば、C++には、平方根を求めるsqrt（square rootの略語）という名前の関数が用意されています。この関数を使って、2.0の平方根を求め、その結果を変数ansに格納するプログラムは、以下のようになります。

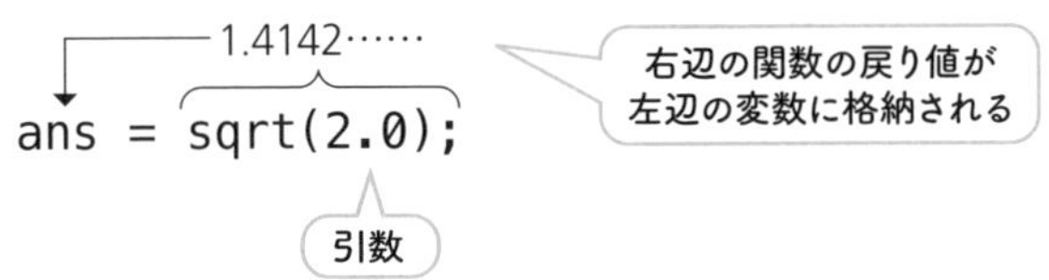

関数のカッコの中に指定するデータを**引数**（ひきすう）と呼びます。ここでは、2.0が引数です。sqrt関数は、2.0を使って平方根を求める処理を行い、その結果として1.4142……という値を得ます。この値を**戻り値**（もどりち）と呼びます。戻り値は、= の左辺にある変数に格納されます。関数を使うことを**呼び出す（コールする）**といいます。これらの用語を使って、ans = sqrt(2.0); を説明すると、「引数2.0を指定して（渡して）、sqrt関数を呼び出すと、その戻り値の1.4142……が、変数ansに格納される」となります。

関数のイメージは、データを加工する機械です。引数は、機械に入れる材料です。戻り値は、機械によって加工された製品です。

プログラムの部品化

ある程度規模の大きなプログラムは、全体をいくつかの部品に分けて作ります。この部品のことを**モジュール**（module＝構成単位）と呼び、部品に分けることを**モジュール化**と呼びます。C++では、モジュール化の方法が2つ用意されています。1つは、先ほど説明した関数です。もう1つは、クラスです。

関数でモジュール化することを**手続き型プログラミング**と呼びます。手続き（procedure）は、関数と同様に機能を意味します。それに対して、クラスでモジュール化することを**オブジェクト指向プログラミング**と呼びます。

クラスが何であるかは、第5章以降で詳しく説明します。この時点では、関数は小さな部品であり、クラスは大きな部品である、ということだけを知っておいてください。小規模なプログラムは、小さな部品である関数でモジュール化します。大規模なプログラムは、大きな部品であるクラスでモジュール化します。大規模なプログラムを小さな部品でモジュール化すると、部品の数が膨大になり、わかりにくいからです。ただし、プログラマの好みで、関数とクラスを使い分けることもあります。

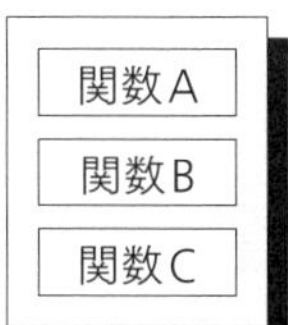

大規模なプログラム

クラスA　クラスB　クラスC

覚える用語が多くて、頭が混乱してきたよ

とりあえず、ざっと目を通しておけばOKだよ！

関数もクラスも、あらかじめC++が用意しているものと、プログラマが自分で作るものがあります。汎用的な機能の関数やクラスは、あらかじめ用意されています。たとえば、先ほど紹介した平方根を求めるsqrt関数は、あらかじめ用意されているものです。独自機能の関数やクラスは、プログラマが自分で作ることになります。たとえば、ある会社の給与を計算する関数やクラスは、その会社独自のルールに従ったものなので、自分で作ります。

C言語一族の系譜

1972年に米国のAT&Tベル研究所のデニス・リッチー氏によって、C言語が開発されました。**C言語**（シーげんご）は、関数でモジュール化する言語です。C言語という名前の由来には、諸説ありますが、B言語という言語をベースに開発されているので「Bの次だからC」という説が有力です。

その後、1983年にAT&Tベル研究所のビャーネ・ストロヴストルップ氏によって、**C++**（シープラスプラス）が開発されました。C++の特徴は、C言語にオブジェクト指向プログラミングのための機能、つまりクラスでモジュール化するための構文を追加したことです。C言語の構文をそのまま使えるので、C++は、C言語と上位互換性があります。そのためC++は、「より良いC言語」とも呼ばれます。

その後、1995年に、C++をベースとして**Java**（ジャバ）が開発されました。さらに、2000年に、やはりC++をベースとして**C#**（シーシャープ）が開発されました。JavaとC#は、インターネットプログラミングでよく使われています。どちらの言語も、C++がわかれば、覚えるのは容易です。C言語、C++、Java、C#は、「C言語一族」と呼べる仲間です。

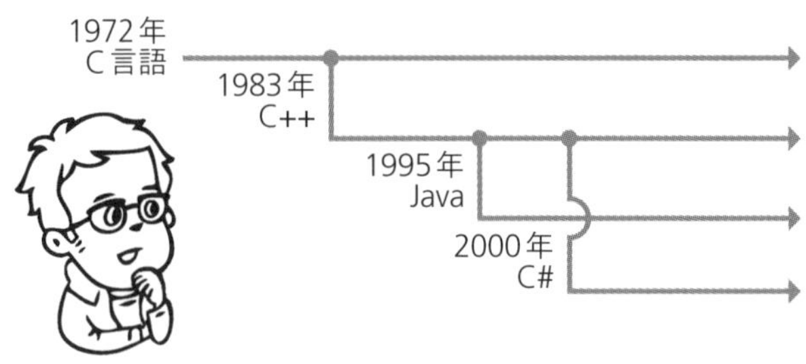

POINT

プログラマ脳のまとめ

✔ 処理の種類
入力……コンピュータの外部から内部にデータを入れる
記憶……コンピュータの内部にデータをためる
演算……コンピュータの内部でデータを加工する
出力……コンピュータの内部から外部にデータを出す

✔ プログラムの流れの種類
順次……まっすぐ処理が進む
分岐……条件に応じて処理が分かれる（処理を選択する）
繰り返し…条件に応じて処理を繰り返す

✔ プログラムのモジュール化（部品化）の種類
手続き型プログラミング
……関数でモジュール化する
オブジェクト指向プログラミング
……クラスでモジュール化する

第1章
まとめ

Check Test

Q1 （1）～（3）に該当するツールをア～ウから選んでください。

（1）ソースファイルを記述する
（2）ソースファイルを実行可能ファイルに変換する
（3）キー入力した命令を実行する

ア　コンパイラ　　　イ　テキストエディタ
ウ　コマンドプロンプト

Q2 （1）～（3）に該当するコマンドをア～ウから選んでください。

（1）コンパイルを行う
（2）ファイルの一覧を表示する
（3）カレントディレクトリを変更する

ア　dir　　イ　cd　　ウ　g++

Q3 （1）～（5）の機能を持つ装置をア～エから選んでください（複数選択可）。

（1）入力　　（2）記憶　　（3）演算
（4）出力　　（5）制御

ア　CPU　　イ　メモリ　　ウ　キーボード
エ　液晶ディスプレイ

Q4 （1）～（3）に該当する表現をア～ウから選んでください。

（1）メモリの中に用意されたデータ格納領域に名前を付けたもの
（2）データに何らかの加工を行って結果を得ることを示す記号や文字列
（3）あらかじめ用意されている機能に名前を付けたもの

ア　関数　　イ　変数　　ウ　演算子

第2章

役に立つプログラムを作る（C++の基本構文）

この章では、BMIを求めるプログラムを作って徐々に改造を加えながら、C++の基本構文を学びます。覚えておくべき必須の用語がたくさん出てきますが、焦らずにじっくり取り組んでください。

この章で学ぶこと

1 _ ほとんどのプログラムに共通する雛型

2 _ 変数を宣言する構文と、データ型と算術演算子の種類

3 _ コンソール入出力と書式設定を行う方法、および定数を定義する構文

Introduction

2

1 ほとんどのプログラムに共通する雛型

この章で作るプログラム

第1章で作成したプログラムは、画面にhello, worldと表示するだけであり、何の役にも立ちませんでした。それでは、何かの役に立つプログラムを作るには、どうしたらよいのでしょう。コンピュータは、外部から入力されたデータを内部に記憶し、データを演算した結果を外部に出力する機械です。したがって、入力、記憶、演算、出力を行うテーマを見つければよいのです。

ただし、2つの数値を加算や減算するだけのプログラムでは、コンピュータを使う意味がありません。そんな単純なことは、電卓を使った方が早いからです。人間が手作業で行うのが面倒な作業を自動化できることに、コンピュータを使う意味があります。

この章では、BMI（Body Mass Index＝体格指数）を求めるプログラムを作ることにします。BMIは、肥満度を示す指標であり、kg単位の体重をm単位の身長で2回割ることで求められます。日本肥満学会では、BMI＝22を標準体重として、表2-1のように肥満度を分類しています。

表2-1　日本肥満学会による肥満度の分類（出所：肥満症診療ガイドライン2016）

BMI	判定
18.5未満	低体重
18.5以上25.0未満	普通体重
25.0以上30.0未満	肥満（1度）
30.0以上35.0未満	肥満（2度）
35.0以上40.0未満	肥満（3度）
40.0以上	肥満（4度）

BMI ＝ 体重（kg）÷身長（m）÷身長（m）

身長と体重からBMIを求めるプログラムなら、きっと役に立つでしょう。さらに、身長に対する標準体重を示したり、低体重、普通体重、肥満（1度）～肥満（4度）の判定を示したりすれば、ますます役に立つものになるでしょう。

プログラムの雛型

それでは、BMIを求めるプログラムを作ってみましょう。プログラムに徐々に改造を加えながら、C++の基本構文を説明していきます。はじめに、リスト2-1をご覧ください。これは、ほとんどのプログラムに共通する雛型となるものです。BMIを求めるプログラムでもこの雛型を使います。

リスト2-1 ほとんどのプログラムに共通する雛型（list2_1.cpp）

```
#include <iostream>
using namespace std;

int main() {


  return 0;
}
```

どんなプログラムでも、
この雛型を使えばいいの？

すべてじゃないけど、本書で作成する
プログラムでは、この雛型を使うよ

ヘッダファイル

#include <iostream> は、< と > で囲まれたファイルをインクルードする

（include＝含める）という意味です。**インクルード**とは、コンパイル時に、その位置にファイルの内容を挿入することです。iostreamは、C++があらかじめ用意している定義情報のファイルであり、**ヘッダファイル**と呼ばれます。ソースコードの先頭に含めるので、ヘッダ（header＝頭＝先頭）と呼ばれます。

C++には複数のヘッダファイルが用意されていて、使用する機能によってインクルードするヘッダファイルの種類が決まっています。iostreamは、キーボード入力や画面出力などの機能を使うときにインクルードします。本書で作成するほとんどのプログラムは、キーボード入力と画面出力を行うので、プログラムの先頭に#include <iostream> を記述します。iostreamは、input output stream（入力と出力のデータの流れ）という意味です。

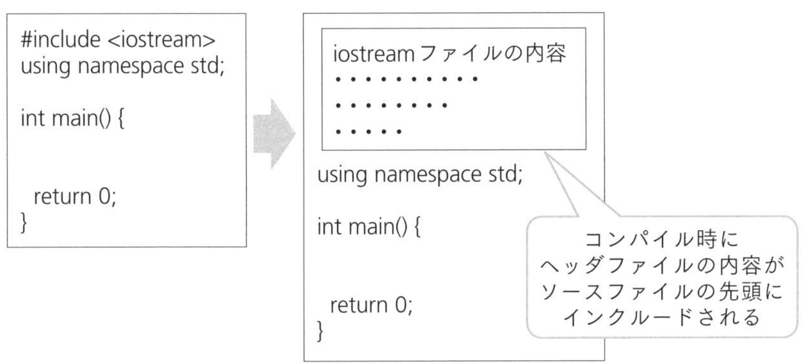

プログラムの内容によっては、iostream以外のヘッダファイルをインクルードすることもあります。どのような機能を使うときに、何というヘッダファイルをインクルードするのかは、それらが必要になった場面で説明します。

文法 ヘッダファイルをインクルードする

```
#include <ヘッダファイル名>
```

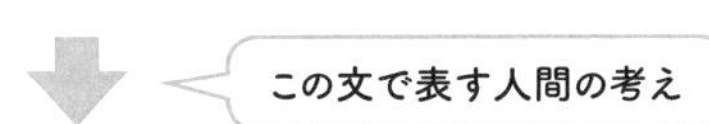

このヘッダファイルをソースコードに含めよ（インクルードせよ）。

ネームスペース

リスト2-1のusing namespace std; は、std（standardという意味）というネームスペース（name space＝名前空間）を使う（using）という意味です。using namespace std; の役割は、リスト2-2のプログラムをコンパイルすれば、わかります。これは、第1章で作成したhello, worldを表示するプログラムから、using namespace std; を削除したものです。

リスト2-2 using namespace std; の役割を確認するプログラム（list2_2.cpp）

```
#include <iostream>

int main() {
  cout << "hello, world" << endl;
  return 0;
}
```

では、リスト2-2をコンパイルしてみましょう。

```
C:¥samples>g++ -o list2_2.exe list2_2.cpp
```

g++ -o list2_2.exe list2_2.cppと入力して［Enter］キーを押す

コンパイルは、成功せずに、以下のエラーメッセージ（ポイントとなる部分だけを抜粋しています）が表示されます。これは、coutとendlが何であるかを解釈できないという意味です。

エラーメッセージ（一部抜粋）

```
list2_2.cpp:4:3: error: 'cout' was not declared in this scope;
list2_2.cpp:4:29: error: 'endl' was not declared in this scope;
```

coutは、console output（端末への出力）という意味で、画面出力を意味します。endlは、end of line（行の終わり）という意味で、改行することを意味します。ただし、どちらも正式名称は、std::coutとstd::endlなのです。

試しに、リスト2-3のプログラムをコンパイルしてください。これは、先ほどのリスト2-2のプログラムのcoutとendlを、std::coutとstd::endlに書き換えたものです。今度は、コンパイルが成功し、実行可能ファイルlist2_3.exeが生成されます。list2_3.exeを実行すれば、画面にhello, worldと表示されます。

リスト2-3 coutとendlをstd::coutとstd::endlに書き換えたプログラム（list2_3.cpp）

```
#include <iostream>

int main() {
  std::cout << "hello, world" << std::endl;
  return 0;
}
```

g++ -o list2_3.exe list2_3.cppと入力して［Enter］キーを押す

```
C:¥samples>g++ -o list2_3.exe list2_3.cpp

C:¥samples>list2_3.exe
```

list2_3.exeと入力して［Enter］キーを押す

実行結果

```
hello, world
```

coutやendlという短い名前は、誰かが別の用途で使うかもしれません。そこで、名前が重複しないように、std::coutとstd::endlという長い正式名称にしてあるのです。このstdの部分が、**ネームスペース**です。ネームスペースを何かに例えるなら、苗字のようなものでしょう。筆者の正式名称をC++風に書くと「矢沢::久雄」です。同じ名前でも「山田::久雄」とは別人です。

std::coutとstd::endlという正式名称を使ってプログラムを作っても間違いではありませんが、何度もstd::と記述するのは面倒です。そこで、プログラムの冒頭に1度だけusing namespace std; と記述すれば、それ以降はstd::の記述を省略できるようになっています。これが、using namespace std; の役割です。

文法 ネームスペースを使うことを示す文

```
using namespace ネームスペース名;
```

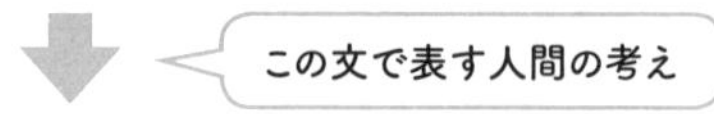

このネームスペースを使え。

もしも、xxxというネームスペースでcoutやendlという名前を取り決めれば、それらはstdというネームスペースのcoutやendlとは区別されます。正式名称は、xxx::coutとxxx::endlであり、std::coutとstd::endlとは別のものだからです。ネームスペースと名前の間にある :: を**スコープ解決演算子**（かいけつえんざんし）と呼びます。スコープ（範囲）は、名前を取り決めた空間を意味しています。

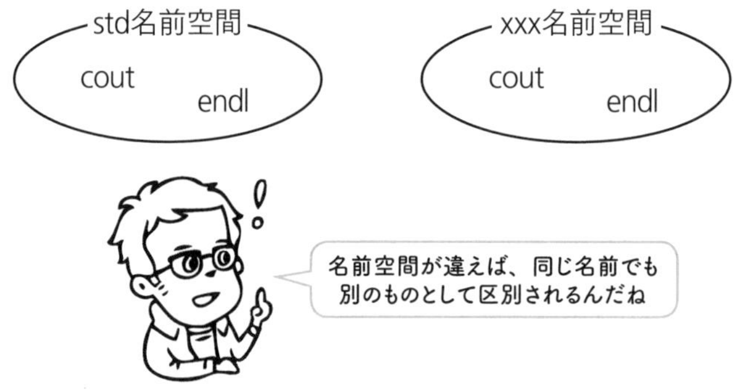

main関数

C++のプログラムの実行開始位置は、mainという名前の関数にする約束になっています。したがって、どんなに小さなプログラムであっても、必ずmain関数があります。main（メイン）関数は、int main() { } という形式で記述し、{ と } の間に処理内容を記述します。{ と } で囲まれた範囲を**ブロック**（block = 範囲）と呼びます。

mainの前にあるintは、main関数の戻り値がint（integer = 整数）であることを示しています。この戻り値は、プログラムの**終了コード**（終了時の状態を示す数値）として、OS（Windows、macOS、Linuxなど）に返されます。一般的に、プログラムが正常終了した場合は、0という終了コードを返します。

関数の戻り値は、**return文**（リターン）で返します。**文**とは、まとまった考えを示すものです。この章以降の説明でも「○○文」という表現が出てくることがありますが、どれもまとまった考えを示しています。return 0; は、main関数の戻り値（プログラムの終了コードになる）として0を返すという意味です。サンプルプログラムのほとんどは、正常終了するものなので、プログラムの雛型では、main関数の最後の処理としてreturn 0; を記述します。

文法　return文

```
return 戻り値;
```

この文で表す人間の考え

関数の処理結果として、関数の呼び出し元に、戻り値を返せ。

main関数には、引数がないint main() {　} や、引数が2つあるint main(int argc, char *argv[]) {　} など、いくつかの形式があります。プログラムの雛型では、引数がない形式を使っています。

Column

main関数の引数の意味

引数が2つあるmain関数では、プログラムの起動時に指定されるコマンドライン引数（第9章で詳しく説明します）を取得できます。引数argcはargument count（引数の数）、引数argvはargument vector（引数の配列）という意味です。

POINT

テーマになっていることだけを覚える

- ✔ 学習を始めたばかりの時点では、プログラムの内容を隅々まで理解しなくても大丈夫です
- ✔ 学習を始めたばかりの時点で完璧に理解しようとすると、疑問が新たな疑問を生んで、学習が円滑に進まなくなってしまう恐れがあります
- ✔ テーマになっている表現や構文だけに注目してください。現時点でわからないことも、後で必ずわかるので、心配しないでください

2 データ型と算術演算子

変数の宣言とデータ型

main関数の { と } で囲まれたブロックの中に、処理の流れを記述します。ほとんどのプログラムが、「変数の宣言」→「データの入力」→「データの演算」→「演算結果の出力」という処理の流れになります。これには、必然性があります。変数の宣言とは、変数のためのメモリ領域を確保することです。最初に変数を宣言しなければ、次のデータの入力ができません。その後の入力、演算、出力は、この順番以外にできるはずがありません。入力したデータを演算し、その結果を出力するからです。

BMIを求めるプログラムには、どのような変数が必要でしょう。身長、体重、BMIを格納する変数が必要です。それぞれ、height、weight、bmiという名前にすることにしましょう。BMIを小文字のbmiという変数名にしているのは、

Column

本書で使用する命名規約

本書では、以下の命名規約を使用しています。

- 変数名は、すべて小文字の名前にする。　例：height
- 関数名は、すべて小文字の名前にする。　例：sqrt
- 定数名は、すべて大文字の名前にする。　例：BMI
- クラス名は、大文字で始まる名前にする。　例：Human

複数の言葉を組み合わせた名前の場合は、定数名はSTD_BMIのように下線（アンダースコア）で区切り、その他の名前はstdWeightのように区切りを大文字にします。

一般的なC++プログラマの**命名規約**（変数や関数などに名前を付けるときの慣例）では、BMIのようにすべてが大文字の名前は、変数ではなく**定数**（値を変更できないデータ）に付けるものだからです。

変数は、「データ型 変数名;」という構文で宣言します。**データ型**とは、変数に格納するデータの形式と大きさを示すものです。

主なデータ型の種類を表2-2に示します。データ型は、**整数型**と**浮動小数点数型**に大きく分類されます。これは、コンピュータの内部でデータを表現する形式が、整数と浮動小数点数では、まったく異なるからです。

表2-2　主なデータ型の種類

分類	データ型	大きさ	格納できる値
整数型	bool	1バイト	trueまたはfalseだけ
	char	1バイト	-128～127
	unsigned char	1バイト	0～255
	short	2バイト	-32768～32767
	unsigned short	2バイト	0～65535
	int	4バイト	-2147483648～2147483647（約±21億）
	unsigned int	4バイト	0～4294967295（0～約43億）
	long	4バイト	-2147483648～2147483647（約±21億）
	unsigned long	4バイト	0～4294967295（0～約43億）
浮動小数点数型	float	4バイト	約3.4^{-38}～約3.4^{38}
	double	8バイト	約1.7^{-308}～約1.7^{308}

バイトは、データの大きさを示す単位です。コンピュータの内部では、データが2進数で取り扱われています。2進数で8桁のデータが、基本単位となっていて、これをバイトと呼ぶのです。バイト（byte）は、同じ発音のbite（かじる）をもじった造語です。整数型と浮動小数点数型それぞれに複数のデータ型があ

るのは、大きさが異なるものが用意されているからです。当然のことですが、大きいほど、格納できる値の範囲も広くなります。

データ型の名称の意味

それぞれのデータ型は、名称の意味と内容を結び付けて覚えましょう。

bool型は、論理演算の研究者であるジョージ・ブール（1815〜1864）の名前に由来しています。論理演算は、真と偽を対象とした演算であり、演算結果も真または偽になります。C++では、真をtrue、偽をfalseというキーワードで表します。これらは、何かの判定結果として使われます。具体的な使い方は、それが必要になった場面で説明します。

bool型以外の整数型には、unsignedが付いているものと、付いていないものがあります。unsignedが付いているものは、「符号なし」という意味で、0以上のプラスの数値を格納します。unsignedが付いていないものは、「符号あり」という意味で、プラスとマイナスの数値を格納します。

char型は、character（文字）という意味です。1バイトの大きさの整数は、半角英数文字1文字の文字コード（文字の種類を示す数値）を格納するのにピッタリだからです。charをキャラとも読みます。

short型は「短い」という意味で、long型は「長い」という意味です。shortは2バイトで、longは4バイトなので、大きさの違いを「短い」と「長い」で示しています。

int型は、integer（整数）という意味です。整数型を代表する名称になっているのは、int型は、コンパイラ（および実行環境）が最も効率的に処理できる整数型だからです。本書で使用しているコンパイラは、4バイトの整数型を最も効率的に処理できます。そのため、int型が4バイトなのです。一昔前のコンパイラは、2バイトの整数型を最も効率的に処理できるようになっていました。その時代のコンパイラでは、int型が2バイトでした。

整数型の中には、符号ありと符号なしがありましたが、浮動小数点数型は符号ありだけです。浮動小数点数には、4バイトの単精度浮動小数点数形式と、8バイトの倍精度浮動小数点数形式があります。float型は、単精度浮動小数点数形式です。floatは、「浮動」を意味しています。double型は、倍精度浮動小数点数形式です。doubleは、「倍」を意味しています。

よく使われるデータ型

C++には、数多くのデータ型が用意されていますが、よく使われるデータ型は、限られています。bool、char、int、doubleの4種類です。何かの判定結果を格納するならbool型を使うしかありません。1文字を格納するなら、データ型の名称からしてchar型を使うことが自然です。数値は、特に理由がないなら、整数ならint型を使い、小数点数ならdouble型を使います。

123や4.56のような直接数値で示されたデータ（**数値リテラル**と呼ばれます。literalは「文字通りの」という意味です）にもデータ型があり、123という整数はint型とみなされ、4.56という小数点数はdouble型とみなされます。したがって、int型とdouble型は、数値におけるデフォルトのデータ型であるといえます。そのため、特に理由がないなら、整数ならint型を使い、小数点数ならdouble型を使うのです。

変数の宣言とコメント

それでは、BMIを求めるプログラムに、変数の宣言を記述しましょう。先ほど、身長、体重、BMIを格納する変数の名前を、height、weight、bmiにしました。それぞれのデータ型は、bool、char、int、doubleのどれが適切でしょう。どれも、小数点以下がある数値なので、double型が適切です。したがって、以下のように宣言できます。

```
double height;
double weight;
double bmi;
```

文法　変数を宣言する構文（その1）

データ型 変数名;

この文で表す人間の考え

このデータ型と名前で変数（データを入れる箱）を用意せよ。

同じデータ型の変数は、カンマで区切って以下のように宣言することもできます。この表記方法の方が、効率的ですが、コメント（プログラムの中に任意に記述する注釈）を付ける場合は、1行で1つの変数を宣言した方がよいでしょう。

```
double height, weight, bmi;
```

文法　変数を宣言する構文（その2）

データ型 変数名1, 変数名2, ……;

この文で表す人間の考え

同じデータ型で、変数名1、変数名2、……という複数の変数を用意せよ。

C++では、//の後にコメントを記述するか、/* と */ で囲んでコメントを記述します。1行で1つの変数を宣言すると、以下のように、それぞれの変数の役割をコメントに示せます。

```
double height;      // 身長
double weight;      // 体重
double bmi;         // BMI
```

文法 コメントの構文（その1）

```
// コメント
```

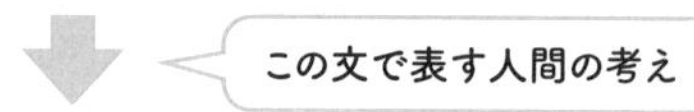

// の後から行末までは、コメントである。

文法 コメントの構文（その2）

```
/*
コメント
コメント
………
*/
```

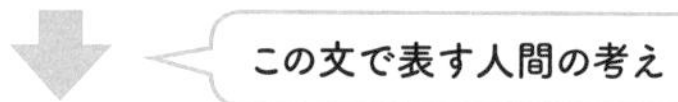

/* と */ で囲まれた部分は、コメントである。

// と /* */ は、どうやって使い分ければいいの？

1行のコメントなら // を使い、複数行のコメントなら /* */ で囲むのが基本だよ

算術演算子

演算子は、演算を表す記号やキーワードです。C++には、**加算**、**減算**、**乗算**、**除算**の**算術演算子**だけでなく、条件を結び付ける**論理演算子**、データの大きさを判断する**比較演算子**など、様々な演算子があります。これらは、一気に丸暗記するのではなく、それぞれが必要となった場面で使い方とともに覚えるとよいでしょう。

BMIを求めるプログラムでは、体重を身長で2回割るので、算術演算子を使うことになります。算術演算子の種類を表2-3に示します。プログラミング言

語のキーワードは、半角英数記号で示すので、乗算が×でなく * であることと、除算が÷ではなく / であることに注意してください。% が、パーセントを求めるのではなく、除算の余りを求める演算子であることにも注意してください。% は、整数型のデータだけで使えます。

表2-3　算術演算子の種類

演算子	機能	使用例
+	加算を行う	ans = a + b;
-	減算を行う	ans = a - b;
*	乗算を行う	ans = a * b;
/	除算を行う	ans = a / b;
%	除算の余りを求める	ans = a % b;

演算子には、優先順位があります。算術演算子では、通常の数学と同じで、加算と減算より、乗算と除算の方が、優先順位が高くなります。ただし、カッコで囲めば、その演算を優先できます。たとえば、ans = a + b * c; では、b * c が先に演算されますが、ans = (a + b) * c; とすれば、a + b が先に演算されます。

BMIを求めるプログラムに、bmiを求める演算を記述してみましょう。weightをheightで2回割った結果をbmiに格納するのですから、以下のようになります。ここでは、コメントも付けてあります。

```
// 身長と体重からBMIを計算する
bmi = weight / height / height;
```

POINT

演算子は演算結果を返す

- どのような演算子であっても、演算子である以上、必ず演算結果を返します
- 比較演算子も演算結果を返すことを意識してください。たとえば、a > b は、aがbより大きければtrueという演算結果を返し、そうでなければfalseという演算結果を返します
- a > bの演算結果は、bool型の変数に格納できます。bool型の変数ansを宣言しておけば、ans = a > b; という表現で、a > b の演算結果をansに格納できます

2-3 コンソール入出力と書式設定

cinとcoutによるコンソール入出力

コンソールとは、人間がコンピュータと対話をする装置のことです。本書で作成するプログラムでは、キーボードと画面のセットがコンソールです。C++は、コンソールに入力と出力を行うために、cin（シー・イン）とcout（シー・アウト）というオブジェクトを用意しています。cはconsole（コンソール）、inはinput（入力）、outはoutput（出力）を意味しています。

オブジェクトとは、オブジェクト指向プログラミングのオブジェクトです。本書の第5章以降で詳しく説明するので、ここでは、様々な機能を持ったプログラムの部品だと考えてください。第1章でプログラムの大きな部品としてクラスを紹介しました。クラスは、オブジェクトの内容を定義したものです。

キーボードから入力されたデータを変数に格納するには、「cin >> 変数;」という構文を使います。変数に格納されたデータを画面に出力するには、「cout << 変数;」という構文を使います。

>> と **<<** は、データの入力と出力を行う演算子です。>> と << の向きが、デー

タが流れる方向を示しています。「cin >> 変数」では、キーボード入力を行ってくれるcinオブジェクトから変数に向かってデータが流れます。「cout << 変数」では、変数から画面出力を行ってくれるcoutオブジェクトに向かってデータが流れます。

BMIを求めるプログラムでは、キーボードから入力した身長を変数heightに格納し、体重を変数weightに格納します。これをcinオブジェクトを使って記述すると、以下のようになります。

```
// キー入力をheightに格納する
cin >> height;

// キー入力をweightに格納する
cin >> weight;
```

文法 キー入力を変数に格納する構文

```
cin >> 変数;
```

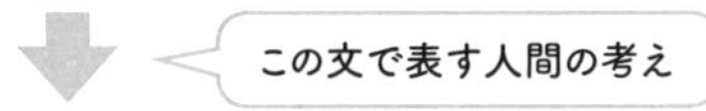

cinオブジェクトからのデータの流れを変数に入れよ。

ただし、このままプログラムを実行すると、画面に何も表示されずにカーソルが点滅するだけなので、何を入力してよいかがわかりません。そこで、以下のように、coutオブジェクトを使って、「身長（m）を入力してください：」および「体重（kg）を入力してください：」と表示することにしましょう。文字列データは、" と " で囲みます。

```
// キー入力をheightに格納する
cout << "身長（m）を入力してください：";
cin >> height;

// キー入力をweightに格納する
cout << "体重（kg）を入力してください：";
cin >> weight;
```

文法　変数や文字列を画面に表示する構文

```
cout << 変数や文字列;
```

この文で表す人間の考え

変数や文字列の内容をcoutオブジェクトに流せ（渡せ）。

身長と体重から演算したBMIの値は、変数bmiに格納します。coutオブジェクトを使ってbmiの値を表示しますが、「あなたのBMIは、○○です。」と表示して、最後に改行することにしましょう。そのためには、以下のように記述します。4つ使われている << 演算子によって、「あなたのBMIは、」という文字列、変数bmiの値、「です。」という文字列、および改行を指示するendlが、順番にcoutに渡され、画面に表示されます。

```
// BMIを画面に表示する
cout << "あなたのBMIは、" << bmi << "です。" << endl;
```

BMIを求めるプログラムを完成させる

これで、プログラムの雛型の中に、「変数の宣言」→「データの入力」→「データの演算」→「演算結果の出力」という処理の流れを記述する準備ができました。リスト2-4に、完成したプログラムを示します。これは、様々な改造を加える前の最初のバージョンです。

リスト2-4　BMIを求めるプログラム：改造前バージョン（list2_4.cpp）

```
#include <iostream>
using namespace std;

int main() {
  double height;      // 身長
  double weight;      // 体重
  double bmi;         // BMI

  // キー入力をheightに格納する
  cout << "身長（m）を入力してください：";
  cin >> height;

  // キー入力をweightに格納する
  cout << "体重（kg）を入力してください：";
  cin >> weight;

  // 身長と体重からBMIを計算する
  bmi = weight / height / height;

  // BMIを画面に表示する
  cout << "あなたのBMIは、" << bmi << "です。" << endl;

  return 0;
}
```

以下は、プログラムの雛型の中に記述した処理の流れを、「変数の宣言」「データの入力」「データの演算」「演算結果の出力」に区切ったものです。

ほとんどのプログラムは、この流れで作れるので、しっかりとイメージをつかんでください。

```
double height;      // 身長
double weight;      // 体重
double bmi;         // BMI
```

変数の宣言

```
// キー入力をheightに格納する
cout << "身長 (m) を入力してください:";
cin >> height;

// キー入力をweightに格納する
cout << "体重 (kg) を入力してください:";
cin >> weight;
```

データの入力

```
// 身長と体重からBMIを計算する
bmi = weight / height / height;
```

データの演算

演算結果の出力

```
// BMIを画面に表示する
cout << "あなたのBMIは、" << bmi << "です。" << endl;
```

ほとんどのプログラムで、全体の流れは、「変数の宣言」→「データの入力」→「データの演算」→「演算結果の出力」の順次になります。「変数の宣言」「データの入力」「データの演算」「演算結果の出力」のそれぞれで、必要に応じて、分岐や繰り返しの流れを使うことがあります。

もしも、様々な機能を盛り込み過ぎてmain関数のブロックの中が数十行になってしまいそうなら、1つのプログラムを複数の関数もしくは複数のクラスに分けて作ることを検討します。つまり、プログラムのモジュール化です。

したがって、これ以降、本書で学習する主要なテーマは、分岐や繰り返しの流れを表記する構文と、1つのプログラムを関数やクラスに分ける構文だけです。それらに付随して、いくつか細かなテーマもありますが、大きなテーマを見失わないように注意してください。

出力の書式設定

BMIを求めるプログラムlist2_4.cppをコンパイルして、実行してみましょう。身長に1.7、体重に67.5を入力すると、「あなたのBMIは、23.3564です。」と表示されました。BMIの値が18.5以上25.0未満なら「普通体重」なので、かなり肥満に近いですが、この結果は「普通体重」です。

g++ -o list2_4.exe list2_4.cppと入力して［Enter］キーを押す

```
C:¥samples>g++ -o list2_4.exe list2_4.cpp

C:¥samples>list2_4.exe
```

list2_4.exeと入力して［Enter］キーを押す

実行結果

```
身長（m）を入力してください：1.7
体重（kg）を入力してください：67.5
あなたのBMIは、23.3564です。
```

1.7と入力して［Enter］キーを押す

67.5と入力して［Enter］キーを押す

ここで、すぐに改造のテーマを思い付くでしょう。BMIの値に応じて、「普通体重」や「肥満（1度）」などの判定を表示することです。ただし、それを実現するには、分岐の構文が必要なので、第3章で改造することにします。

他にも改造のテーマがあります。日本肥満学会による肥満度の分類では、BMIの値が小数点以下1桁まで示されています。23.3564のような細かい数値は、不要です。プログラムを改造して、BMIの値が小数点以下1桁で表示されるようにしてみましょう。

画面に表示される変数の値の小数点以下を指定するには、「cout << fixed << setprecision(小数点以下の桁数) << 変数;」という表現を使います。fixed（固定された）は、小数点以下の桁数を固定することを指示します。setprecisionは、precision（精度）すなわち小数点以下の桁数をset（設定）します。

ここでは、変数bmiの値を小数点以下1桁で表示したいので、「cout << "あなたのBMIは、" << bmi << "です。" << endl;」の部分を「cout << "あなたのBMIは、" << fixed << setprecision(1) << bmi << "です。" << endl;」に変

更すればよいでしょう。

改造後のプログラムをリスト2-5に示します。setprecisionを使うには、プログラムの冒頭に#include <iomanip> と記述して、iomanipというヘッダファイルをインクルードする必要があることに注意してください。ここでは、わかりやすいように、改造した部分をアミカケして示してあります（これ以降のプログラムでも同様です）。

リスト2-5 BMIを求めるプログラム：改造バージョン1（list2_5.cpp）

```
#include <iostream>
#include <iomanip>
using namespace std;

int main() {
  double height;      // 身長
  double weight;      // 体重
  double bmi;         // BMI

  // キー入力をheightに格納する
  cout << "身長（m）を入力してください：";
  cin >> height;

  // キー入力をweightに格納する
  cout << "体重（kg）を入力してください：";
  cin >> weight;

  // 身長と体重からBMIを計算する
  bmi = weight / height / height;

  // BMIを画面に表示する
  cout << "あなたのBMIは、" << fixed << setprecision(1) <<
  bmi << "です。" << endl;

  return 0;
}
```

処理を途中で改行しても問題ないの？

C++では、改行は命令の末尾ではなく、スペースやタブ（TAB）と同様に単語の区切りとみなされるので、問題ないんだよ

改造後のプログラムの実行結果を以下に示します。改造前の23.3564が、小数点以下1桁で四捨五入されて23.4という表示になりました。

g++ -o list2_5.exe list2_5.cppと入力して［Enter］キーを押す

```
C:¥samples>g++ -o list2_5.exe list2_5.cpp
C:¥samples>list2_5.exe
```

list2_5.exeと入力して［Enter］キーを押す

実行結果

```
身長（m）を入力してください：1.7
体重（kg）を入力してください：67.5
あなたのBMIは、23.4です。
```

1.7と入力して［Enter］キーを押す

67.5と入力して［Enter］キーを押す

Column

入出力マニピュレータ

cout オブジェクトに << 演算子で渡している endl、fixed、setprecision などを入出力マニピュレータと呼びます。これらは、データの書式設定をするものです。マニピュレータ（manipulator）は、「操縦者」という意味です。

複合代入演算子

BMIを求めるプログラムに、さらに改造を加えてみましょう。現状のプログラムは、身長をm単位で入力していますが、身長はcm単位で取り扱うのが一般的です。プログラムを改造して、身長をcm単位で入力するようにしてみます。どこを改造すればよいかわかりますか。

まず、画面に「身長（m）を入力してください：」と表示している処理を、「身長（cm）を入力してください：」に変更します。これは、「cout << "身長

（m）を入力してください："；」の部分を、「cout << "身長（cm）を入力してください："；」に変更するだけ（"c"という文字を挿入するだけ）です。

次に、BMIを計算する処理の前で、変数heightの値を100で割ります。変数heightには、cm単位の身長が格納されるのですから、それを100で割ればm単位になります。わかりにくい場合は、具体例を想定してみるとよいでしょう。たとえば、cm単位の170という身長をm単位にすると1.7です。1.7は、170を100で割ることで得られます。これは、「height = height / 100;」という処理で実現できます。変数heightの値を100で割って、その結果を変数heightに格納するのです。

ただし、「height = height / 100;」という表現は、冗長です。heightという同じ変数を2回も記述しているからです。このような場合には、「height /= 100;」という表現が使えます。**/=** は除算と代入を行うことを意味する演算子であり、**複合代入演算子**（ふくごうだいにゅうえんざんし）と呼ばれます。「height /= 100;」は、「heightスラッシュ・イコール・ひゃく」もしくは「heightを割る（/）ものは（=）100である」と読むとわかりやすいでしょう。

height = height/100
という表現は間違いなの？
間違いじゃないけど
height /= 100
の方がスマートだよね

表2-4に示したように、除算だけでなく、加算、減算、乗算でも、複合代入演算子の表現が使えます。算術演算子だけでなく、変数に何らかの演算を行って、結果を同じ変数に代入する場合には、複合代入演算子の表現が使えます。

表2-4　複合代入演算子（算術演算子の場合）

演算子	機能	使用例	冗長な表現の例
+=	加算と代入を行う	ans += 100;	ans = ans + 100;
-=	減算と代入を行う	ans -= 100;	ans = ans - 100;
*=	乗算と代入を行う	ans *= 100;	ans = ans * 100;
/=	除算と代入を行う	ans /= 100;	ans = ans / 100;
%=	除算の余りを代入する	ans %= 100;	ans = ans % 100;

改造後のプログラムをリスト2-6に示します。

リスト2-6　BMIを求めるプログラム：改造バージョン2（list2_6.cpp）

```
#include <iostream>
#include <iomanip>
using namespace std;

int main() {
  double height;      // 身長
  double weight;      // 体重
  double bmi;         // BMI

  // キー入力をheightに格納する
  cout << "身長（cm）を入力してください：";
  cin >> height;

  // キー入力をweightに格納する
  cout << "体重（kg）を入力してください：";
  cin >> weight;

  // 身長をcm単位からm単位に変換する
  height /= 100;

  // 身長と体重からBMIを計算する
  bmi = weight / height / height;
```

```
  // BMIを画面に表示する
  cout << "あなたのBMIは、" << fixed << setprecision(1) <<
  bmi << "です。" << endl;

  return 0;
}
```


改造後のプログラムの実行結果を以下に示します。cm単位で身長を入力すると、先ほどと同じ23.4というBMIの値が表示されました。

g++ -o list2_6.exe list2_6.cppと入力して［Enter］キーを押す
C:¥samples>g++ -o list2_6.exe list2_6.cpp
C:¥samples>list2_6.exe
list2_6.exeと入力して［Enter］キーを押す
実行結果
身長（cm）を入力してください：170
体重（kg）を入力してください：67.5
あなたのBMIは、23.4です。
170と入力して［Enter］キーを押す
67.5と入力して［Enter］キーを押す

定数の定義

最後に、もう1つだけ改造をしてみましょう。身長が170cmで、体重が67.5kgでは、BMIの値が23.4です。やや太り気味ですが、体重を何kgまで減らせば、BMIの値が標準の22になるのでしょう。つまり、身長170cmの標準体重は、何kgなのでしょう。それを求めて表示する処理を追加してみます。

標準体重を求める方法を考えてみましょう。これは、数学の問題です。「BMI＝体重÷身長÷身長」です。「BMI」を「22」にして、「体重」を「標準体重」にすると、「22＝標準体重÷身長÷身長」です。この式を「標準体重＝」という形式に変形すると、「標準体重＝22×身長×身長」になります。これが、標準体重を求める方法です。

標準体重をdouble型のstdWeight（standard weightという意味）という変数で宣言すると、標準体重を求める演算は、以下のように記述できます。

```
// 標準体重を計算する
stdWeight = 22 * height * height;
```

このままでも正しい結果が得られますが、後でプログラムを見直したときに、「22とは何だろう？」と疑問に思うかもしれません。この22のように、プログラムの中にある意味不明な数値のことを**マジックナンバー**と呼びます。意味不明だが正しい結果が得られることを皮肉って、魔法の数字（magic number）と呼んでいるのです。マジックナンバーは、避けるべきです。

マジックナンバーを避けるには、定数を使います。**定数**（ていすう）は、数値に名前を付けたものです。22にSTD_BMI（STANDARD BMIという意味）という名前を付ければ、後でプログラムを見直したときに、「STD_BMIは標準BMIだ」とわかります。C++の命名規約では、定数は、すべて大文字の名前にします。

C++では、「const データ型 定数名 = 値;」という構文で、定数を定義します。constは、constant（不変の）という意味です。値を変えられない変数として、定数を定義するのです。22という値の定数STD_BMIは、以下のように定義します。22は、整数なので、データ型をint型にしました。

```
const int STD_BMI = 22;     // 標準BMI
```

文法 定数を定義する構文

```
const データ型 定数名 = 値;
```

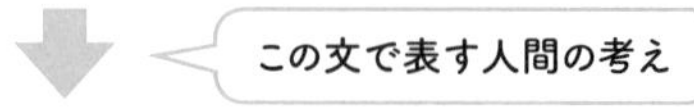

このデータ型と名前と値で、定数を用意せよ。

定数STD_BMIを使うと、先ほど示した標準体重を求める演算は、以下のように記述できます。マジックナンバーがなくなって、わかりやすくなりました。

```
// 標準体重を計算する
stdWeight = STD_BMI * height * height;
```

なんで、変数は「宣言する」で、
定数は「定義する」なの？

宣言（declare）は
「変数を使うことを明言する」で、
定義（defined）は「定数の値を定める」
というニュアンスだからよ

それでは、プログラムを改造してみましょう。定数の定義は、慣例として、変数の宣言の前に記述します。後から何度でも値を変更できる変数より、一度値を代入したら後から変更できない定数の方が「立派なもの」というイメージがあるからです。BMIを求める演算の後に、標準体重を求める演算を追加します。BMIを表示する処置の後に、「あなたの標準体重は、○○kgです。」と表示する処理も追加します。改造後のプログラムをリスト2-7に示します。

リスト2-7 BMIを求めるプログラム：改造バージョン3（list2_7.cpp）

```
#include <iostream>
#include <iomanip>
using namespace std;

int main() {
  const int STD_BMI = 22;     // 標準BMI
  double height;              // 身長
  double weight;              // 体重
  double bmi;                 // BMI
  double stdWeight;           // 標準体重

  // キー入力をheightに格納する
  cout << "身長（cm）を入力してください：";
  cin >> height;

  // キー入力をweightに格納する
  cout << "体重（kg）を入力してください：";
  cin >> weight;
```

```
    // 身長をcm単位からm単位に変換する
    height /= 100;

    // 身長と体重からBMIを計算する
    bmi = weight / height / height;

    // 標準体重を計算する
    stdWeight = STD_BMI * height * height;

    // BMIを画面に表示する
    cout << "あなたのBMIは、" << fixed << setprecision(1) <<
    bmi << "です。" << endl;

    // 標準体重を画面に表示する
    cout << "あなたの標準体重は、" << stdWeight << "kgです。" <<
    endl;

    return 0;
}
```

改造後のプログラムの実行結果を以下に示します。実際の体重が67.5kgで、標準体重が63.6kgです。何kg減らせば標準体重になるのでしょう。そう思ったなら、さらにプログラムを改造して、「○○kg減らせば、標準体重です。」と表示する処理を追加してください。

```
C:¥samples>g++ -o list2_7.exe list2_7.cpp

C:¥samples>list2_7.exe
```

g++ -o list2_7.exe list2_7.cppと入力して［Enter］キーを押す

list2_7.exeと入力して［Enter］キーを押す

実行結果

```
身長（cm）を入力してください：170
体重（kg）を入力してください：67.5
あなたのBMIは、23.4です。
あなたの標準体重は、63.6kgです。
```

170と入力して［Enter］キーを押す

67.5と入力して［Enter］キーを押す

暗黙の型変換と明示的な型変換

リスト2-7において、標準体重を求める「stdWeight = STD_BMI * height * height;」という演算に注目してください。stdWeight、height、heightはdouble型ですが、STD_BMIはint型です。データ型が異なると、データの形式や大きさが違うので、そのままでは計算できません。

そこで、C++では、異なるデータ型が混在した演算では、大きくて精度の高い方のデータ型に、自動的に揃えて演算されるようになっています。これを**暗黙の型変換**と呼びます。int型とdouble型では、double型の方が大きくて精度が高いので、データがdouble型に揃えられて演算されます。

変数や定数の前に「(データ型)」という表現で、データ型を指定すると、演算を行うときのデータ型を任意に指定できます。この表現を**キャスト**（cast = 型に入れる）と呼び、キャストによる型変換を**明示的な型変換**と呼びます。先ほどの標準体重を求める演算で、あえて明示的な型変換を行うと「stdWeight = (double)STD_BMI * height * height;」になります。

文法 キャストの構文

(データ型) 変数や定数

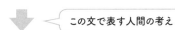

この文で表す人間の考え

変数や定数の値のデータ型を、カッコで囲んで示したデータ型に変換せよ。

キャストを使って、明示的な型変換をしなければならない場面もあります。たとえば、以下のようにint型同士の変数aとbで除算を行うと、演算結果もint型となり小数点以下がカットされて、変数ansに2が格納されます。

```
int a = 5;      // int型の変数
int b = 2;      // int型の変数
double ans;     // double型の変数
ans = a / b;
```

もしも、2.5という小数点以下の演算結果が必要なら、ans = a / b; の部分で、以下のいずれかのキャストを行います。❶ と ❷ は、aとbの一方だけをdouble型にキャストしていますが、double型とint型の演算は、大きくて精度の高いdouble型に揃えて演算されるので、演算結果もdouble型になります。❸ では、aとbの両方をdouble型にキャストしているので、演算結果は当然double型になります。きちんと書くなら ❸ 、短く書くなら ❶ か ❷ です。

❶ `ans = (double)a / b;`

❷ `ans = a / (double)b;`

❸ `ans = (double)a / (double)b;`

Column

キャスト方法を細かく指定する

「(データ型)」によるキャストは、C言語の時代から用意されている表現であり、C++でもそのまま使えます。さらに、C++では、「static_cast<データ型>(変数や定数)」「dynamic_cast<データ型>(変数や定数)」「const_cast<データ型>(変数や定数)」「reinterpret_cast<データ型>(変数や定数)」という表現で、キャスト方法を細かく指定することもできます。

POINT

上手なプログラムは短い

- 同じ結果が得られるなら、プログラムが短いほど上手だといえます。日常会話でも、長々とした説明より、短い説明の方が上手でしょう
- この章で学習した、height /= 100; という複合代入演算子は、height = height / 100; を短く記述するための構文です
- これ以降の章でも、プログラムを短くするための構文がいくつか登場します。プログラミングが上手になるためだと考えて、しっかり覚えてください

第2章
まとめ

Check Test

Q1 (1)～(4)に該当するデータ型をア～エから選んでください。

(1) trueまたはfalseだけを格納できる
(2) 主に半角英数文字を格納するために使う
(3) 主に整数を格納するために使う
(4) 主に小数点数を格納するために使う

ア double型　　イ int型
ウ char型　　エ bool型

Q2 (1)～(3)に該当するものをア～ウから選んでください。

(1) コメントを意味する表記
(2) 除算の余りを求める演算子
(3) coutオブジェクトにデータを渡す演算子

ア %　　イ //　　ウ <<

Q3 (1)～(3)に該当する処理をア～ウから選んでください。

(1) 関数の戻り値として変数aの値を返す
(2) ans = ans + a; を短く記述したもの
(3) キー入力を変数aに格納する

ア cin >> a;　　イ ans += a;　　ウ return a;

Q4 (1)～(3)に該当する処理をア～ウから選んでください。

(1) 変数xxxを宣言する
(2) 定数XXXを定義する
(3) 名前空間xxxを使うことを示す

ア using namespace xxx;
イ double xxx;
ウ const double XXX = 123;

第3章

条件に応じた分岐と繰り返し

この章では、条件に応じた分岐と繰り返しを行う構文を学びます。まず、分岐を行うための構文を学びます。次に、繰り返しを行うための構文を学びます。最後に、繰り返しで配列を処理する方法を学びます。

この章で学ぶこと

1 _ 分岐を行うための構文

2 _ 繰り返しを行うための構文

3 _ 配列と繰り返し

明日の天気が、晴れなら
図書館、そうでなければ
家で勉強しよっと
それをボクに伝える
ときは、if～else文を
使うんだよ
成績の5段階評価に
応じて、もらえるお小遣い
が決まるんだ……
それをボクに
伝えるときは、
switch文だよ
評価が5になるまで
勉強を続けないと
いけないね
それをボクに伝えるときは、
「評価が5でない限り」と
言い換えてwhile文だよ
勉強の後は、
お風呂に入って、
湯船で1から100まで
数えよう
それをボクに
伝えるときは、
for文だよ
全部独り言だったん
だけどな……

3 1 分岐を行うための構文

if～else文による分岐

分岐（ぶんき）は、条件に応じて処理の流れが分かれるものです。たとえば、第2章で作成したBMIを求めるプログラムに、もしも変数bmiの値が25.0以上だったら「肥満です。」、そうでなかったら「肥満ではありません。」と表示する処理を追加するとしたら、分岐の流れを使うことになります。分岐のことを選択（せんたく）と呼ぶこともあります。これは、「肥満です。」と表示する処理と、「肥満ではありません。」と表示する処理の、いずれかを選択しているとも考えられるからです。

C++には、分岐を行うための構文として、if～else文と、switch文が用意されています。**if～else文**（イフ エルス）は、あらゆる分岐を記述できます。**switch文**（スイッチ）は、if～else文で記述すると冗長になってしまう場面で使います。

if～else文を使って、変数bmiの値が25.0以上だったら「肥満です。」、そうでなかったら「肥満ではありません。」と表示する処理を記述すると、以下のようになります。

```
// 肥満かどうかを判定した結果を表示する
if (bmi >= 25.0) {
  cout << "肥満です。" << endl;
}
else {
  cout << "肥満ではありません。" << endl;
}
```

ifの後にあるカッコ()の中に条件を記述します。この条件が真の場合は、ifの後にあるブロックの中の処理が行われます。条件が偽の場合は、elseの後にあるブロックの中の処理が行われます。条件の真と偽は、わかりやすくいえばYesとNoのことなのですが、プログラミングでは真（true）と偽（false）という言葉を使うのです。

ifは「もしも」、elseは「そうでなければ」という意味です。したがって、このif〜else文は、もしも、bmi >= 25.0という条件が真なら「肥満です。」と表示し、そうでなければ「肥満ではありません。」と表示する、という分岐（選択）を行います。

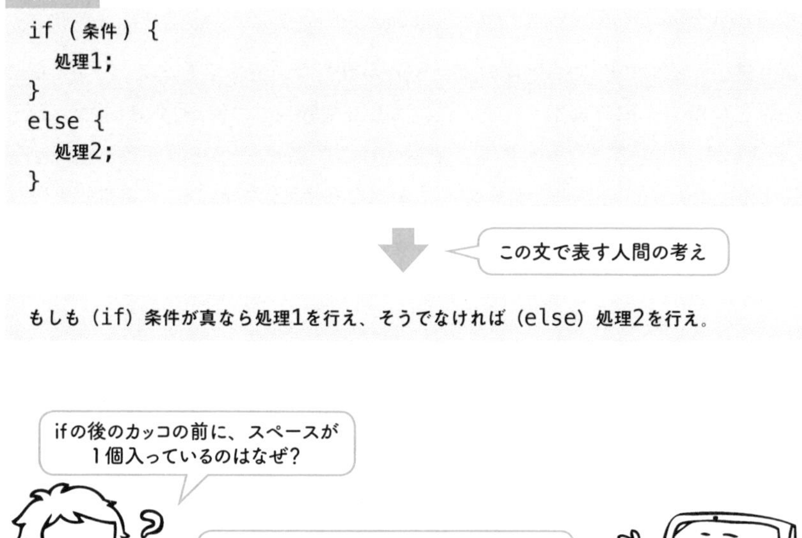

文法 if〜else文の構文（その1）

```
if (条件) {
   処理1;
}
else {
   処理2;
}
```

この文で表す人間の考え

もしも（if）条件が真なら処理1を行え、そうでなければ（else）処理2を行え。

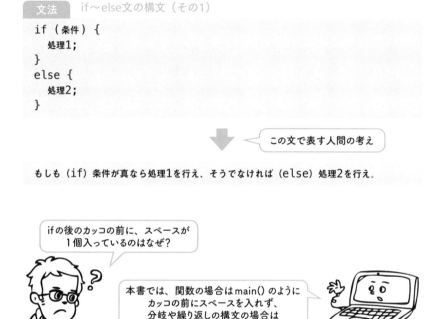

ifの後のカッコの前に、スペースが
1個入っているのはなぜ？

本書では、関数の場合はmain()のように
カッコの前にスペースを入れず、
分岐や繰り返しの構文の場合は
if (bmi >= 25.0)のようにカッコの前に
スペースを入れる書き方をするよ

これは、関数とそうでないもの
（ifやwhileなど）を区別するためなんだ。
ただし、スペースを入れなくても
問題ないよ

リスト3-1は、第2章で作成したBMIを求めるプログラム：改造前バージョン（list2_4.cpp）に、if〜else文による肥満の判定を追加したものです。

リスト3-1　BMIを求めるプログラム：if～else文バージョン1（list3_1.cpp）

```
#include <iostream>
using namespace std;

int main() {
  double height;      // 身長
  double weight;      // 体重
  double bmi;         // BMI

  // キー入力をheightに格納する
  cout << "身長（m）を入力してください：";
  cin >> height;

  // キー入力をweightに格納する
  cout << "体重（kg）を入力してください：";
  cin >> weight;

  // 身長と体重からBMIを計算する
  bmi = weight / height / height;

  // BMIを画面に表示する
  cout << "あなたのBMIは、" << bmi << "です。" << endl;

  // 肥満かどうかを判定した結果を表示する
  if (bmi >= 25.0) {
    cout << "肥満です。" << endl;
  }
  else {
    cout << "肥満ではありません。" << endl;
  }

  return 0;
}
```


プログラムの実行結果の例を以下に示します。改造前バージョンに機能を追加したものなので、身長をcm単位ではなく、m単位で入力することに注意してください。BMIが23.3564というのは、bmi >= 25.0という条件に対して偽なので、elseのブロックが実行されて「肥満ではありません。」と表示されました。

なお、この第3章からはプログラムの基本的なコンパイル、実行方法については記載していません。忘れてしまった方は、第1章を読み直しましょう。

実行結果

```
身長（m）を入力してください：1.7
体重（kg）を入力してください：67.5
あなたのBMIは、23.3564です。
肥満ではありません。
```

1.7と入力して［Enter］キーを押す
67.5と入力して［Enter］キーを押す

再度プログラムを実行して、今度は、身長に1.7、体重に100を入力してみましょう。BMIが34.6021というのは、bmi >= 25.0という条件に対して真なので、ifのブロックが実行されて「肥満です。」と表示されました。

実行結果

```
身長（m）を入力してください：1.7
体重（kg）を入力してください：100
あなたのBMIは、34.6021です。
肥満です。
```

1.7と入力して［Enter］キーを押す
100と入力して［Enter］キーを押す

比較演算子

先ほどのプログラムのbmi >= 25.0の **>=** を**比較演算子**（ひかくえんざんし）と呼びます。比較演算子は、データの大きさを比較し、その結果をtrueまたはfalse（真または偽）で返します。数学では「以上」を≧と表しますが、プログラミング言語では半角英数文字を使うので、「以上」を表すのに >= という2文字で表します。この2文字のセットで1つの演算子なので、> と = の間にスペースを入れてはいけません。

比較演算子の種類を表3-1に示します。2つの文字を使っているものは、どれも間にスペースを入れてはいけません。「等しい」を = を2つ並べて示すことに注意してください。= を1つにすると、等しいことの比較ではなく、変数への代入という意味になります。比較演算の結果は、trueかfalseのいずれかになります。

表3-1 比較演算子の種類

演算子	意味	使用例
>	より大きい	if (a > b)
>=	以上	if (a >= b)
<	より小さい	if (a < b)
<=	以下	if (a <= b)
==	等しい	if (a == b)
!=	等しくない	if (a != b)

if～else文のバリエーション

if～else文には、2つのバリエーションがあります。1つは、ifのブロックだけでelseのブロックがないものです。これは、「もしも」だけを示し、「そうでなければ」を示さないものです。たとえば、以下は、「もしも、bmi >= 25.0という条件が真なら、肥満です。と表示する」だけを行います。bmi >= 25.0という条件が偽の場合は、何もしません。

```
// 肥満かどうかを判定した結果を表示する
if (bmi >= 25.0) {
  cout << "肥満です。" << endl;
}
```

文法 if～else文の構文（その2）

```
if ( 条件 ) {
  処理;
}
```

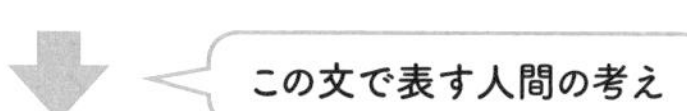

もしも（if）条件がtrueなら処理を行え。

もう1つのバリエーションは、ifとelseの間に、任意の数だけelse ifのブロックを挿入したものです。else ifは、「そうではなくてもしも」という意味で、先頭のifブロックとは別の条件を指定します。

文法　if〜else文の構文（その3）

```
if (条件1) {
  処理1;
}
else if (条件2) {
  処理2;
}
……
else {
  処理n;
}
```

この文で表す人間の考え

もしも（if）条件1がtrueなら処理1を行え、
そうではなくてもしも（else if）条件2がtrueなら処理2を行え、
……、
そうでなければ（else）処理nを行え。

このバリエーションを使うと、日本肥満学会による「もしも18.5未満なら、低体重」「そうではなくてもしも18.5以上25.0未満なら、普通体重」「そうではなくてもしも25.0以上30.0未満なら、肥満（1度）」「そうではなくてもしも30.0以上35.0未満なら、肥満（2度）」「そうではなくてもしも35.0以上40.0未満なら、肥満（3度）」「そうではなくてもしも40.0以上なら、肥満（4度）」という肥満度の分類を表示できます。以下のようになります。

```
// 日本肥満学会の肥満度の分類を表示する
if (bmi < 18.5) {
  cout << "低体重です。" << endl;
}
else if (bmi >= 18.5 && bmi < 25.0) {
  cout << "普通体重です。" << endl;
```

```
}
else if (bmi >= 25.0 && bmi < 30.0) {
  cout << "肥満（1度）です。" << endl;
}
else if (bmi >= 30.0 && bmi < 35.0) {
  cout << "肥満（2度）です。" << endl;
}
else if (bmi >= 35.0 && bmi < 40.0) {
  cout << "肥満（3度）です。" << endl;
}
  else if (bmi >= 40.0) {
  cout << "肥満（4度）です。" << endl;
}
```


論理演算子

先ほどのプログラムの中で使われていた&&は、「かつ（AND）」を意味する演算子です。bmi >= 18.5 && bmi < 25.0は、「bmiが18.5以上、かつ、bmiが25.0未満」という意味です。頭の中では「18.5以上25.0未満」と考えても、それをC++のプログラムで表現するときには、「bmiが18.5以上、かつ、bmiが25.0未満」と言い換えなければなりません。

&&の仲間として、「または（OR）」を意味する||と、「でない（NOT）」を意味する！という演算子があります。これらは、**論理演算子**（ろんりえんざんし）と呼ばれます。&&と||は、条件を結び付けるときに使います。！は、条件を否定するときに使います。論理演算子の種類を表3-2に示します。

表3-2　論理演算子の種類

演算子	意味	使用例	使用例の意味
&&	かつ	if (a > b && c > d)	もしもa > bかつc > dなら
||	または	if (a >b || c > d)	もしもa > bまたはc > dなら
!	でない	if (!(a > b))	もしもa > bでないなら

実は、先ほどの日本肥満学会の肥満度の分類を表示するプログラムには、い

くつか無駄な部分があります（論理演算子の説明をするために、わざとそうしました）。先頭のif文の bmi < 18.5 という条件に該当しないときに、それ以降の条件のチェックに進みます。したがって、else if (bmi >= 18.5 && bmi < 25.0) というチェックを行うときには、bmiの値が18.5未満ではない（18.5以上である）ことが確定しているので、bmi >= 18.5 という条件は不要です。この部分は、&& を使わずにelse if (bmi < 25.0) と記述できます。

以下同様に、else if (bmi >= 25.0 && bmi < 30.0) はelse if (bmi < 30.0)、else if (bmi >= 30.0 && bmi < 35.0) はelse if (bmi < 35.0)、else if (bmi >= 35.0 && bmi < 40.0) はelse if (bmi < 40.0) と記述できます。そして、最後のelse if (bmi >= 40.0) は、このチェックにたどりついたらbmiが40以上であることが確定しているので、条件を指定せずにelseだけにできます。無駄をなくしたプログラムをリスト3-2に示します。

リスト3-2 BMIを求めるプログラム：if～else文バージョン2（list3_2.cpp）

```
#include <iostream>
using namespace std;

int main() {
  double height;      // 身長
  double weight;      // 体重
  double bmi;         // BMI

  // キー入力をheightに格納する
  cout << "身長（m）を入力してください：";
  cin >> height;

  // キー入力をweightに格納する
  cout << "体重（kg）を入力してください：";
  cin >> weight;

  // 身長と体重からBMIを計算する
  bmi = weight / height / height;

  // BMIを画面に表示する
  cout << "あなたのBMIは、" << bmi << "です。" << endl;
```

```
  // 日本肥満学会の肥満度の分類を表示する
  if (bmi < 18.5) {
    cout << "低体重です。" << endl;
  }
  else if (bmi < 25.0) {
    cout << "普通体重です。" << endl;
  }
  else if (bmi < 30.0) {
    cout << "肥満（1度）です。" << endl;
  }
  else if (bmi < 35.0) {
    cout << "肥満（2度）です。" << endl;
  }
  else if (bmi < 40.0) {
    cout << "肥満（3度）です。" << endl;
  }
  else {
    cout << "肥満（4度）です。" << endl;
  }

  return 0;
}
```

改造後のプログラムの実行結果の例を以下に示します。BMIが23.3564なので、else if (bmi < 25.0)のブロックが実行されて「普通体重です。」と表示されました。様々な身長と体重を入力して、「低体重」や「肥満（1度）」など、その他の分類が表示されることも確認してください。

実行結果

```
身長（m）を入力してください：1.7     ← 1.7と入力して［Enter］キーを押す
体重（kg）を入力してください：67.5   ← 67.5と入力して［Enter］キーを押す
あなたのBMIは、23.3564です。
普通体重です。
```

第3章 条件に応じた分岐と繰り返し

Column

if～else文の代用となる三項演算子

「条件 ? 値1 : 値2」という表現で使われる ? と : のセットを、**三項演算子**と呼びます。「条件」「値1」「値2」という3つの項目を使う演算子だからです。演算子である以上、三項演算子にも演算結果があります。条件がtrueなら値1が演算結果になり、条件がfalseなら値2が演算結果になります。三項演算子は、二者択一の値を返す演算子だといえます。
たとえば、変数bmiの値が25.0以上なら、変数judgementに「肥満です。」、そうでなければ「肥満ではありません。」と代入する処理を記述するとしましょう。if～else文を使うと、以下のようになります。

```
if (bmi >= 25.0) {
  judgement = "肥満です。";
}
else {
  judgement = "肥満ではありません。";
}
```

三項演算子を使って同じ処理を記述すると、以下のようになります。
if～else文より、ずっと効率的に記述できることがわかるでしょう。

```
judgement = bmi >= 25.0 ? "肥満です。" : "肥満ではありません。";
```

if～else文では冗長になってしまう例

この章の冒頭で説明したように、if～else文を使えば、あらゆる分岐を記述できます。ただし、if～else文で記述すると冗長になってしまう場面では、**switch文**を使うこともできます。switchという言葉から、電源をON／OFFする押しボタンスイッチをイメージするかもしれませんが、switch文の機能は、そうではありません。昔のテレビのチャンネルのように、切り換えを行うスイッ

チャンネルが、
1の場合はNHK総合
2の場合はNHK Eテレ
4の場合は日本テレビ
5の場合はテレビ朝日
6の場合はTBSテレビ
7の場合はテレビ東京
8の場合はフジテレビ
その他は割り当てなし

switch文のイメージって、こんな感じかなあ？

それで、ばっちりOKだよ！
これは、関東地方の地デジの主なテレビ局名だね

チです。

ここでは、if～else文で記述すると冗長になってしまう例として、キー入力したチャンネル番号に割り当てられているテレビ局名を表示するプログラムを作ってみます。switch文のイメージは、昔のテレビのチャンネルなので、関東地方の地デジの主なチャンネル番号とテレビ局名を使うことにします。プログラムをリスト3-3に示します。

リスト3-3 テレビ局名を表示するプログラム：if～else文バージョン（list3_3.cpp）

```
#include <iostream>
#include <string>
using namespace std;

int main() {
  int channel;                   // チャンネルの番号
  string stationName;            // テレビ局名

  // キー入力をchannelに格納する
  cout << "チャンネル番号を入力してください：";
  cin >> channel;
```

```
  // テレビ局名をstationNameに格納する
  if (channel == 1) {
    stationName = "NHK総合";
  }
  else if (channel == 2) {
    stationName = "NHK Eテレ";
  }
  else if (channel == 4) {
    stationName = "日本テレビ";
  }
  else if (channel == 5) {
    stationName = "テレビ朝日";
  }
  else if (channel == 6) {
    stationName = "TBSテレビ";
  }
  else if (channel == 7) {
    stationName = "テレビ東京";
  }
  else if (channel == 8) {
    stationName = "フジテレビ";
  }
  else {
    stationName = "割り当てなし";
  }

  // テレビ局名を表示する
  cout << stationName << endl;

  return 0;
}
```

リスト3-3の実行結果の例を以下に示します。2を入力すると「NHK Eテレ」と表示され、6を入力すると「TBSテレビ」と表示されました。テレビ局が割り当てられていない3を入力すると「割り当てなし」と表示されました。

実行結果

```
チャンネル番号を入力してください：2
NHK Eテレ
----
チャンネル番号を入力してください：6
TBSテレビ
----
チャンネル番号を入力してください：3
割り当てなし
```

2と入力して［Enter］キーを押す

6と入力して［Enter］キーを押す

3と入力して［Enter］キーを押す

Column

文字列を格納するstring型

リスト3-3では、テレビ局名を格納する変数stationNameをstring型で宣言しています。stringは、文字列を格納するデータ型ですが、第2章で説明したbool型、char型、int型、double型などとは異なり、クラスです。クラスは、オブジェクトの型です。

クラスやオブジェクトに関しては、第5章以降で詳しく説明しますので、ここでは、文字列はstring型の変数に格納できることと、string型(stringクラス）を使うときには、プログラムの先頭に#include <string> と記述して、stringというヘッダファイルのインクルードが必要なことだけを覚えてください。

switch文による分岐

リスト3-3の内容は、「もしもチャンネルが1の場合はNHK総合、そうではなくてもしもチャンネルが2の場合はNHK Eテレ、そうではなくてもしもチャンネルが4の場合は日本テレビ、そうではなくてもしもチャンネルが5の場合はテレビ朝日、そうではなくてもしもチャンネルが6の場合はTBSテレビ、そうではなくてもしもチャンネルが7の場合はテレビ東京、そうではなくてもしもチャンネルが8の場合はフジテレビ、そうでなければ割り当てなし」という考えを表しています。何度も「そうではなくてもしもチャンネルが……」というのは冗長です。そんな考え方は、しないでしょう。

「チャンネルの数字に応じて切り換える。1の場合はNHK総合、2の場合はNHK Eテレ、4の場合は日本テレビ、5の場合はテレビ朝日、6の場合はTBSテレビ、7の場合はテレビ東京、8の場合はフジテレビ、その他は割り当てなし」と考えるはずです。この考えを表現できるのが、**switch文**です。

リスト3-4は、テレビ局名を表示するプログラムをswitch文で記述したものです。プログラムの実行結果は、リスト3-3と同じですが、ソースコードをスッキリと記述できています。これは、switch文のブロックの中で、変数channelが1回しか使われていないからです。

リスト3-4 テレビ局名を表示するプログラム：switch文バージョン（list3_4.cpp）

```
#include <iostream>
#include <string>
using namespace std;

int main() {
  int channel;                  // チャンネルの番号
  string stationName;           // テレビ局名

  // キー入力をchannelに格納する
  cout << "チャンネル番号を入力してください：";
  cin >> channel;

  // テレビ局名をstationNameに格納する
  switch (channel) {
    case 1:
      stationName = "NHK総合";
      break;
    case 2:
      stationName = "NHK Eテレ";
      break;
    case 4:
      stationName = "日本テレビ";
      break;
    case 5:
      stationName = "テレビ朝日";
      break;
```

```
    case 6:
      stationName = "TBSテレビ";
      break;
    case 7:
      stationName = "テレビ東京";
      break;
    case 8:
      stationName = "フジテレビ";
      break;
    default:
      stationName = "割り当てなし";
      break;
  }

  // テレビ局名を表示する
  cout << stationName << endl;

  return 0;
}
```


switch文の構文を説明しましょう。全体がswitch (channel) { } という1つのブロックになっています。このブロックの中で、変数channelの値に応じて、処理を分岐させます。case 1: は、「1の場合は」という意味です。case 1: 以下に、変数channelが1の場合の処理を記述します。break（ブレーク）; は、switch文の処理を中断する（break＝中断する）という意味です。どれかのcaseに該当した場合は、それ以降のcaseをチェックせずにswitch文の処理を中断します。そのために、break; が必要なのです。

default（デフォルト）: 以下の処理は、どのcaseにも該当しない場合に実行されます。これは、if～else文のelseに相当します。default: の部分にbreak; は不要なのですが、全体の見た目が揃うので付けています。

文法　switch文の構文

```
switch (変数) {
   case 値1:
      処理1;
      break;
   case 値2:
      処理2;
      break;
   ……
   default:
      処理n;
      break;
}
```

この文で表す人間の考え

変数の値に応じて切り換える（switch）。
値1の場合（case）は、処理1を行い、switch文を中断する（break）。
値2の場合（case）は、処理2を行い、switch文を中断する（break）。
……。
どの場合にも該当しないときは、デフォルト（default）の処理nを行い、switch文を中断する（break）。

switch文は、switchの後のカッコの中にある変数の値に応じて分岐することしかできません。caseの後に記述できるのは、数値だけであり、bmi >= 25.0のような条件を記述することはできません。

つまり、「if～else文は、あらゆる分岐を記述できる」「switch文は、if～else文で記述すると冗長になってしまう場面で使う」ということだね

その通り！ もしも、どちらで記述するか迷ったら、自分の感覚に合っている方を使えばいいんだよ

Column

複数のcaseで同じ処理を行う

switch文を使って複数のcaseで同じ処理を行う場合には、複数のcaseを縦に並べて記述します。たとえば、以下のswitch文は、変数channelの値が1と2の場合は変数fee（string型で宣言されているとします）に「有料」、4、5、6、7、8の場合は「無料」、それ以外は「割り当てなし」を格納します。

```
switch (channel) {
  case 1:
  case 2:
    fee = "有料"; // 1、2（NHK総合、NHK Eテレ）は、有料です。
    break;
  case 4:
  case 5:
  case 6:
  case 7:
  case 8:
    fee = "無料"; // 4、5、6、7、8は、無料です。
    break;
  default:
    fee = "割り当てなし";
    break;
}
```

POINT

条件を結び付ける表現

- たとえば、「変数aの値が10以上、20以下なら」という条件を表すときは、a >= 10 && a <= 20 と記述しますが、これを冗長だと感じるかもしれません。同じ変数aを、2回記述しているからです
- しかし、この条件をa >= 10 && <= 20 と記述することはできません。なぜなら、a >= 10 && <= 20 では、<= 20の部分で20と比較している値がないので、演算ができないからです
- a >= 10 && a <= 20 なら、a >= 10 の演算結果の値と、a <= 20 の演算結果の値で、&& 演算ができます。冗長だと感じても、a >= 10 && a <= 20 と記述しなければならないのです

3 2 # 繰り返しを行うための構文

while文による繰り返し

繰り返し（くりかえし）は、条件に応じて処理を繰り返すものです。繰り返すことで、データの値を変化させて、目的の結果を得るのです。C++には、繰り返しを行うための構文として、while文、do～while文、for文が用意されています。これらは、プログラムを作る人間の感覚に合わせて使い分けるものです。

まず、**while文**（ホワイル）を説明しましょう。whileは「～である限り」という意味です。「～である限り処理を繰り返す」と考えたら、while文を使います。リスト3-5は、「残金がある限り買い物を繰り返す」というプログラムです。

リスト3-5 残金がある限り買い物を繰り返すプログラム（list3_5.cpp）

```
#include <iostream>
using namespace std;

int main() {
  int money; // 残金
  int price; // 買い物した金額

  // 残金の初期値を10000円にする
  money = 10000;

  // 残金がある限り繰り返す
  while (money > 0) {
    // 残金を表示する
    cout << "残金：" << money << "円" << endl;

    // 買い物した金額を入力する
    cout << "買い物した金額：";
    cin >> price;
```

```
    // 残金を更新する
    money -= price;
  }
  // 買い物が終了したことを示す
  cout << "買い物終了！" << endl;

  return 0;
}
```

プログラムの実行結果の例を以下に示します。残金の初期値は、10000円に設定してあります。残金がある限り「残金の表示」「買い物した金額の入力」「残金の更新」が繰り返されます。残金がなくなると、買い物が終了したことが示され、プログラムが終了します。

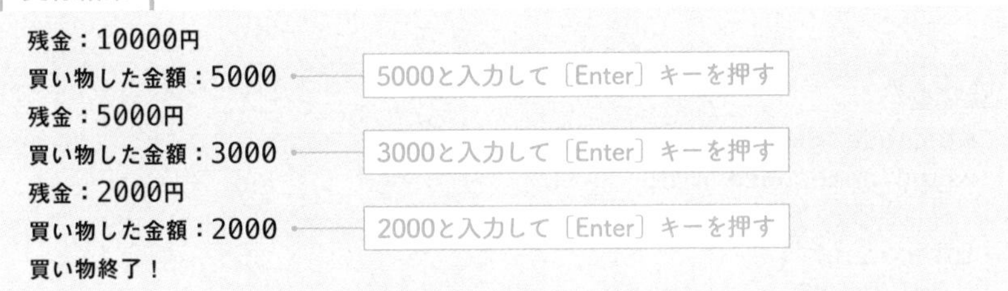
実行結果
残金：10000円
買い物した金額：5000
5000と入力して［Enter］キーを押す
残金：5000円
買い物した金額：3000
3000と入力して［Enter］キーを押す
残金：2000円
買い物した金額：2000
2000と入力して［Enter］キーを押す
買い物終了！

while文の構文は、とてもシンプルです。whileの後のカッコの中に条件を指定し、この条件がtrueである限り、ブロックの中の処理が繰り返されます。ここでは、while (money > 0) {　} というブロックなので、残金を表す変数moneyが0より大きい限り（残金がある限り）、ブロックの中にある「残金の表示」「買い物した金額の入力」「残金の更新」が繰り返されます。

もしも、「残金の更新」の処理を記述し忘れると、どうなるでしょう。money > 0という条件が、ずっとtrueのままになり、繰り返しが永遠に続きます。これを、**無限（むげん）ループ**と呼びます。もしも、無限ループになってしまった場合は、コマンドプロンプトで［Ctrl］キーを押したまま［C］キーを押すことで、プログラムを強制終了してください。

文法 while文の構文

```
while (条件) {
  処理;
}
```

この文で表す人間の考え

条件がtrueである限り (while) 処理を繰り返せ。

Column

C言語一族にはuntil文がない

人間が繰り返しの条件を考えるときには、「〜である限り繰り返す」と考えることも、「〜になるまで繰り返す」と考えることもあります。英語でいうと、whileとuntilです。ところが、C++には、while文はありますが、until文がありません。したがって、頭の中で「〜になるまで繰り返す」と考えた場合でも、プログラムを作るときには「〜である限り繰り返す」に置き換えなければなりません。
たとえば、先ほどの買い物のプログラムを作るときに「残金がなくなるまで買い物する」と考えたとしても、プログラムのwhile文の条件は「残金がある限り繰り返す」に置き換えなければならないのです。
これは、C++に限らず、C言語、Java、C#でも同様です。

do〜while文による繰り返し

次に、do〜while文（ドゥー ホワイル）を説明しましょう。doは「やれ」、whileは「〜である限り」という意味です。「まず処理をやって、その結果が〜である限り繰り返す」と考えたら、do〜while文を使います。リスト3-6は、「まずクイズの答えを選べ、その結果が不正解である限り繰り返す」というプログラムです。

リスト3-6 クイズの答えが不正解である限り繰り返すプログラム（list3_6.cpp）

```
#include <iostream>
using namespace std;

int main() {
  const char RIGHT_ANS = 'c';       // 正解
  char ans;                          // 解答

  // 解答が不正解である限り繰り返す
  do {
    // 問題を表示する
    cout << "【問題】日本で一番長い川は？" << endl;
    cout << "a. 利根川   b. 石狩川   c. 信濃川" << endl;

    // 解答を入力する
    cout << "解答：";
    cin >> ans;
  } while (ans != RIGHT_ANS);

  // 正解したことを示す
  cout << "正解！" << endl;

  return 0;
}
```

プログラムの実行結果の例を以下に示します。日本一長い川は、信濃川なのでcが正解ですが、最初はわざと間違った答えを選んでいます。不正解である限り繰り返すので、「問題の表示」「答えの選択」が繰り返されます。正解のcを選ぶと、繰り返しが終了して「正解！」と表示されます。

実行結果

```
【問題】日本で一番長い川は？
a. 利根川   b. 石狩川   c. 信濃川
解答：a    ← aと入力して［Enter］キーを押す
【問題】日本で一番長い川は？
a. 利根川   b. 石狩川   c. 信濃川
解答：c    ← cと入力して［Enter］キーを押す
正解！
```

do〜while文は、while文のバリエーションです。やったことの結果によって繰り返すかどうかを判断するので、whileを後ろに置いたdo{ }while (ans != RIGHT_ANS); という構文になっています。while (ans != RIGHT_ANS); の末尾にセミコロンがあるのは、それがないとwhile (ans != RIGHT_ANS) の部分が、do〜while文の末尾ではなく、通常のwhile文の先頭だと解釈されてしまうからです。このセミコロンを忘れないように注意してください。

文法 do〜while文の構文

```
do {
  処理;
} while (条件);
```

この文で表す人間の考え

処理をやれ（do）、条件がtrueである限り（while）繰り返せ。

Column

文字と文字列

C++では、文字（半角英数の1文字）と文字列（半角・全角に関わらず複数の文字が並んだもの）を区別します。文字は、char型の変数に格納し、const char RIGHT_ANS = 'c'; のように、' と ' で文字を囲みます。文字列は、string型の変数に格納し、stationName = "NHK総合"; のように、" と " で文字列を囲みます。

文字列は、char型の配列（この章の後半で配列を説明します）に格納することもできますが、string型の変数を使った方が便利です。string型は、クラス（オブジェクトの定義）であり、様々な機能が用意されているからです。

for文による繰り返し

最後に、for文を説明しましょう。forは「〜の期間」という意味です。「1月〜12月」のように、「○○〜△△」と考えたら、for文を使います。リスト3-7は、画面に「1月」〜「12月」と表示するプログラムです。

リスト3-7　1月〜12月と表示するプログラム：for文バージョン（list3_7.cpp）

```
#include <iostream>
using namespace std;

int main() {
  int month;  // 月（ループカウンタ）

  // 1月〜12月と表示する
  for (month = 1; month <= 12; month++) {
    cout << month << "月¥t";
  }
  cout << endl;

  return 0;
}
```

プログラムの実行結果の例を以下に示します。

実行結果

```
1月	2月	3月	4月	5月	6月	7月	8月
9月	10月	11月	12月
```

for文では、繰り返し回数をカウントする変数を使います。この変数を**ループカウンタ**と呼びます。ループ（loop）は、「繰り返し」という意味です。リスト3-7では、変数monthがループカウンタです。for文で変数monthの値を1〜12に変化させる繰り返しを行い、「1月」〜「12月」と表示するのです。

for文の構文では、カッコ()の中をセミコロン（;）で3つの部分に区切って、

Column

エスケープ文字

リスト3-7の "月¥t" の ¥t は、タブ（TAB）を挿入することを意味するものです。
¥ のことを**エスケープ記号**と呼び、¥ に1文字を続けたものを**エスケープ文字**または**エスケープシーケンス**（sequence＝続ける）と呼び、特殊な文字を表します。よく使われるエスケープ文字には、¥t の他にも、文字列の中にダブルクォテーションを含める ¥" 、シングルクォテーションを含める ¥' 、¥自体を含める ¥¥ などがあります。改行を意味する ¥n もありますが、本書のプログラムではendlというマニピュレータを使って改行をしています。

「ループカウンタの初期化」「条件のチェック」「ループカウンタの更新」を記述します。for (month = 1; month <= 12; month++) {　} において、month = 1 が「ループカウンタの初期化（この処理は最初に1回だけ行われ、繰り返されません）」、month <= 12が「条件のチェック」、month++が「ループカウンタの更新」です。

このfor文のカッコの中は「monthの初期値を1にして、month <= 12である限りブロックの中の処理を繰り返し、繰り返すたびにmonthの値を1増やせ」という意味です。for文の繰り返し条件は、while文と同様に「～である限り繰り返す」です。

month++ の **++**（プラス・プラス）は、変数の値を1だけ増やす演算子で、**インクリメント演算子**と呼びます。変数の値を1増やすには、month += 1 と記述することもできますが、インクリメント演算子を使った month++ という表現の方が少しだけ効率的です。変数の値を1だけ減らす **--**（マイナス・マイナス）という演算子もあり、**デクリメント演算子**と呼びます。インクリメント（increment）は「増加」という意味で、デクリメント（decrement）は「減少」という意味です。

文法　for文の構文

```
for (ループカウンタ = 初期値; 条件; ループカウンタの更新) {
  処理;
}
```

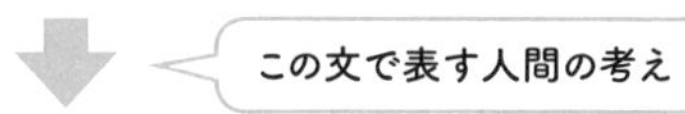

ループカウンタに初期値を代入せよ。条件をチェックしてtrueである限り処理を繰り返せ。処理を繰り返すたびに、ループカウンタを更新せよ。

Column

++ と -- の前置きと後置き

++ と -- は、++a や --a のように変数の前に置くことも、a++ や a-- のように変数の後に置くこともできます。前置きの場合は、変数の値が更新されてから、変数の値が利用されます。後置きの場合は、変数の値が利用されてから、変数の値が更新されます。

たとえば、ans = ++a; では、変数aの値が1増えてから、変数aの値が変数ansに代入されます。ans = a++; では、変数aの値が変数ansに代入されてから、変数aの値が1増えます。

前置きと後置きを使いこなすと、プログラムを短く記述できる場合がありますが、わかりにくいと感じる場合は、式の中で使わずに、++a; や a++; のように単独で使うとよいでしょう。こうすれば、どちらも値が1増えるだけです。for文のループカウンタの更新は、単独で ++ を使っているので、month++ と記述しても、++month と記述しても同じです。

while文とfor文の使い分け

ループカウンタを使った繰り返しをwhile文で記述することもできます。リスト3-8は、画面に「1月」～「12月」と表示するプログラムを、while文で記述したものです。whileの前で、ループカウンタmonthに初期値の1を代入し、

month <= 12という条件でwhile文の繰り返しを行います。while文のブロックの最後で、month++; というループカウンタの更新処理を行っています。このプログラムの実行結果は、for文で記述したプログラムと同じです。

リスト3-8　1月～12月と表示するプログラム：while文バージョン（list3_8.cpp）

```
#include <iostream>
using namespace std;

int main() {
  int month;  // 月（ループカウンタ）

  // 1月～12月と表示する
  month = 1;
  while (month <= 12) {
    cout << month << "月¥t";
    month++;
  }
  cout << endl;

  return 0;
}
```

このプログラムは、間違いではありませんが、自分の考えに合っているでしょうか。「1月～12月」と考えたのですから、while (month <= 12) より for (month = 1; month <= 12; month++) という表現の方が自然なはずです。while文では、「ループカウンタの初期化」「条件のチェック」「ループカウンタの更新」を、別々に記述しなければならず面倒です。for文では、それらをまとめて効率的に記述できて、さらに、いかにも「○○～△△」というイメージになります。

プログラミング言語は、人間の考えを表す言語です。「～である限り繰り返す」と考えたならwhile文を使う方が自然です。「○○～△△の期間繰り返す」と考えたならfor文を使う方が自然です。同じことを実現できる構文が複数ある場合は、自分のイメージに合っている方を使ってください。プログラムの内容がわかりやすくなるからです。

多重ループ

繰り返し処理のブロックの中に別の繰り返し処理のブロックが入っているものを、**多重ループ**もしくは**ネストしたループ**と呼びます。ネスト（nest）とは、「入れ子（何かの中に別の何かが入っている）」という意味です。日常生活では、繰り返しの中に、別の繰り返しが入っているものが多々あります。それをプログラムで表現すると、多重ループになるのです。while文、do～while文、for文のどれでも、多重ループを実現できます。

例として、掛け算の九九表を表示するプログラムを作ってみましょう。掛け算の九九表は、段を1～9まで繰り返して、その中で掛ける数を1～9まで変化させるので、多重ループで表現できます。どちらも「○○～△△」という繰り返しなので、for文を使うことが適切です。

リスト3-9は、多重ループで掛け算の九九表を表示するプログラムです。外側のfor文では、段を表すループカウンタstepが1～9まで変化します。内側のfor文では、掛ける数を表すループカウンタnumが1～9まで変化します。外側のfor文のブロックの中だけにあるcout << step << "の段：¥t"; およびcout << endl; は、9回ずつ繰り返されます。内側のfor文のブロックの中にあるcout << (step * num) << '¥t'; という処理は、全部で9回×9回＝81回繰り返されます。

リスト3-9 多重ループで掛け算の九九表を表示するプログラム（list3_9.cpp）

```
#include <iostream>
using namespace std;

int main() {
  int step;    // 段（外側のループカウンタ）
  int num;     // 掛ける数（内側のループカウンタ）

  // 外側のfor文
  for (step = 1; step <= 9; step++) {
    // 1の段～9の段と表示する
    cout << step << "の段：¥t";
```

```
    // 内側のfor文
    for (num = 1; num <= 9; num++) {
      // 九九の値を表示する
      cout << (step * num) << '¥t';
    }

    // 段の末尾で改行する
    cout << endl;
  }

  return 0;
}
```

プログラムの実行結果の例を以下に示します。

実行結果

```
1の段： 1	2	3	4	5	6	7	8	9
2の段： 2	4	6	8	10	12	14	16	18
3の段： 3	6	9	12	15	18	21	24	27
4の段： 4	8	12	16	20	24	28	32	36
5の段： 5	10	15	20	25	30	35	40	45
6の段： 6	12	18	24	30	36	42	48	54
7の段： 7	14	21	28	35	42	49	56	63
8の段： 8	16	24	32	40	48	56	64	72
9の段： 9	18	27	36	45	54	63	72	81
```

掛け算の九九表の他にも、
日常生活にある多重ループをあげてごらん

1日の時計は、「時」の0～23の変化
の中に、「分」の0～59の変化がある
から、多重ループだね！

POINT

分岐と繰り返しの構文のまとめ

- ✔ 分岐
  - if ～ else文…………あらゆる分岐を記述できる
  - switch文……………1つの変数の値の変化に応じた分岐を記述するときに使う

- ✔ 繰り返し
  - while文………………条件をチェックしてから処理を繰り返す
  - do ～ while文……処理を行ってから繰り返すかどうか条件をチェックする
  - for文……………………ループカウンタを使って繰り返す

3　3　配列と繰り返し

配列の宣言

10人の学生のテストの得点を格納するには、どのような変数を宣言すればよいでしょう。以下のようにint型で10個の変数を宣言すればよいのですが、これでは面倒でしょう。

```
int a, b, c, d, e, f, g, h, i, j;    // 10個の変数の宣言
```

このような場合には、**配列**（はいれつ）という表現を使います。配列は、同じデータ型の複数の変数のまとまりです。配列全体に1つの名前を付け、個々の変数（配列の要素と呼びます）は、番号で区別します。以下は、int型で要素数10個のpointという名前の配列を宣言したものです。

```
int point[10];        // 要素数10個の配列の宣言
```

文法　配列を宣言する構文

データ型　配列名 [要素数];

この文で表す人間の考え

このデータ型と要素数で配列を用意せよ。

これによって、point[0]〜point[9] という10個の変数（配列の要素）が用意されます。point[0]、point[1]、……、point[9]という個々の要素は、通常の変数と同様に取り扱えます。[ ] の中は、**要素番号**（ようそばんごう）（**インデックス**や**添え字**（そえじ）とも

呼びます）です。先頭の要素番号が、1ではなく0であることに注意してください。要素数が10個でも、先頭が0番なので、末尾は10番ではなく9番になります。

配列を宣言すると、コンピュータのメモリの連続した領域にデータを格納する複数の箱がまとめて用意されます。コンピュータは、先頭の箱を起点として、そこから何個先にあるかで、それぞれの箱を区別します。たとえば、point[1] は先頭の箱から1個先にあり、point[9] は先頭の箱から9個先にあります。先頭の箱は、先頭から0個先にある箱になるので、1番ではなく0番なのです。

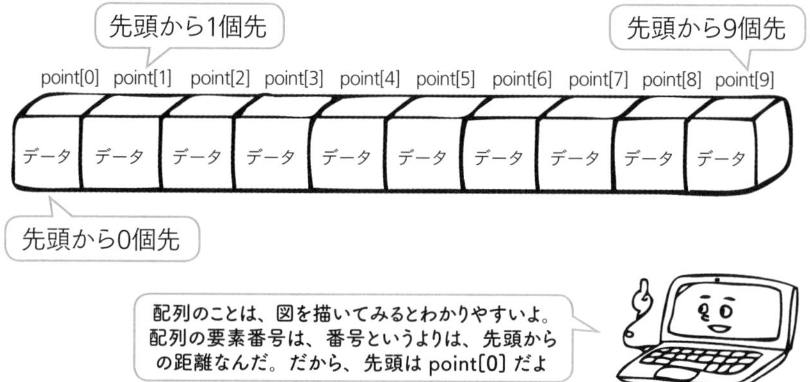

配列とfor文

配列が便利なのは、複数の変数をまとめて用意できることだけではありません。for文を使った繰り返しで、箱の先頭から末尾までの要素を処理できることが、とても便利なのです。その際にポイントとなるのは、配列の要素番号とfor文のループカウンタを対応付けることです。

リスト3-10は、要素数10個の配列に格納された学生のテストの得点の平均点を求めるプログラムです。point[DATA_NUM] = { …… }; という表現は、配列の宣言と要素の格納をまとめて行うものです。{ …… } の中にカンマで区切って並べられたデータが、配列の要素に格納されます。データをキー入力するのが面倒なので、この表現を使いました（この表現の場合は、要素数の

DATA_NUMの記述を省略することもできます)。

文法 配列の宣言と要素の格納をまとめて行う構文

データ型 配列名[要素数] = { 0番目の要素の値, 1番目の要素の値, …… };

この文で表す人間の考え

このデータ型と要素数で配列を用意して、{ } 内の要素を格納せよ。

リスト3-10 10人の学生のテストの平均点を求めるプログラム(list3_10.cpp)

```
#include <iostream>
using namespace std;

int main() {
  const int DATA_NUM = 10; // 配列の要素数

  // 10人の学生のテストの得点を格納した配列
  int point[DATA_NUM] = { 85, 72, 63, 45, 100, 98, 52,
  88, 74, 65 };
  int sum;                    // 合計点
  double average;             // 平均点
  int i;                      // 配列の要素番号(ループカウンタ)

  // 合計点を求める
  sum = 0;
  for (i = 0; i < DATA_NUM; i++) {
    // 配列の要素の値を集計する
    sum += point[i];
  }

  // 平均点を求める
  average = (double)sum / DATA_NUM;

  // 平均点を表示する
  cout << "平均点:" << average << endl;

  return 0;
}
```

Column

sizeof演算子

sizeof（size of＝～のサイズ）演算子は、変数、配列、データ型などの大きさをバイト単位で返す演算子です。演算子であっても、関数のようにsizeofの後にカッコを付けるのが慣例です（付けなくても構いません）。
sizeof演算子を使うと、sizeof(配列名) / sizeof(配列のデータ型) という計算で、配列の要素数を求められます。これは、配列の要素数を求める定番テクニックです。
リスト3-10では、定数DATA_NUMに直接10という値を代入していますが、sizeof(point) / sizeof(int) の計算結果（10になります）を代入することもできます。

このプログラムで最も注目してほしいのは、ループカウンタiを0からDATA_NUM未満まで変化させるfor文のブロックの中で、point[i] という表現で配列の要素を処理していることです。iの値は0～9まで変わるので、point[0]～point[9] を順番に処理することができ、それをsum += point[i]; で合計点を表す変数sumに集計しています。

for文の後で、average = (double)sum / DATA_NUM; で変数averageに平均値を格納しています。(double) は、int型のsumの値をdouble型にするキャストです。これをしないと、除算結果がint型になるので、小数点以下が切り捨てられてしまいます。プログラムの実行結果の例を以下に示します。

実行結果

```
平均点：74.2
```

Column

多次元配列

int table[10][10]; やint cube[10][10][10]; のように複数のインデックスを持った配列を宣言することもでき、これらを**多次元配列**と呼びます。多次元配列は、多重ループで処理します。

break文による繰り返しの途中終了

switch文のところで説明したbreak; は、これだけで1つの意味をなす構文なので、**break文**と呼ばれます。繰り返し処理の中でbreak文を使うと、繰り返しが途中終了します。

リスト3-11は、10人の学生のテストの得点を格納した配列の中から、キー入力で指定した得点が何番目にあるかを見つけるプログラムです。for文を使って、配列の先頭から末尾まで1つずつ要素をチェックして、見つかったときは、その時点で繰り返しを途中終了するので、break文を使っています。

見つかった位置を格納する変数posに、初期値として -1を格納していることにも注目してください。指定した得点が見つかったときは、その要素番号を変数posに格納するので、それまでの -1という値は上書き変更されます。もしも、配列の末尾までチェックしても指定した得点が見つからなかった場合は、変数posの値は -1のままなので、-1が見つからなかった印になります。これは、データを見つけるときの定番テクニックです。 -1を使うのは、それが配列の要素番号としてあり得ないものだからです。

リスト3-11 指定した得点が何番目にあるか見つけるプログラム（list3_11.cpp）

```
#include <iostream>
using namespace std;

int main() {
  const int DATA_NUM = 10; // 配列の要素数

  // 10人の学生のテストの得点を格納した配列
  int point[DATA_NUM] = { 85, 72, 63, 45, 100, 98, 52,
  88, 74, 65 };
  int i;                          // 配列の要素番号（ループカウンタ）
  int data;                       // 見つける得点
  int pos = -1;                   // 見つかった位置

  // 見つける得点をキー入力する
  cout << "見つける得点：";
  cin >> data;

  // 指定した得点を見つける
  for (i = 0; i < DATA_NUM; i++) {
    // 要素をチェックする
    if (point[i] == data) {
      // 見つかった位置をposに格納する
      pos = i;

      // 繰り返しを途中終了する
      break;
    }
  }

  // 結果を表示する
  if (pos == -1) {
    // posが-1のままなら見つからなかった
    cout << "見つかりません。" << endl;
  }
  else {
    // そうでないなら見つかった
    cout << pos << "番目に見つかりました。" << endl;
  }

  return 0;
}
```

プログラムの実行結果の例を以下に示します。ここでは、100をキー入力しています。100は、4番目（先頭を0番目として）に見つかりました。したがって、for文の繰り返しは、配列の4番目の要素をチェックした時点で、break文によって途中終了しています。

実行結果

```
見つける得点：100    ← 100と入力して［Enter］キーを押す
4番目に見つかりました。
```

再度プログラムを実行して、今度は99をキー入力してみましょう。99は、配列の要素にないので、「見つかりません。」と表示されました。

実行結果

```
見つける得点：99    ← 99と入力して［Enter］キーを押す
見つかりません。
```

continue文による処理のスキップと繰り返しの継続

break文の仲間として、**continue文**（コンティニュー）があります。繰り返しのブロックの中にcontinue; と記述すると、それ以降の処理がスキップされ、繰り返しは継続されます。continueは、「継続する」という意味です。

リスト3-12は、10人の学生のテストの得点を格納した配列から要素を1つずつ取り出し、60点未満は「不合格」と表示してそれ以降の処理をスキップし、80点以上ならA、そうではなく70点以上ならB、それ以外はCという評価を表示するプログラムです。

if (point[i] < 60) のブロックの中にあるcontinue; に注目してください。これは、配列のi番目の要素の値が60未満なら、それ以降の処理（A、B、Cの評価を表示する処理）をスキップするという意味です。ただし、スキップした場合でも、ループカウンタiが更新され、繰り返しは継続されます。

リスト3-12 得点に応じて評価を表示するプログラム（list3_12.cpp）

```
#include <iostream>
using namespace std;

int main() {
  const int DATA_NUM = 10;  // 配列の要素数

  // 10人の学生のテストの得点を格納した配列
  int point[] = { 85, 72, 63, 45, 100, 98, 52, 88, 74, 65 };
  int i;                     // 配列の要素番号（ループカウンタ）
  char grade;                // 成績の評価

  // 配列の要素を1つずつ取り出す繰り返し
  for (i = 0; i < DATA_NUM; i++) {
    // 60点未満は「不合格」と表示してそれ以降の処理をスキップする
    if (point[i] < 60) {
      cout << "不合格" << endl;
      continue;
    }

    // 得点に応じた評価を設定する
    if (point[i] >= 80) grade = 'A';
    else if (point[i] >= 70) grade = 'B';
    else grade = 'C';

    // 評価を表示する
    cout << point[i] << " = " << grade << endl;
  }

  return 0;
}
```

if～else文で処理を囲む｛ ｝が使われてないよ！

処理が1行のときは、
｛ ｝で囲まなくてもいいんだ
さらに、処理が短いときは、
ifやelseの後ろに処理を記述するのが慣例だ。
この書き方が好みでないなら、｛ ｝で囲んでもいいよ

プログラムの実行結果を以下に示します。10人の学生のテストの得点のうち、60点未満の45と52の2人は「不合格」なので評価がスキップされ、8人の得点が評価されています。

実行結果

```
85 = A
72 = B
63 = C
不合格
100 = A
98 = A
不合格
88 = A
74 = B
65 = C
```

POINT

英語の意味を調べて覚える

- プログラミング言語で使われている言葉の多くは、日常的に使われている英語です。もしも、知らない言葉に遭遇したら、英和辞典で意味を調べましょう。それによって、言葉の意味を覚えられるからです
- たとえば、この章で紹介した break と continue を英和辞典で調べると、「中断する」と「継続する」という意味だとわかります。C++におけるbreakとcontinueの意味も同じです

Column

範囲ベースfor文とauto型

C++の言語仕様は、時代とともに拡張されています。新しい言語仕様では、ループカウンタを使わずに配列の要素を順番に取り出せる範囲ベースfor文や、変数に格納されるデータからデータ型を推測するauto型が追加されています。リスト3-13は、10人の学生のテストの得点を格納した配列（要素数を省略しています）から、順番に要素を取り出して画面に表示するプログラムです。

リスト3-13 10人の学生のテストの得点を表示するプログラム（list3_13.cpp）

```
#include <iostream>
using namespace std;

int main() {
  // 10人の学生のテストの得点を格納した配列（要素数省略）
  int point[] = { 85, 72, 63, 45, 100, 98, 52,
                  88, 74, 65 };

  // 配列の要素を順番に取り出して表示する
  for (auto data : point) {
    cout << data << ", ";
  }
  cout << endl;

  return 0;
}
```

forのカッコ中のauto data : pointは、「配列pointからデータを順番に取り出して、変数dataに格納することを繰り返せ。その際に変数dataのデータ型は推測して自動的（auto）に決めよ」という意味です。プログラムの実行結果の例を以下に示します。

実行結果

```
85, 72, 63, 45, 100, 98, 52, 88, 74, 65,
```

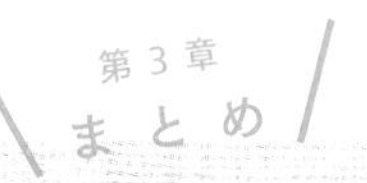

Check Test

Q1 (1)～(4)に該当する構文をア～エから選んでください。

(1) 主にループカウンタを使って繰り返しを行う
(2) 主に条件に応じて処理を分岐させる
(3) 主に条件だけを指定して繰り返しを行う
(4) 主に変数の値に応じて処理を分岐させる

ア if～else文　　イ switch文
ウ while文　　エ for文

Q2 (1)～(4)を意味する比較演算子をア～エから選んでください。

(1) 等しい　(2) 等しくない　(3) より大きい　(4) 以上

ア ==　　イ >=　　ウ >　　エ !=

Q3 (1)～(3)を意味する論理演算子をア～ウから選んでください。

(1) かつ　　(2) または　　(3) でない

ア !　　イ ||　　ウ &&

Q4 (1)～(4)の［　　］に入るものをア～エから選んでください。

(1) int a[10]; と宣言すると［　　］個の要素が用意される
(2) int a[10]; の末尾の要素のインデックス（添え字）は［　　］である
(3) 繰り返し中で［　　］文を使うと、繰り返しが途中終了する
(4) 繰り返し中で［　　］文を使うと、それ以降の処理がスキップされ、繰り返しが継続する

ア break　　イ continue　　ウ 9　　エ 10

第4章

プログラムを関数で部品化する

この章では、プログラムを関数で部品化する方法を学びます。まず、複数の関数から構成されたプログラムを作る方法を、次に関数の引数と関連させてポインタの機能を学びます。最後に、構造体の使い方を学びます。

この章で学ぶこと

1 _ 関数の使い方と作り方

2 _ 関数の引数とポインタ

3 _ 構造体とポインタ

Introduction

1 複数の関数から構成されたプログラム

あらかじめ用意されている関数を使う

第1章でも説明しましたが、ある程度規模の大きなプログラムは、全体をいくつかの部品に分けて作ります。プログラムの部品のことを**モジュール**と呼び、部品に分けることを**モジュール化**と呼びます。C++には、関数でモジュール化する方法と、クラスでモジュール化する方法が用意されています。**関数**は、1つの機能を持つ小さなモジュールです。**クラス**は、複数の機能を持つ大きなモジュールです。この章では、関数でモジュール化する方法を学びます。クラスでモジュール化する方法は、第5章以降で学びます。

それでは、複数の関数から構成されたプログラムを作ってみましょう。リスト4-1は、キー入力された数値の平方根を画面に表示するプログラムです。このプログラムは、main関数とsqrt関数から構成されています。main関数は、自分で記述しますが、sqrt（スクエアルート）関数はC++があらかじめ用意しているもの（**標準関数**（ひょうじゅんかんすう）と呼ばれます）です。複数の関数から構成されたプログラムを作る場合は、すべての関数を自分で作るわけではありません。あらかじめ用意されているものはそのまま使い、用意されていないものを自分で作るのです。sqrt関数を使うときには、プログラムの先頭に #include <cmath> と記述して、cmathというヘッダファイルのインクルードが必要です。

リスト4-1 キー入力した数値の平方根を画面に表示するプログラム（list4_1.cpp）

```
#include <iostream>
#include <cmath>
using namespace std;

int main() {
  double data;      // 平方根を求める数値
  double ans;       // dataの平方根
```

```
    // 数値をキー入力する
    cout << "平方根を求める数値：";
    cin >> data;

    // sqrt関数を使って平方根を求める
    ans = sqrt(data);

    // 平方根を表示する
    cout << ans << endl;

    return 0;
}
```

プログラムの実行結果の例を以下に示します。ここでは、2をキー入力したので、2の平方根の1.41421が表示されました。

実行結果

```
平方根を求める数値：2    ← 2と入力して［Enter］キーを押す
1.41421
```

リスト4-1において、ans = sqrt(data); の部分に注目してください。これは、「引数にdataを渡してsqrt関数を呼び出し、その戻り値を変数ansに格納せよ」という意味です。関数を使うことを「呼び出す」といいます。英語で、call（呼ぶ）というからです。

文法 関数を呼び出す構文（引数と戻り値がある関数の場合）

```
変数 = 関数(引数);
```

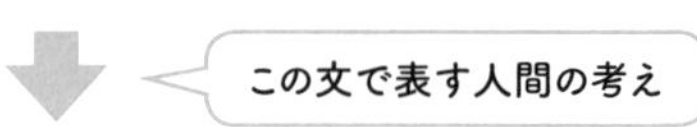

引数を渡して関数を呼び出し、戻り値を変数に格納せよ。

リスト4-1をコンパイルすることによって、main関数の内容がマシン語に変換されます。さらにsqrt関数（あらかじめマシン語に変換された状態で用意されています）が**リンク**（結合）されて、list4_1.exeという実行可能ファイルが生成されます。したがって、list4_1.exeの内容は、main関数とsqrt関数という複数の関数から構成されたものとなります（cinオブジェクトやcoutオブジェクトなど、その他にもいくつかの機能がリンクされていますが、ここでは関数だけに注目しています）。

プログラムの処理の流れ

プログラムの処理の流れを追ってみましょう。C++では、main関数がプログラムの実行開始位置となります。したがって、list4_1.exeを起動すると、まずmain関数が呼び出されます。次に、main関数の処理の中で、sqrt関数が呼び出されて、sqrt関数の中で平方根を求める処理が行われます。次に、sqrt関数が戻り値を返して、処理の流れがmain関数に戻ります。そして、main関数が残りの処理を行って、最後のreturn 0; でプログラムが終了します。return文には、「戻り値を返す」という機能と、「関数の呼び出し元に戻る」という機能があります。

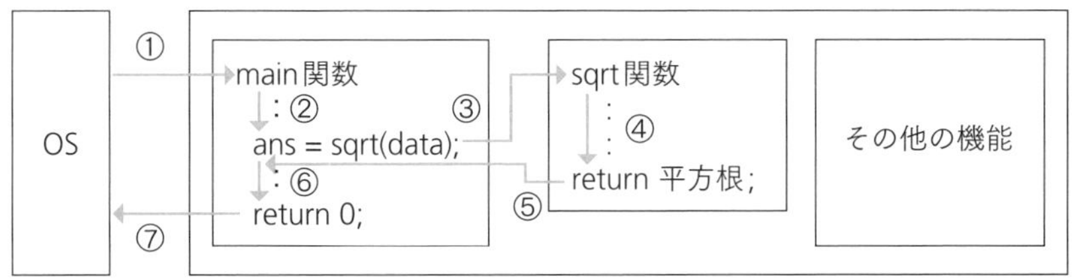

①プログラムを起動するとmain関数が呼び出される。
②main関数の処理が行われる。
③main関数からsqrt関数が呼び出される。
④sqrt関数の処理が行われる。
⑤sqrt関数が平方根を戻り値として返し、呼び出し元のmain関数に戻る。
⑥main関数のansに戻り値が格納される。
⑦main関数が0を戻り値として返し、呼び出し元のOSに戻る（プログラム終了）。

「呼び出し元」「呼び出し先」ってどういうこと?

たとえば、main関数の処理の中でsqrt関数を使っている場合には、

main関数が呼び出し元(sqrt関数を呼び出している側)
sqrt関数が呼び出し先(main関数が呼び出している側)

ということだよ

Column

C++の標準関数の種類

C++の標準関数には、平方根や三角関数などの数学関連の関数、乱数を生成する関数、文字の種類を判定する関数、数字列と数値を変換する関数、現在時刻を取得する関数、ファイルを読み書きする関数、検索(サーチ)や整列(ソート)を行う関数などがあります。

自分で関数を作る

平方根や乱数を求めたり、ファイルを読み書きしたりするような、汎用的な機能の関数は、C++が標準関数として用意していますが、特殊な機能の関数は、自分で作らなければなりません。ここでは、例としてBMIを求める関数を作ってみましょう。これは、標準関数にはありません。

関数を作るときに最初に考えることは、「関数名」「引数」「戻り値」です。処理内容は、後で考えます。ここでは、自分で関数を作って、自分で使うわけですが、使う側の身になって、どのような関数名で、どのような引数を渡して、どのような戻り値が返されたら便利でわかりやすいかを考えてください。

ここでは、getBmiという関数名(BMIを得るという意味です)で、height(cm単位の身長)とweight(kg単位の体重)を引数で渡し、戻り値としてBMIの値を返す関数にします。引数と戻り値には、データ型を指定しなければなりません。どれも小数点以下があるので、double型にします。以上のことから、BMIを求める関数の形式は、以下のようになります。これを関数の**プロトタイプ**（prototype＝原型）と呼びます。

```
double getBmi(double height, double weight)
```

先頭のdoubleは、戻り値のデータ型です。次のgetBmiは、関数名です。関数名の後にあるカッコの中に、データ型と引数名を指定します。引数が複数ある場合は、カンマで区切ります。2つの引数はどちらも同じdouble型ですが、それぞれの引数にデータ型を指定します。double height, weightとすることはできません。

関数の機能によっては、戻り値を返さない場合もあります。その場合には、関数の戻り値のデータ型に**void**（ボイド）を指定します。voidは「何もない」という意味です。引数がない場合は、関数のカッコの中を空にするかvoidを記述します。

文法　関数のプロトタイプの構文

戻り値のデータ型　関数名(データ型1 引数名1, データ型2 引数名2, ……)

この文で表す人間の考え

これは、この関数名で、これらのデータ型の引数を指定して、
このデータ型の戻り値を返す関数である。

関数のプロトタイプができたら、{　}の中に処理内容を記述します。関数の戻り値は、「return 戻り値;」という構文で返します。これは、main関数と同様です。なぜなら、main関数も、自分で作る関数だからです。処理内容を記述したgetBmi関数をリスト4-2に示します。このプログラムは、list4_2.cppではなく、getBmi.cppというファイル名で保存してください。「関数名.cpp」というファイル名は、後で再利用するときにわかりやすいからです。

リスト4-2　BMIを求める関数（getBmi.cpp）

```
double getBmi(double height, double weight) {
  double bmi;    // BMIの計算結果を入れる

  // cm単位をm単位にする
  height /= 100;

  // BMIを計算する
  bmi = weight / height / height;

  // 戻り値としてBMIを返す
  return bmi;
}
```

自分で作った関数を使う

リスト4-3は、getBmi関数を使うmain関数です。このプログラムは、キー入力した身長と体重を引数に渡してgetBmi関数を呼び出し、その戻り値を画面に表示します。このプログラムは、これまで通りにlist4_3.cppというファイル名で保存してください。

リスト4-3　getBmi関数を使うmain関数：エラーになるバージョン（list4_3.cpp）

```
#include <iostream>
using namespace std;

int main() {
  double height;    // 身長
  double weight;    // 体重
  double bmi;       // BMI

  // キー入力をheightに格納する
  cout << "身長（cm）を入力してください：";
  cin >> height;

  // キー入力をweightに格納する
  cout << "体重（kg）を入力してください：";
  cin >> weight;
```

```
    // 身長と体重からBMIを計算する
    bmi = getBmi(height, weight);

    // BMIを画面に表示する
    cout << "あなたのBMIは、" << bmi << "です。" << endl;

    return 0;
}
```

プログラムをコンパイルしてみましょう。複数のソースファイルをコンパイルしてリンクするときには、コマンドプロンプトで実行する「g++ -o 実行化のファイル名.exe 」の後にスペースで区切ってソースファイル名を並べます。

ここでは、「g++ -o list4_3.exe list4_3.cpp getBmi.cpp」を実行します。これによって、list4_3.cppとgetBmi.cppがコンパイルされた後で1つにリンクされ、list4_3.exeという実行可能ファイルが生成されるはずです。ところが、以下に示したメッセージが表示されて、エラーになってしまいました。

エラーメッセージ（一部抜粋）

```
C:¥samples>g++ -o list4_3.exe list4_3.cpp getBmi.cpp
list4_3.cpp: In function 'int main()':
list4_3.cpp:18:9: error: 'getBmi' was not declared in this
scope
   18 |   bmi = getBmi(height, weight);
      |         ^~~~~~
```

「list4_3.cpp:18:9: error: 'getBmi' was not declared in this scope」というエラーメッセージは、コンパイラが、list4_3.cppの18行目で使われているgetBmiという言葉の意味を解釈できないという意味です。

このエラーを解消するには、list4_3.cppのソースコードの冒頭に関数のプロトタイプ宣言を記述します。**プロトタイプ宣言**は、コンパイラに対して「この形式の関数を使うことを知っておけ」と宣言します。末尾にセミコロンを置くことに注意してください。

```
double getBmi(double height, double weight);
```

ヘッダファイルの役割

ただし、getBmi関数を再利用するたびに、プロトタイプ宣言を記述するのは、面倒です。そこで、一般的には、**ヘッダファイル**を作って、その中にプロトタイプ宣言を記述し、関数を利用するプログラムの冒頭で、そのヘッダファイルをインクルードします。

リスト4-4は、getBmi関数のプロトタイプ宣言を記述したヘッダファイルです（この時点では2行だけですが、後で付け加えます)。ヘッダファイルは、ファイル名の拡張子を.hとします。このhは、headerを意味しています。この章で作成する別の関数のプロトタイプ宣言も同じヘッダファイルにまとめて記述するので、第4章を意味するchapter4.hというファイル名で保存してください。

第2章で、「C++には複数のヘッダファイルが用意されていて、使用する機能によってインクルードするヘッダファイルの種類が決まっています」と説明しました。自分でヘッダファイルを作ったことで、ヘッダファイルの役割がわかったでしょう。ヘッダファイルの中には、関数のプロトタイプ宣言だけではなく、この章の後半で説明する構造体の定義や、第5章以降で説明するクラスの定義などが記述されているのです。

リスト4-4　getBmi関数のプロトタイプ宣言を記述したヘッダファイル（chapter4.h）

```
// BMIを求める関数のプロトタイプ宣言
double getBmi(double height, double weight);
```

注意
chapter4.hの内容は、次節以降で改造していきます。本書のダウンロード特典として提供するchapter4.hは、改造を続けて本章で最終形となったものであり、このリスト4-4の内容とは異なります。

リスト4-5は、先ほどコンパイルエラーになったリスト4-3にchapter4.hというヘッダファイルのインクルードを追加したものです。C++が用意しているヘッダファイルは、#include <iostream> のように < と > で囲みますが、自分で作ったヘッダファイルは#include "chapter4.h" のように " と " で囲みます。

Column

C++ のヘッダファイルの拡張子

C++のヘッダファイルには、.h という拡張子を付けるのが基本です。iostreamのように拡張子のないヘッダファイルは、厳密にいうとヘッダファイルではなく、別に用意されている何らかのヘッダファイルに対応付けるための識別子です。

このような識別子を使う方法は、C++の新しい言語仕様で採用されたものです。ただし、古い言語仕様に対応させて、iostream.hという従来形式のヘッダファイルも用意されています。

本書では、C++が用意しているヘッダファイルは、iostreamのように拡張子のない新しい形式のものを使い、自分で作るヘッダファイルには、chapter4.hのように拡張子 .h を付けることにします。

リスト4-5 getBmi関数を使うmain関数：エラーにならないバージョン（list4_5.cpp）

```
#include <iostream>
using namespace std;
#include "chapter4.h"

int main() {
  double height;   // 身長
  double weight;   // 体重
  double bmi;      // BMI

  // キー入力をheightに格納する
  cout << "身長（cm）を入力してください：";
  cin >> height;

  // キー入力をweightに格納する
  cout << "体重（kg）を入力してください：";
  cin >> weight;

  // 身長と体重からBMIを計算する
  bmi = getBmi(height, weight);
```

```
    // BMIを画面に表示する
    cout << "あなたのBMIは、" << bmi << "です。" << endl;

    return 0;
}
```

コマンドプロンプトで「g++ -o list4_5.exe list4_5.cpp getBmi.cpp」を実行してみましょう。今度は、エラーにならず、実行可能ファイルlist4_5.exeが生成されます。プログラムの実行結果の例を以下に示します。

実行結果

```
身長（cm）を入力してください：170
体重（kg）を入力してください：67.5
あなたのBMIは、23.3564です。
```

170と入力して［Enter］キーを押す

67.5と入力して［Enter］キーを押す

この程度の小さなプログラムでは、関数に分けて作る必要はありません。関数に分けた場合でも、1つのソースコードにgetBmi関数とmain関数の両方を記述すれば、ヘッダファイルを作る必要もありません。ただし、多くの関数から構成された規模の大きなプログラムでは、関数ごとにソースファイルを分けて作成し、それらのプロトタイプ宣言が記述されたヘッダファイルを用意するのが一般的です。

本書では、ページ数の都合で、小さなサンプルプログラムを示しますが、第4章以降で学ぶことは、大規模なプログラムを作るための知識であることを意識してください。

たとえ小さなプログラムであっても、関数に分けて作ることはメリットがあります。それは、同じ関数を他のプログラムで再利用できることです。もしも、BMIを求める関数を必要とする人がいたら、getBmi.cppとchapter4.hのセットをプレゼントしてあげてください。

ローカル変数とグローバル変数

先ほど作成したプログラムでは、main関数の中でheight、weight、bmiという変数が宣言され、getBmi関数の中でもheight、weight、bmiという同じ名前の変数が宣言されていました。このままでも混乱が生じないのは、関数のブロックの中で宣言された変数は、その関数の中だけで使えるものであり、他の関数に影響を与えないからです。このような変数を**ローカル変数**と呼びます。ローカル（local）とは、「局地的な」という意味です。

関数の外で変数を宣言することもでき、これを**グローバル変数**と呼びます。グローバル変数は、プログラムを構成するすべての関数から利用できますが、同じ名前で複数のグローバル変数を宣言できません。グローバル（global）とは、「全域的な」という意味です。

変数を利用できる範囲を**スコープ**（scope＝見える範囲）と呼びます。ローカル変数のスコープは、基本的に関数の中だけで（基本的と断っているのは、すぐ後で説明するポインタを使うと、関数の外からローカル変数を間接的に読み書きできるからです）、グローバル変数のスコープは、プログラム全体です。

ローカル変数は、名前が他の関数と重複することを一切気にせずに、どんどん使ってください。グローバル変数は、それがどうしても必要である理由がな

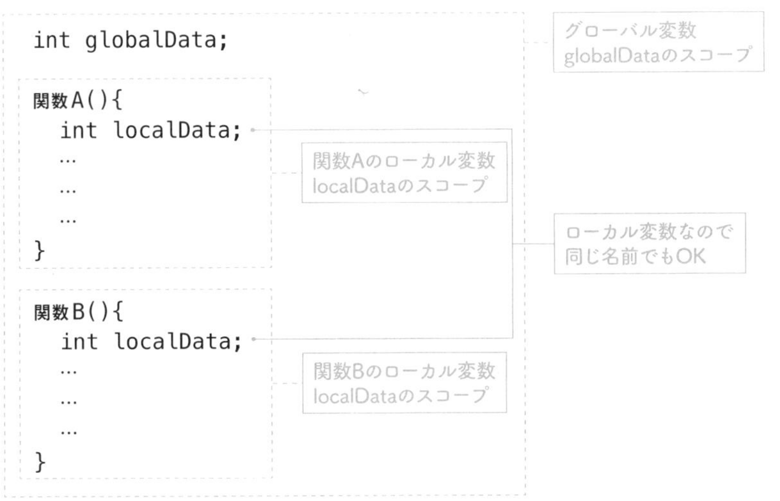

い限り、使わないことをお勧めします。グローバル変数は、プログラムのどこから利用されているのか、どのタイミングで値が更新されたり利用されたりするのかが、わかりにくいからです。わかりにくいプログラムは、**バグ**（bug = 不具合のこと）を生じやすくなります。

POINT

関数の構文のまとめ

- ✔ 関数の構文は、引数と戻り値があるのが基本ですが、関数の機能によって、引数や戻り値がない場合もあります
- ✔ 戻り値がないことは、関数名の前にvoidを記述して示します
- ✔ 引数がないことは、関数のカッコの中を空にすることで示します
- ✔ 関数のカッコの中にvoidと記述して、引数がないことを示すこともできます
- ✔ 引数と戻り値がある関数
  戻り値のデータ型 関数名（引数のデータ型 引数名，………）
- ✔ 引数があって戻り値がない関数
  void 関数名（引数のデータ型 引数名，………）
- ✔ 引数がなく戻り値がある関数
  戻り値のデータ型 関数名（）
  または
  戻り値のデータ型 関数名（void）
- ✔ 引数と戻り値がない関数
  void 関数名（）
  または
  void 関数名（void）

4-2 関数の引数をポインタにする

引数の値渡しとポインタ渡し

通常の関数では、関数の呼び出し元で設定された引数の値が、呼び出された関数に渡されます。これを、引数の**値渡し**（あたいわたし）と呼びます。たとえば、この章の前半で作成したgetBmi関数の実行結果の例では、main関数で設定された170と67.5という値がgetBmi関数に渡されました。そして、その戻り値として、23.3564が返されました。

関数を呼び出す構文は「変数 = 関数(引数);」なので、関数が返せる戻り値は1つだけです。それでは、関数の処理結果として複数の値を返したい場合は、どうしたらよいのでしょう。たとえば、中学の数学で習った$ax^2 + bx + c = 0$という形式の二次方程式を解く関数を作るとします。二次方程式のことを英語で、quadratic equationというので、quadEqという関数名にします。二次方程式は、以下の公式で解くことができます。

$$x = \frac{-b \pm \sqrt{b^2 - 4ac}}{2a}$$

二次方程式の解は、公式の±の部分が+の場合と−の場合の2つあるので、どちらか一方だけをquadEq関数の戻り値で返すのは、おかしなことです。さらに、公式の平方根の中の値がマイナスになると、二次方程式の解が得られません（「解なし」といいます）。したがって、解があるかどうかも、quadEq関数の処理結果として返す必要があります。

このような場合には、関数の呼び出しで、引数の**ポインタ渡し**を使います。これは、関数の呼び出し元で設定された引数のポインタが、呼び出された関数に渡されるものです。**ポインタ**（pointer）とは、「指し示すもの」という意味です。ポインタは、関数の呼び出し元にある変数の場所を指し示す情報です。引数のポインタ渡しを使うと、関数の呼び出し元にある変数に処理結果を格納することができるので、関数から複数の処理結果を返せます。

文章による説明だけでは、わからないと思いますので、サンプルプログラムを作ってみましょう。二次方程式を解くquadEq関数は、以下のプロトタイプにします。

```
bool quadEq(double a, double b, double c, double *px1,
double *px2)
```

bool型の戻り値で、解があるかどうかを返します。解があればtrueを返し、解がなければfalseを返します。double型の引数a、b、cには、$ax^2 + bx + c = 0$という二次方程式の係数であるa、b、cを設定します。これらは、引数の値渡しです。

注目してほしいのは、double型の引数の*px1と*px2です。引数名の前にある * （**アスタリスク**）は、これらが引数のポインタ渡しであることを意味しています。ポインタ渡しなので、これらの引数が指し示している変数に、処理結果を格納できます。ここでは、二次方程式の2つの解を、quadEq関数の呼び出し元の変数x1とx2に格納します。もしも、解がない場合は、何も格納しません。px1はpointer x1、px2はpointer x2という意味です。

リスト4-6は、quadEq関数のプロトタイプ宣言をヘッダファイルchapter4.hに追加したものです。プロトタイプ宣言では、末尾にセミコロンを付けることに注意してください。ここでは、コメントも付けています。

リスト4-6　quadEq関数のプロトタイプ宣言を追加したヘッダファイル（chapter4.h）

```
// BMIを求める関数のプロトタイプ宣言
double getBmi(double height, double weight);

// 二次方程式を解く関数のプロトタイプ宣言
bool quadEq(double a, double b, double c, double *px1,
double *px2);
```

注意
chapter4.hの内容は、この先、さらに改造していきます。本書のダウンロード特典として提供するchapter4.hは、改造を続けて本章で最終形となったものであり、このリスト4-6の内容とは異なります。

リスト4-7は、quadEq関数の処理内容を記述したものです。このプログラムは、quadEq.cppというファイル名で保存してください。注目してほしいのは、*px1 = と *px2 = の部分です。この構文で、px1とpx2が指し示している変数（リスト4-8のmain関数で宣言されている変数x1とx2）に値を格納しています。

リスト4-7 二次方程式を解くquadEq関数（quadEq.cpp）

```
#include <iostream>
#include <cmath>
using namespace std;

bool quadEq(double a, double b, double c, double *px1,
double *px2) {
  double inRoot;       // 公式の平方根の中の値
  bool ans;            // 解があるかどうか

  // 公式の平方根の中の値を求める
  inRoot = b * b - 4 * a * c;

  if (inRoot < 0) {
    // もしも公式の平方根の中の値がマイナスなら解なし
    ans = false;
  }
  else {
    // そうでなければ解あり
    ans = true;

    // 2つの解をpx1とpx2が指し示している変数に格納する
    *px1 = (-b + sqrt(inRoot)) / (2 * a);
    *px2 = (-b - sqrt(inRoot)) / (2 * a);
  }

  // 関数の戻り値で、解があるかどうかを返す
  return ans;
}
```

引数のポインタ渡しの関数を呼び出す

リスト4-8は、quadEq関数を呼び出すmain関数です。キー入力で、二次方

程式$ax^2 + bx + c = 0$の係数a、b、cを指定します。これらの変数に格納された値は、引数の値渡しでquadEq関数に渡されます。

注目してほしいのは、quadEq関数の引数に指定されている&x1と&x2です。変数の前にある **&（アンパサンド）** は、main関数の中で宣言されている変数x1とx2のアドレスを取得することを意味しています。

quadEq関数を呼び出すと、解があれば戻り値としてtrueが返され、2つの解が変数x1とx2に格納されます。main関数では、quadEq関数を呼び出した後、その戻り値がtrueなら変数x1とx2に格納された値を画面に表示し、そうでなければ（戻り値がfalseなら）「解なし。」と表示します。

リスト4-8 quadEq関数を呼び出すmain関数（list4_8.cpp）

```
#include <iostream>
using namespace std;
#include "chapter4.h"

int main() {
  double a, b, c;    // 二次方程式の係数
  double x1, x2;     // 二次方程式の解
  bool ans;          // 解があるかどうか

  // 二次方程式の係数をキー入力する
  cout << "a = ";
  cin >> a;
  cout << "b = ";
  cin >> b;
  cout << "c = ";
  cin >> c;

  // quadEq関数を呼び出す
  ans = quadEq(a, b, c, &x1, &x2);

  if (ans) {
    // 解があれば表示する
    cout << "x1 = " << x1 << endl;
    cout << "x2 = " << x2 << endl;
  }
  else {
    // 解がない場合
    cout << "解なし。" << endl;
  }

  return 0;
}
```

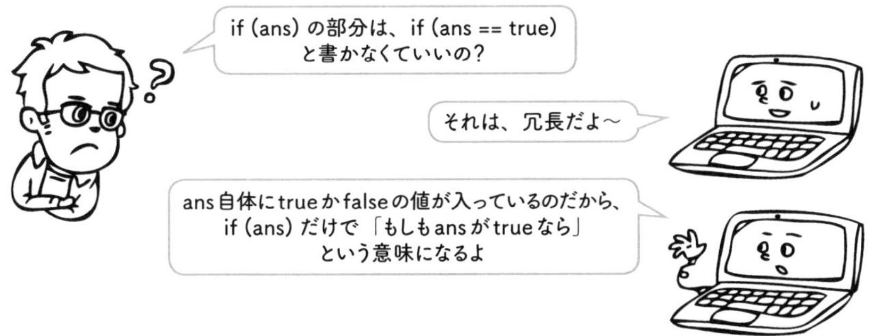

if (ans) の部分は、if (ans == true)
と書かなくていいの？
それは、冗長だよ～
ans自体にtrueかfalseの値が入っているのだから、
if (ans) だけで「もしもansがtrueなら」
という意味になるよ

コマンドプロンプトで「g++ -o list4_8.exe list4_8.cpp quadEq.cpp」を実行して、プログラムをコンパイルします。プログラムの実行結果の例を以下に示します。a、b、cに1、2、-15を入力すると（わざと解が合っているか確認しやすい係数にしました）、2つの解として3と-5が表示されました。

実行結果

```
a = 1      1と入力して［Enter］キーを押す
b = 2      2と入力して［Enter］キーを押す
c = −15    -15と入力して［Enter］キーを押す
x1 = 3
x2 = −5
```

a、b、cに4、5、6を入力すると、「解なし。」と表示されました。

実行結果

```
a = 4      4と入力して［Enter］キーを押す
b = 5      5と入力して［Enter］キーを押す
c = 6      6と入力して［Enter］キーを押す
解なし。
```

ポインタ渡しの仕組みを知るための実験プログラム

何事も「百聞は一見に如かず」です。C++の構文も、説明を読むより、実際に自分の手でプログラムを作って、その動作結果を自分の目で見て確認した方が、ずっと理解しやすいはずです。ここでは、ポインタ渡しの仕組みを知るための実験プログラムを作ってみます。

変数は、コンピュータの記憶装置であるメモリの中に用意された箱のようなものです。この箱に、データの値を格納します。C++のプログラムでは、箱に名前（変数名）を付けて区別していますが、コンピュータの内部では、箱に識別番号を付けて区別しています。この識別番号のことを**アドレス**と呼びます。アドレス（address）とは、場所を示す「番地」という意味です。

関数の中で宣言されたローカル変数には、別の関数から値を書き込めないのが基本です。ただし、ローカル変数のアドレスを別の関数に知らせれば、変数の場所がわかるので、値を書き込めます。値を読み出すこともできます。これを実現するのが、**ポインタ渡し**です。場所を指し示すアドレスを渡すのです。

ポインタは、アドレスと同意語なので、アドレス渡しと呼んでも構いません。

リスト4-9は、ポインタ渡しの仕組みを知るための実験プログラムです。list4_9.cppという1つのソースファイルに、引数をポインタ渡しで受け取るsub関数（mainでないのでsubという名前にしました）とmain関数をまとめて記述しています。実験プログラムなので、関数ごとにソースファイルを分けません。こうすれば、ヘッダファイルにsub関数のプロトタイプ宣言を記述してインクルードする必要がありません。main関数の前にsub関数が記述されているので、コンパイラには、sub関数の形式がわかるからです。

main関数では、int型のvalという変数を宣言し、123という適当な値を格納しています（❼）。そして、valのアドレスと格納されている値を画面に表示しています（❽）。&valの & には、変数valのアドレスを取得する機能があります。次に、&valを引数としてsub関数を呼び出しています（❾）。アドレスを引数に渡すので、これはポインタ渡しです。

sub関数の引数は、int *ptrという形式になっています（❷）。この * は、ptrがポインタ渡しであることを意味しています。ptrには、アドレスが格納されているので、ptrをそのまま表示すると、呼び出し元の変数valのアドレスが表示されます（❸）。*ptrを表示すると、ptrが指し示すアドレスにある変数（main関数で宣言された変数val）に格納されている値が表示されます（❹）。

この * には、そのアドレスにある変数の値を読み書きする機能があります。cout << *ptr; によって、ptrが指し示すアドレスにある変数の値が読み出され、画面に表示されます。*ptr = 456; によって、ptrが指し示すアドレスにある変数に456という値が格納されます（❺）。つまり、sub関数からmain関数の変数valに値を書き込めるのです。

sub関数は、戻り値を返しません。subの前にあるvoidは、戻り値を返さないという意味です（❶）。処理の最後にあるreturn; は、戻り値を返さず、呼び出し元に戻るという意味です（❻）。戻り値を返さないreturn; は、省略することもできます。関数の処理が終わると、自動的に呼び出し元に戻るからです。

sub関数を呼び出した後のmain関数では、valに格納された値を画面に表示します（❿）。このvalには、sub関数の処理で456が格納されているので、画面に456と表示されます。

リスト4-9 引数のポインタ渡しの仕組みを知るための実験プログラム（list4_9.cpp）

```
#include <iostream>
using namespace std;
   ❶
// 引数をポインタ渡しで受け取る関数
void sub(int *ptr) { ――❷
  // 引数に渡されたアドレスを表示する
❸ cout << "sub関数：引数ptrに渡されたアドレス = " << ptr << endl;

  // 引数に渡されたアドレスが指し示す変数の値を読み出して表示する
  cout << "sub関数：引数ptrが指し示す変数の値 = " << *ptr <<
  endl; ――❹

  // 引数に渡されたアドレスが指し示す変数に値を書き込む
  *ptr = 456; ――❺
  cout << "sub関数：引数ptrが指し示す変数に書き込んだ値 = " << *ptr
  << endl;

  // 戻り値を返さずに関数を終了する
  return; ――❻
}
```

第4章 プログラムを関数で部品化する

```
// main関数
int main() {
  // ローカル変数を宣言し、値を書き込む
  int val = 123; ――❼

  // ローカル変数のアドレスを表示する
  cout << "main関数：変数valのアドレス = " << &val << endl; ――❽

  // ローカル変数の値を表示する
  cout << "main関数：変数valの値 = " << val << endl; ――❽

  // 引数のポインタ渡しで、sub関数を呼び出す
  sub(&val); ――❾

  // ローカル変数の値を表示する
  cout << "main関数：変数valの値 = " << val << endl; ――❿

  return 0;
}
```

プログラムの実行結果の例を以下に示します。アドレスの値は、プログラムの実行環境や実行タイミングによって異なります。アドレスは、16進数（1桁を0〜9およびa〜fの16種類の数字と記号で表す表記方法）で表示されています。0x61ff0cの先頭にある0xは、16進数であることを意味しています。

実行結果

```
main関数：変数valのアドレス = 0x61ff0c
main関数：変数valの値 = 123
sub関数：引数ptrに渡されたアドレス = 0x61ff0c
sub関数：引数ptrが指し示す変数の値 = 123
sub関数：引数ptrが指し示す変数に書き込んだ値 = 456
main関数：変数valの値 = 456
```

&（アンパサンド）と *（アスタリスク）の機能

リスト4-9の実験プログラムで確認できたことを、整理してみましょう。

main関数でvalという変数を宣言し、123という値を格納しました（❼）。&valでアドレスを取得してみると（上にある方の❽）、それが61ff0c番地であることがわかりました。これは、メモリの中の61ff0c番地という場所に、変数valのための箱が用意され、そこに123という値が格納されたということです。

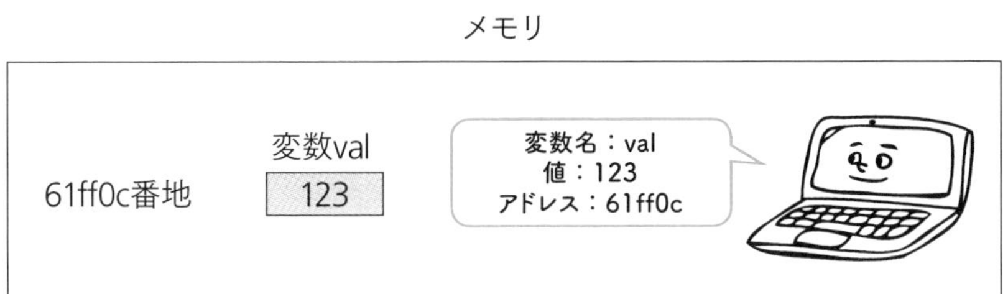

引数の値渡しでは、変数valに格納された123という値が関数に渡されます。したがって、それを受け取った関数にできることは、123という値を使って何らかの演算を行うことだけです。どこか知らない場所にある変数valの箱に、値を格納することはできません。

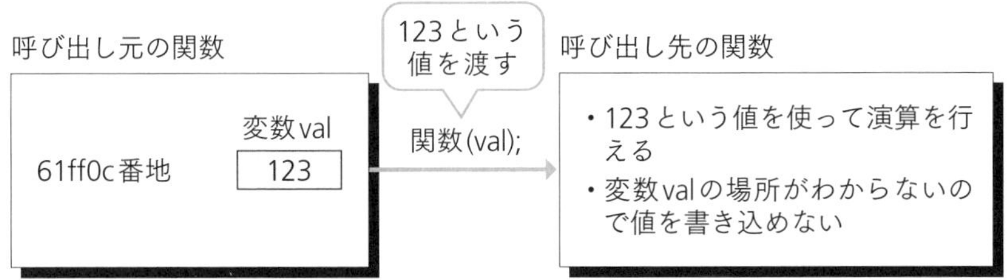

それに対して、引数のポインタ渡しでは、変数valの61ff0c番地というアドレスが関数に渡されます。それを受け取った関数は、61ff0c番地にある箱に格納された値を読み出して演算することも、その箱に値を格納することもできます。sub関数では、cout << *ptr; で値を読み出して画面に表示し（❹）、さらに *ptr = 456; で値を書き込んでいるのです（❺）。

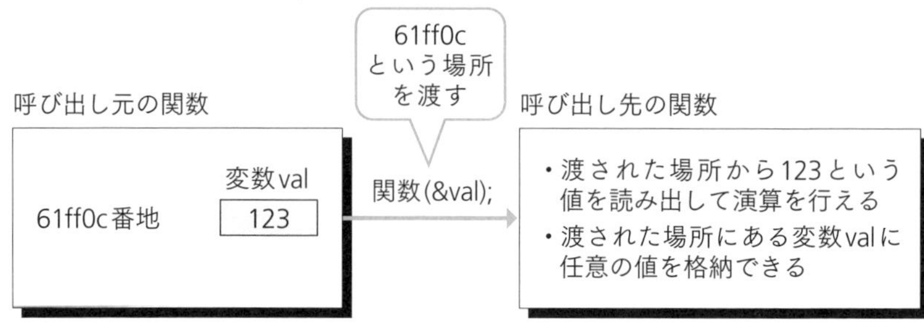

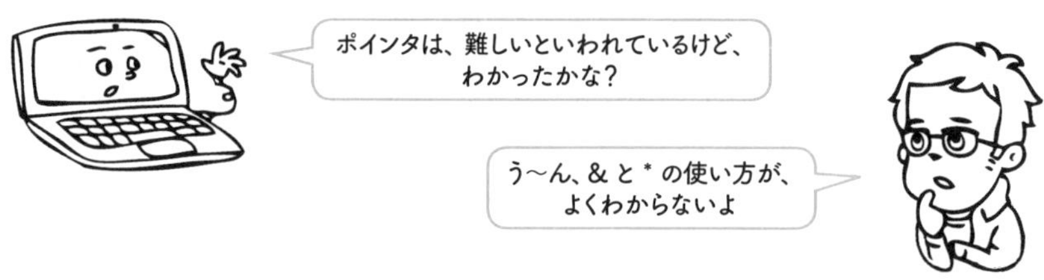

& と * の機能を整理しておきましょう。& は、変数のアドレスを取り出します。sub(&val); は、変数valのアドレスを引数に指定して、sub関数を呼び出すという意味です（❾）。

* には、引数がポインタ渡しである（呼び出し元の関数で宣言された変数を指し示すアドレスを格納したものである）ことを示す機能があります。これは、sub(int *ptr) {　} でptrの前に付けられた * です（❷）。

さらに、* には、呼び出し元の関数で宣言された変数の値を読み出したり、書き込んだりする機能があります。これは、cout << *ptr; および *ptr = 456; でptrの前に付けられた * です（❹、❺）。

配列は必ずポインタ渡しになる

関数の引数に、配列を渡すこともできます。C++の仕様で、配列は必ずポインタ渡しになります。たとえば、10人の学生のテストの得点を格納したint point[DATA_NUM]; という配列がある場合、配列名のpointを関数の引数に指定すると、配列の先頭の要素point[0]のアドレスが関数に渡されます。配列の要素数がわからないと末尾まで処理ができないので、要素数のDATA_NUM

も引数に指定して関数に知らせるのが一般的です。

配列と配列の要素数（**配列の長さ**とも呼びます）を引数とする関数の例を示しましょう。以下は、配列の平均値を返すgetAverage関数のプロトタイプ宣言です。引数int a[]は、int型の配列（aはarray＝配列の頭文字）という意味です。引数lengthは、配列の要素数です。getAverage関数は、double型の戻り値を返します。

```
double getAverage(int a[], int length);
```

getAverage関数のプロトタイプ宣言は、引数のint a[] の部分をint *aに変えて、以下のように記述することもできます。配列は、必ずポインタ渡しになるからです。

```
double getAverage(int *a, int length);
```

どちらを使っても構わないのですが、C++の標準関数では、一般的に int *a の方の表現が使われています。そこで、本書でもint *a の方の表現を使って、getAverage関数を作ることにしましょう。ただし、その前に、注意すべきことがあります。

配列のポインタ渡しの問題と、問題の解決策

配列がポインタ渡しになるということは、ポインタを渡されたgetAverage関数の側で、その気になれば、配列の要素の値を書き換えられるということです。そんなことを勝手にされたら、関数の呼び出し元は困るかもしれません。

そこで、引数のポインタ渡しでも、値を変更しない（変更できない）印として**const**（コンスト）を使います。constには、定数を定義する機能もありますが、ポインタ渡しの引数であっても値を変更できないようにする機能もあるのです。もしも、値を変更する処理を記述すると、コンパイル時にエラーになります。

配列を引数とする関数で、配列の要素の値を読み出しても、書き込みをしないことを示すには、const int *a のように引数にconstを指定します。これは、

配列を引数とする関数を作るときのマナーです。

リスト4-10は、ヘッダファイルchapter4.hに、constを指定するマナーを守ったgetAverage関数のプロトタイプ宣言を追加したものです。

リスト4-10 関数のプロトタイプ宣言を追加したヘッダファイル（chapter4.h）

```
// BMIを求める関数のプロトタイプ宣言
double getBmi(double height, double weight);

// 二次方程式を解く関数のプロトタイプ宣言
bool quadEq(double a, double b, double c, double *px1,
double *px2);

// 配列の平均値を返す関数のプロトタイプ宣言
double getAverage(const int *a, int length);
```

注意
chapter4.hの内容は、この先、さらに改造していきます。本書のダウンロード特典として提供するchapter4.hは、改造を続けて本章で最終形となったものであり、このリスト4-10の内容とは異なります。

ポインタを使った配列の要素の読み出し

リスト4-11は、getAverage関数の処理内容です。このプログラムをgetAverage.cppというファイル名で保存してください。

リスト4-11 配列の平均値を返すgetAverage関数（getAverage.cpp）

```
double getAverage(const int *a, int length) {
  double sum;         // 合計値
  double average;     // 平均値
  int i;              // 配列の要素番号（ループカウンタ）
```

```
    // 配列の合計値を求める
    sum = 0;
    for (i = 0; i < length; i++) {
        // ポインタが指し示している要素の値を読み出し集計する
        sum += *a; ──❶

        // ポインタを更新する（次の要素を指し示す）
        a++; ──❶
    }

    // 配列の平均値を求める
    average = (double)sum / length; ──❷

    // 配列の合計値を返す
    return average; ──❸
}
```

このプログラムで注目してほしいのは、sum += *a; および a++; の部分です（❶）。ポインタ渡しの引数aは、最初に配列の先頭の要素を指し示しています。したがって、*a は配列の先頭の要素の値を読み出し、その値が sum += *a; によって変数sumに集計されます。a++; は、ポインタをインクリメントします。これによって、aが配列の次の要素を指し示します。そして、sum += *a; によって次の要素の値が、変数sumに集計されます。

以下同様に、a++; と sum += *a; を配列の末尾まで繰り返し、変数sumに合計値が得られます。繰り返し処理が終わったら、変数sumを配列の要素数lengthで割って、変数averageに平均値を格納し（❷）、それをgetAverage関数の戻り値として返します（❸）。

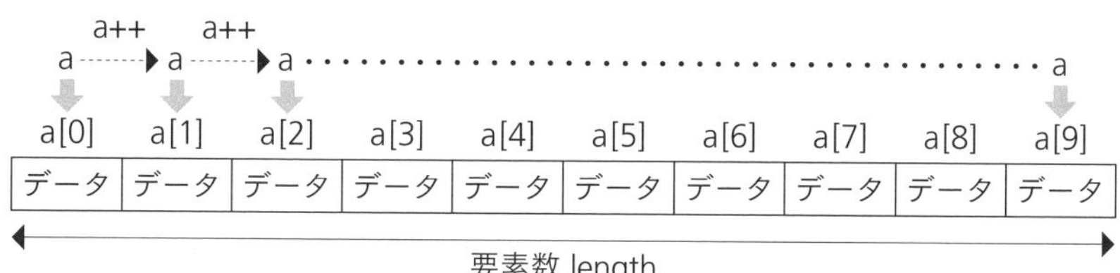

Column

ポインタのインクリメント、デクリメント

通常の変数を ++ 演算子でインクリメントすると、値が1増えます。-- 演算子でデクリメントすると、値が1減ります。それでは、リスト4-11のint型のポインタa（ポインタ渡しの引数aを、単にポインタaと呼ぶことがあります）をインクリメントするとどうなるでしょう。int型の大きさは4バイトなので、4増えます。そうしないと、配列の次の要素を指し示すことにならないからです。int型のポインタaをデクリメントすると、配列の前の要素を指し示すために4減ります。メモリの内部には、バイト単位に区切られた箱が並んでいて、順番にアドレスが割り振られています。4バイトのint型の配列は、1つの要素が4つの箱を使う（4つの箱をまとめて1つの箱として使う）ので、次の要素のアドレスは4つ先になります。ポインタには、指し示すという役割があるので、このような仕様になっているのです。

リスト4-12は、getAverage関数を呼び出すmain関数です。ここでは、10人の学生のテストの平均点を求めています。average = getAverage(point, DATA_NUM); の部分に注目してください。配列名pointを引数に指定することで、配列pointの先頭の要素のアドレスがポインタ渡しでgetAverage関数に知らされます。

リスト4-12　getAverage関数を呼び出すmain関数（list4_12.cpp）

```
#include <iostream>
using namespace std;
#include "chapter4.h"

int main() {
  const int DATA_NUM = 10;  // 配列の要素数

 // 10人の学生のテストの得点を格納した配列
  int point[DATA_NUM] = { 85, 72, 63, 45, 100, 98, 52,
  88, 74, 65 };
  double average;              // 平均値
```

```
  // 平均点を求める
  average = getAverage(point, DATA_NUM);

  // 平均点を表示する
  cout << "平均点：" << average << endl;

  return 0;
}
```

コマンドプロンプトで「g++ -o list4_12.exe list4_12.cpp getAverage.cpp」を実行して、プログラムをコンパイルします。プログラムの実行結果の例を以下に示します。

実行結果

```
平均点：74.2
```


Column

ポインタでなく配列の表現で引数を渡した場合

リスト4-11に示したgetAverage関数の引数のint *aの部分を、int a[]とした場合、関数の処理内容は以下のようになります。この関数を呼び出すmain関数の書き方は、リスト4-12と同じです。

```
double getAverage(const int a[], int length) {
  double sum;          // 合計値
  double average;      // 平均値
  int i;               // 配列の要素番号（ループカウンタ）

  // 配列の合計値を求める
  sum = 0;
  for (i = 0; i < length; i++) {
    sum += a[i];
  }
```

```
    // 配列の平均値を求める
    average = (double)sum / length;

    // 配列の合計値を返す
    return average;
}
```

引数の参照渡し

C++には、引数のポインタ渡しと同様のことができる、引数の**参照渡し**(さんしょうわたし)という表現が用意されています。リスト4-13のvoid sub(int &ref)の & が、引数の参照渡しを示しています。この指定だけで、後は何もいりません。main関数のsub(val); という呼び出しでは、自動的に変数valのアドレスがsub関数に渡されます。sub関数のref = 456; では、自動的に引数refが指し示しているアドレスに456という値が書き込まれます。

リスト4-13　引数の参照渡しの仕組みを知るための実験プログラム（list4_13.cpp）

```
#include <iostream>
using namespace std;

// 引数を参照渡しで受け取る関数
void sub(int &ref) {
  ref = 456;
  return;
}

// main関数
int main() {
  int val = 123;
  cout << "sub関数を呼び出す前のvalの値 = " << val << endl;
  sub(val);
  cout << "sub関数を呼び出した後のvalの値 = " << val << endl;
  return 0;
}
```

プログラムの実行結果の例を以下に示します。main関数で宣言された変数valの初期値は123ですが、sub関数で値が格納されて、456になっています。

実行結果

```
sub関数を呼び出す前のvalの値 = 123
sub関数を呼び出した後のvalの値 = 456
```

引数の参照渡しのイメージは、「ポインタなんていう難しい仕組みはどうでもいいから、呼び出し元の関数で宣言されている変数に値を格納させてくれ」です。そう考える場面があれば、引数の参照渡しを使ってください。引数のポインタ渡しは、コンピュータの仕組みをそのまま記述するものであり、様々な応用ができます。引数の参照渡しは、引数のポインタ渡しの簡易表現のようなものです。

POINT

引数の渡し方の種類のまとめ

- 引数の値渡し
  引数に何も付けない 例：void func(int a);
- 引数のポインタ渡し
  引数に*を付ける 例：void func(int *a);
- 引数の参照渡し
  引数に&を付ける 例：void func(int &a);

4　3　構造体とポインタ

構造体の定義

本節では、山田さん、佐藤さん、鈴木さんの健康診断をするプログラムを作るとしましょう。それぞれの氏名、身長、体重をキー入力して、BMIの値を求め、「○○さんのBMIは、△△です。」と画面に表示します。これまでに学んだC++の構文を使って、3人の氏名、身長、体重、BMIを格納する変数を宣言すると、以下のようになります。

```
string yamadaName;       // 山田さんの氏名
double yamadaHeight;     // 山田さんの身長
double yamadaWeight;     // 山田さんの体重
double yamadaBmi;        // 山田さんのBMI
string satoName;         // 佐藤さんの氏名
double satoHeight;       // 佐藤さんの身長
double satoWeight;       // 佐藤さんの体重
double satoBmi;          // 佐藤さんのBMI
string suzukiName;       // 鈴木さんの氏名
double suzukiHeight;     // 鈴木さんの身長
double suzukiWeight;     // 鈴木さんの体重
double suzukiBmi;        // 鈴木さんのBMI
```

このままプログラムを作ることもできますが、自分の感覚に合っていないと思うでしょう。氏名、身長、体重、BMIの4つのデータは、バラバラに存在しているのではなく、ひとまとまりの健康診断のデータだからです。このような複数のデータのまとまりを表すために、C++には、**構造体**（こうぞうたい）という表現が用意されています。とても難しそうな名称ですが、英語のstructureを日本語に直訳しただけです。構造体という名称であっても、頭の中では「複数のデータのまとまり」と考えてください。

身の回りにあるもので、複数のデータのまとまりになっているものをあげてごらん

成績表は、国語、数学、理科、社会、英語の成績という複数のデータのまとまりだね

構造体は、プログラマが独自に定義する新たなデータ型です。このデータ型には、構造体の意味に合った名前を付けます。氏名、身長、体重、BMIの4つのデータをまとめた構造体なら、健康診断という意味のHealthCheckという名前がよいでしょう。以下は、HealthCheck構造体の定義です。構造体を構成する個々のデータのことを**メンバ**（member＝構成要素）と呼びます。

```
struct HealthCheck {
  string name;          // 氏名
  double height;        // 身長
  double weight;        // 体重
  double bmi;           // BMI
};
```

文法 構造体を定義する構文

```
struct 構造体名 {
  データ型1 メンバ名1;
  データ型2 メンバ名2;
    ……
};
```

この文で表す人間の考え

ここに示したメンバをひとまとまりにして、全体に構造体名を付けて、それを新たなデータ型として使う。

構造体の定義は、一般的に、ヘッダファイルに記述します。そのヘッダファイルをインクルードすれば、様々なプログラムから構造体をデータ型として利用できるからです。HealthCheck構造体の定義を追加したヘッダファイル

chapter4.hをリスト4-14に示します。

リスト4-14　HealthCheck構造体の定義を追加したヘッダファイル（chapter4.h）

```
// 健康診断のデータを格納する構造体の定義
struct HealthCheck {
  string name;     // 氏名
  double height;   // 身長
  double weight;   // 体重
  double bmi;      // BMI
};

// BMIを求める関数のプロトタイプ宣言
double getBmi(double height, double weight);

// 二次方程式を解く関数のプロトタイプ宣言
bool quadEq(double a, double b, double c, double *x1,
double *x2);

// 配列の平均値を返す関数のプロトタイプ宣言
double getAverage(const int *a, int length);
```

注意
chapter4.hの内容は、この先、さらに改造していきます。本書のダウンロード特典として提供するchapter4.hは、改造を続けて本章で最終形となったものであり、このリスト4-14の内容とは異なります。

構造体をデータ型とした変数と配列

構造体を定義すれば、それをデータ型とした変数を宣言して使えます。以下は、HealthCheck構造体をデータ型として、yamada、sato、suzukiという変数を宣言した例です。struct HealthCheckが、HealthCheck構造体というデータ型を意味します。

```
struct HealthCheck yamada;    // 山田さんの健康診断データ
struct HealthCheck sato;      // 佐藤さんの健康診断データ
struct HealthCheck suzuki;    // 鈴木さんの健康診断データ
```

この表現は、structがあるので、すぐに構造体だとわかって便利なのですが、いちいちstructを記述するのが面倒なら、以下のようにstructを省略しても構いません。本書ではstructを省略することにします。

```
HealthCheck yamada;    // 山田さんの健康診断データ
HealthCheck sato;      // 佐藤さんの健康診断データ
HealthCheck suzuki;    // 鈴木さんの健康診断データ
```

構造体をデータ型として宣言されたyamada、sato、suzukiという変数は、それらをまとめて他の同じデータ型の変数に代入したり、関数の引数に渡したりすることができます。構造体のメンバを個別に読み書きしたい場合は、yamada.nameのように「変数名.メンバ名」という構文を使います。このドット（.）を「〜の」と読むとよいでしょう。yamada.nameなら「yamadaのname（山田さんの名前）」と読みます。

以下のように個々のメンバは、通常の変数と同様に、キー入力、演算、画面出力などに使えます。

```
// 山田さんの情報をキー入力する
cout << "氏名を入力してください：";
cin >> yamada.name;
cout << "身長（cm）を入力してください：";
cin >> yamada.height;
cout << "体重（kg）を入力してください：";
cin >> yamada.weight

// 山田さんのBMIを計算する
yamada.bmi =
  yamada.weight / yamada.height / yamada.height;

// 山田さんのBMIを画面に表示する
cout << yamada.name << "のBMIは、" << yamada.bmi << "です。";
```

10人のテストの得点は、10個の変数に格納するより、要素数10個の配列に格納した方が、効率的に処理できます。それと同様に、3人の健康診断データも、yamada、sato、suzuki という3つの変数に格納するより、要素数3個の配列に格納した方が、効率的に処理できます。このような場合には、構造体をデータ型とした配列を使います。

リスト4-15は、山田さん、佐藤さん、鈴木さんの健康診断をするプログラムです。HealthCheck構造体をデータ型として配列people（「人々」という意味です）を宣言しています（❶）。3人の情報をキー入力するのは面倒なので、{}で囲んでデータ（適当な値にしてあり、計算前のBMIの値は0にしています）を格納しています（❷）。構造体の配列の場合は、配列の要素ごとにメンバの値をカンマで区切って{}で囲み、さらに配列の要素全体をカンマで区切って{}で囲みます。この構文では、配列の要素数を省略することができますが、ここでは省略していません。

for文の中にあるpeople[i].heightやpeople[i].nameなどは、「配列peopleのi番目の要素の身長」や「配列peopleのi番目の要素の名前」という意味です。

リスト4-15　山田さん、佐藤さん、鈴木さんの健康診断をするプログラム（list4_15.cpp）

```
#include <iostream>
#include <string>
using namespace std;
#include "chapter4.h"

int main() {
  const int DATA_NUM = 3;          // 配列の要素数
  // HealthCheck構造体をデータ型とした配列
  HealthCheck people[DATA_NUM] = {            ❶
    { "山田一郎", 170, 67.5, 0 },  // 山田さんの情報  ┐
    { "佐藤花子", 160, 54.5, 0 },  // 佐藤さんの情報  ├ ❷
    { "鈴木次郎", 180, 85.5, 0 }   // 鈴木さんの情報  ┘
  };
  double mHeight;     // m単位の身長
  int i;              // ループカウンタ

  // 配列の要素を順番に処理する
  for (i = 0; i < DATA_NUM; i++) {
    // BMIを求める
    mHeight = people[i].height / 100;
    people[i].bmi = people[i].weight / mHeight / mHeight;
```

```
    // BMIを表示する
    cout << people[i].name << "さんのBMIは、" << people[i].
    bmi << "です。" << endl;
  }

  return 0;
}
```

プログラムの実行結果の例を以下に示します。

実行結果

```
山田一郎さんのBMIは、23.3564です。
佐藤花子さんのBMIは、21.2891です。
鈴木次郎さんのBMIは、26.3889です。
```


構造体のポインタを関数の引数にする

この章の前半で、

```
double getBmi(double height, double weight)
```

というプロトタイプで、BMIを求めるgetBmi関数を作りました。山田さん、佐藤さん、鈴木さんの健康診断をするプログラムで、getBmi関数を使うとどうなるでしょう。getBmi関数では、2つの引数に身長（cm単位です）と体重を指定するので、リスト4-15のfor文の中にあるBMIを求める処理を以下のように記述すればよいでしょう。

```
// BMIを求める
people[i].bmi =
  getBmi(people[i].height, people[i].weight);
```

このままでも目的の結果を得られますが、getBmiの引数にpeople[i].heightとpeople[i].weightを記述するのは、少し面倒です。せっかく、HealthCheck構造体にデータをまとめたのですから、HealthCheck構造体をデータ型とした引数の方が効率的です。引数が1つで済むからです。

構造体を引数とする場合は、引数の値渡しにすることもできますが、一般的に引数のポインタ渡しを使います。構造体は、複数のデータのまとまりであり、サイズが大きなものです。引数の値渡しでは、複数のデータがすべて渡されるので、効率がよくありません。引数のポインタ渡しなら、複数のデータのまとまりの先頭アドレスだけが渡されるので、とても効率的です。

以上のことからHealthCheck構造体のポインタを引数としたgetBmi関数を以下のプロトタイプで作成することにします。constは、この関数を使う人に「引数で渡されたポインタを使ってデータに書き込みをしませんよ」ということを示して、安心してもらうために付けました。

```
double getBmi(const HealthCheck *phc)
```

リスト4-16は、HealthCheck構造体を引数としたgetBmi関数のプロトタイプ宣言を追加したヘッダファイルchapter4.hです。わかりやすいように、もともとあったgetBmi関数のプロトタイプ宣言のすぐ下に記述しました（❷）。同じgetBmiという名前の関数が2つあっても問題ありません。C++では、引数のデータ型または数が異なれば、同じ名前の関数を複数定義できます。これを関数の**オーバーロード**（overload＝**多重定義**（たじゅうていぎ））と呼びます。オーバーロードに関しては、第7章で詳しく説明します。

HealthCheck構造体の定義を、リスト4-14でヘッダファイルの先頭に記述した（❶）ことを思い出してください。コンパイラは、ヘッダファイルでもソースファイルでも、ファイルの先頭から下に向かって、順番に内容を解釈していきます。新たに追加したgetBmi関数のプロトタイプ宣言では、HealthCheck構造体が使われています。もしも、HealthCheck構造体の定義がヘッダファイルの末尾にあると、コンパイラはHealthCheckが何であるかがわからず、エラーメッセージを表示します。そこで、HealthCheck構造体の定義をヘッダファイルの先頭に移動し、HealthCheckが何であるかを解釈させてから、新たに追加したgetBmi関数のプロトタイプ宣言を解釈させるのです。

リスト4-16　新たなgetBmi関数の定義を追加したヘッダファイル（chapter4.h）

```
// 健康診断のデータを格納する構造体の定義
struct HealthCheck {
  string name;      // 氏名
  double height;    // 身長
  double weight;    // 体重
  double bmi;       // BMI
};                                           ❶

// BMIを求める関数のプロトタイプ宣言
double getBmi(double height, double weight);
double getBmi(const HealthCheck *phc);       ❷

// 二次方程式を解く関数のプロトタイプ宣言
bool quadEq(double a, double b, double c, double *px1,
double *px2);

// 配列の平均値を返す関数のプロトタイプ宣言
double getAverage(const int *a, int length);
```

構造体のポインタのメンバを読み書きする

リスト4-17は、HealthCheck 構造体のポインタを引数としたgetBmi関数です。getBmi.cppというファイルは、すでに存在するので、getBmiHC.cppというファイル名（HCは、HealthCheckという意味です）で保存してください。このgetBmi関数の処理内容が1行だけなのは、もともとあったgetBmi関数を呼び出してBMIを計算しているからです。

構造体のポインタで、メンバの値を読み書きするときは、ドット（.）ではなく、->（ハイフンと大なり）を使います。これは、hc->height と hc->weight の部分です。-> を**アロー演算子**と呼びます。見た目がアロー（arrow＝矢印）に似ているからです。

リスト4-17 HealthCheck構造体を引数としたgetBmi関数（getBmiHC.cpp）

```
#include <iostream>
#include <string>
using namespace std;
#include "chapter4.h"

double getBmi(const HealthCheck *phc) {
  return getBmi(phc->height, phc->weight);
}
```

リスト4-18は、新たなgetBmi関数を呼び出して、山田さん、佐藤さん、鈴木さんの健康診断をするプログラムです。&people[i]は、配列のi番目の要素のポインタという意味です。

リスト4-18 新たなgetBmi関数を呼び出すプログラム（list4_18.cpp）

```
#include <iostream>
#include <string>
using namespace std;
#include "chapter4.h"

int main() {
  const int DATA_NUM = 3;          // 配列の要素数
  // HealthCheck構造体をデータ型とした配列
  HealthCheck people[DATA_NUM] = {
    { "山田一郎", 170, 67.5, 0 },    // 山田さんの情報
    { "佐藤花子", 160, 54.5, 0 },    // 佐藤さんの情報
    { "鈴木次郎", 180, 85.5, 0 }     // 鈴木さんの情報
  };
  int i;     // ループカウンタ

  // 配列の要素を順番に処理する
  for (i = 0; i < DATA_NUM; i++) {
    // BMIを求める
    people[i].bmi = getBmi(&people[i]);
```

```
    // BMIを表示する
    cout << people[i].name << "さんのBMIは、" << people[i].
    bmi << "です。" << endl;
  }

  return 0;
}
```

コマンドプロンプトで「g++ -o list4_18.exe list4_18.cpp getBmiHC.cpp getBmi.cpp」を実行して、プログラムをコンパイルします。これによって、main関数、HealthCheck構造体を引数としたgetBmi関数、double型の2つの引数を持つgetBmi関数から構成されたプログラムが生成されます。実行結果の例を以下に示します。

実行結果

```
山田一郎さんのBMIは、23.3564です。
佐藤花子さんのBMIは、21.2891です。
鈴木次郎さんのBMIは、26.3889です。
```

ポインタと構造体は、C++のベースとなっているC言語の時代からあるものなんだ

これらの知識は、第5章以降でクラスを学ぶときに、とても重要なものになるよ

それじゃあ、第5章に進む前に、もう一度この章を復習するよ!

Column

列挙型と共用体

C++には、構造体の定義と似た構文を使うものとして、**列挙型**(れっきょがた)、**共用体**(きょうようたい)、クラスがあります。クラスは、オブジェクト指向プログラミングを実現するために必須なものなので、第5章以降で詳しく説明します。列挙型と共用体は、それらが必要な場面だけで使うものなので、ここでは概要だけを説明しておきましょう。
列挙型は、複数の定数をまとめたものです。以下は、季節を意味するSPRING、SUMMER、AUTUMN、WINTERという4つの定数をまとめた列挙型Seasonの定義です。enum(イーナム)は、「enumerate（列挙する）」という意味です。個々の定数の値は、SPRING = 0のように指定することもできますが、省略しても、他の定数と重複しない値が自動的に割り当てられます。列挙型の個々のメンバを使うときは、Season::SPRINGやSeason::SUMMERとします。

```
enum Season { SPRING, SUMMER, AUTUMN, WINTER };
```

共用体は、同じメモリ領域に複数の変数を割り当てるものです。以下は、4バイトのlong型と同じメモリ領域に、1バイトのchar型で要素数4個の配列を割り当てた共用体LongByteの定義です。union(ユニオン)は、「共用」という意味です。共用体LongByteをデータ型とした変数をLongByte a; と宣言すれば、a.longDataで4バイトをまとめて読み書きすることも、a.byteData[0]～a.byteData[3]で1バイトずつ読み書きすることもできます。

```
union LongByte{
  long longData;
  char byteData[sizeof(long)];
};
```

POINT

構造体の使い方のまとめ

- 複数のデータのまとまりは、構造体で取り扱います
- 構造体を関数の引数にするときは、構造体のポインタにします

第４章
まとめ

Check Test

Q1 （1）～（4）の機能を持つ演算子をア～エから選んでください。

（1）変数のアドレスを取り出す
（2）構造体でないポインタを使って値を読み書きする
（3）ポインタでない構造体でメンバを指定する
（4）構造体のポインタでメンバの値を読み書きする

ア .　　イ *　　ウ &　　エ ->

Q2 （1）～（3）の説明に該当するものをア～ウから選んでください。

（1）引数のデータ型または数が異なる同名の関数を複数定義すること
（2）関数のブロックの中で宣言されたもの
（3）関数の形式（戻り値、関数名、引数）を示したもの

ア　プロトタイプ　　イ　ローカル変数
ウ　オーバーロード

Q3 （1）～（3）の引数の説明として適切なものをア～ウから選んでください。

（1）void func(int &a);
（2）void func(int *a);
（3）void func(int a);

ア　引数の値渡し　　イ　引数のポインタ渡し
ウ　引数の参照渡し

Q4 （1）～（3）の［　　］に入るものをアまたはイから選んでください。

（1）関数は、戻り値として1つ以上の値を返すことが［　　］。
（2）int a[]という引数は、int *aと表記することが［　　］。
（3）引数にconstを指定すると、値を書き込むことが［　　］。

ア　できる　　イ　できない（複数回選択可）

第5章

プログラムをクラスで部品化する

この章では、プログラムをクラスで部品化する方法を学びます。まず、C++があらかじめ用意しているクラスを使うことで、関数とクラスの違いを学びます。次に、自分でクラスを作って使うことで、オブジェクト指向プログラミングの基本となる考え方を学びます。最後に、オブジェクトの生成と破棄のタイミングを学びます。

この章で学ぶこと

1 _ あらかじめ用意されているクラスを使う

2 _ 自分でクラスを作って使う

3 _ オブジェクトの生成と破棄

Introduction

5-1 あらかじめ用意されているクラスを使う

関数のイメージは機械

C++は、関数という小さなモジュールでプログラムを部品化することも、クラスという大きなモジュールでプログラムを部品化することもできます。前者を**手続き型プログラミング**と呼び、後者を**オブジェクト指向プログラミング**と呼びます。関数もクラスも、あらかじめ用意されているものは、そのまま使い、用意されていないものは、自分で作って使います。

あらかじめ用意されている関数とクラスを使って、手続き型プログラミングとオブジェクト指向プログラミングの違いを見てみましょう。ここでは、"hello, world" という文字列の長さ（文字数）を求めるプログラムを作ってみます。何の役にも立たないサンプルプログラムです。C++があらかじめ用意しているstrlen（ストラレン）関数（string length）を使うと、リスト5-1のように記述できます。strlen関数を使うには、stringではなく、cstringというヘッダファイルのインクルードが必要です。

リスト5-1 strlen関数で文字列の長さを求めるプログラム（list5_1.cpp）

```
#include <iostream>
#include <cstring>
using namespace std;

int main() {
  int ans;     // 文字列の長さ

  // 文字列の長さを求める
  ans = strlen("hello, world");

  // 文字列の長さを表示する
  cout << ans << endl;

  return 0;
}
```

プログラムの実行結果の例を以下に示します。"hello, world" という文字列は、12文字なので、12と表示されました。

実行結果

```
12
```

strlen関数は、引数に指定された文字列の長さを求め、それを戻り値として返します。第1章でも説明しましたが、関数のイメージは、引数という材料を入れると、内部で加工を行って、戻り値という製品を出す機械です。strlen関数という機械に、"hello, world" という材料を入れると、内部で文字列の長さを求める加工（処理）が行われて、12という製品が出てくるのです。

オブジェクトのイメージは生き物

リスト5-1と同じ機能のプログラムを、C++があらかじめ用意しているstringクラス（本書で独自に作成するクラスは、HealthCheckerのように大文字で始まる名前にしますが、C++があらかじめ用意しているクラスには、stringのように小文字で始まる名前のものがあります）を使って作ると、リスト5-2のようになります。プログラムの実行結果は、リスト5-1と同じです。

リスト5-2 stringクラスで文字列の長さを求めるプログラム（list5_2.cpp）

```
#include <iostream>
#include <string>
using namespace std;

int main() {
  int ans;      // 文字列の長さ
  string s;     // 文字列オブジェクト ―❶

  // 文字列オブジェクトに文字列を格納する
  s = "hello, world"; ―❷

  // 文字列の長さを求める
  ans = s.length(); ―❸

  // 文字列の長さを表示する
  cout << ans << endl;

  return 0;
}
```

クラスは、データを格納する変数と、そのデータを処理する関数をまとめたものです。クラスが持つ変数を**メンバ変数**と呼び、クラスが持つ関数を**メンバ関数**と呼びます。stringクラスは、文字列データを格納するメンバ変数と、文字列の長さを返すメンバ関数などを持っています（複数の機能を持っています）。

クラスの機能を使うには、クラスをデータ型とした変数を宣言します。この変数のことを、クラスの**インスタンス**または**オブジェクト**と呼びます。インスタンス（instance）は「実例」という意味で、オブジェクト（object）は「物」という意味です。本書では、主にオブジェクトと呼びますが、ときどきインスタンスと呼ぶ場合もあります。

リスト5-2では、string s; でstringクラスをデータ型とした変数sを宣言しています（❶）。この変数sが、stringクラスのオブジェクトです。これ以降は、変数sではなく、オブジェクトsと呼ぶことにしましょう。

s = "hello, world"; で、オブジェクトsが持つメンバ変数に "hello, world" という文字列データを格納しています（❷）。そして、ans = s.length(); で、文字列データの長さを得ています（❸）。length（レングス）関数は、オブジェクトが保持している文字列の長さを返すメンバ関数です。s.length()のドット（.）を「〜の」と読むとよいでしょう。たとえば、s.length()は「オブジェクトsのlength関数」です。このドットを使った構文は、第4章で説明した構造体のメンバを指定する構文と同様です。

オブジェクト（object）は、直訳すると「物」という意味ですが、イメージは「生き物」です。変数と関数をまとめたものは、生き物のように感じられるからです。ans = s.length(); のlength関数に引数がないことに注目してください。この関数は、外部から渡された引数を処理するのではありません。オブジェクトが内部に保持しているデータを処理するのです。自分が保持しているデータを使って「振る舞う」と考えることもできます。生き物だから、加工や処理をするのではなく、振る舞うのです。

オブジェクトsのメンバ変数lengthを呼び出すときのイメージは、「文字列オブジェクトのsくん、君の長さを教えて」です。構文としてはlength関数を呼び出していますが、「長さを教えて」というメッセージを送っているイメージです。オブジェクトsは、このメッセージに対して「12だよ」という応答を返します。「オブジェクトにメッセージを送る」というのは、オブジェクト指向プログラミングの基本となる考え方です。

stringクラスのオブジェクトs（生き物）

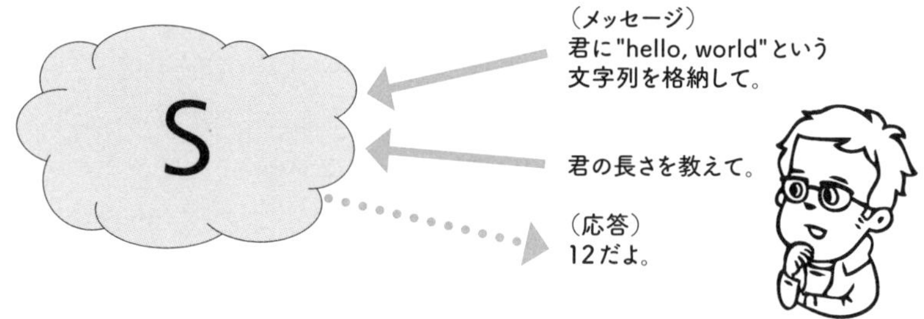
s
（メッセージ）
君に"hello, world"という
文字列を格納して。
君の長さを教えて。
（応答）
12だよ。

stringクラスが持っているメンバ変数とメンバ関数は、1つだけではありません。他にも、様々な機能を持っています。ただし、すべての機能を知らなくても、stringクラスを使えます。オブジェクトは、内部構造がわからなくても使えるものなのです。得体の知れないモヤモヤとした生き物ですが、いろいろな要求（メッセージ）に応えてくれる便利なものだと考えてください。

stringクラスの様々な機能

C++のクラスは、C言語の時代からある構造体を発展させたものです。構造体は、複数のデータをまとめたものです。それに対して、クラスは、複数のデータと処理をまとめたものです。ここで、注意してほしいのは、クラスは、まずデータありきであり、そのデータに対する処理をまとめているということです。なぜなら、データと無関係の処理では、まとめることに意味がないからです。

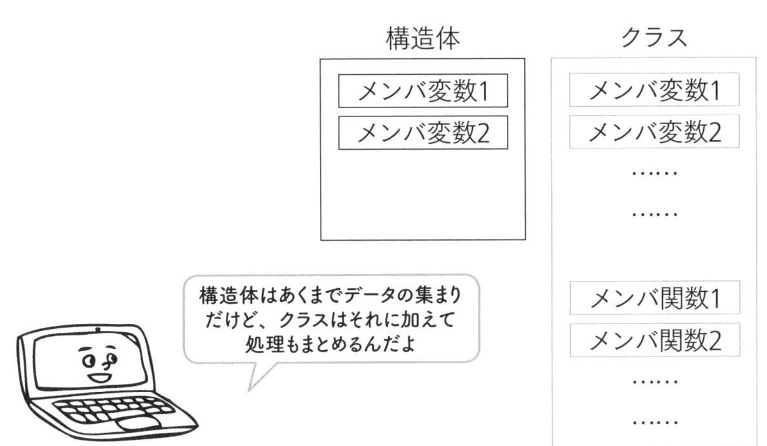

stringクラスは、文字列というデータと、その文字列に対する様々な処理をまとめています。表5-1に、stringクラスの主な機能を示します。1つのクラスに様々な機能が用意されている（だからクラスは大きな部品なのです）ことと、どの機能もstringクラスが保持している文字列データを対象としていることに注目してください。自分が保持しているデータを使って処理を行うことは、まるで自分の意思（保持しているデータ）で振る舞うかのようです。だから、オブジェクトは、生き物のように感じられるのです。

表5-1　stringクラスの主な機能

分類	プロトタイプ	機能
メンバ関数	int length()	保持している文字列の長さを返す
	int find(string x)	保持している文字列から、文字列xを検索して見つかった位置（先頭を0とする）を返す。見つからなかったら、int型の最大値（符号ありでは-1となる）を返す
	string substr(int pos, int num)	pos番目（先頭を0とする）からnum文字の部分文字列を返す
	void clear()	保持している文字列を削除する
	bool empty()	保持している文字列が空かどうかをチェックする
演算子のオーバーロード	=	文字列を代入する
	+=	末尾に文字列を追加する
	+	2つの文字列を連結する
	[ ]	配列の表現で文字を読み書きする
	==	等しいことを比較する
	!=	等しくないことを比較する
	>	より大きいことを比較する
	>=	以上であることを比較する
	<	より小さいことを比較する
	<=	以下であることを比較する

※比較は辞書順で、辞書の前の方に掲載される方を小さいとします。

表5-1に示された**演算子のオーバーロード**とは、=、+、> などの演算子に、クラスに合わせた独自の意味を定義することです。

リスト5-2のs = "hello, world"; という構文で、stringクラスのオブジェクトsに文字列データを格納できることを不思議に思いませんでしたか。オブジェクトsが持つメンバ変数に文字列データを格納するなら、s.メンバ変数名 = "hello, world"; という構文になるはずです。それを s = "hello, world"; という構文で実現できるのは、stringクラスに合わせて = 演算子がオーバーロードされていて、メンバ変数へ値を代入するという意味になっているからです。

Column

>> と << も演算子のオーバーロード

>> と << は、C言語の時代からある演算子であり、本来は、右シフト（桁を右にずらす）と左シフト（桁を左にずらす）を意味します。これまで、cin >> 変数; や cout << " データ "; のように >> と << でキー入力や画面出力ができたのは、C++があらかじめ用意しているデータ型やクラスに合わせて、>> と << がオーバーロード（多重定義）されているからです。自分で作ったクラスで、>> と << を使った入出力を行いたい場合は、それらをオーバーロードする必要があります。具体的な方法は、第7章で説明します。

stringクラスの様々な機能を使う

繰り返しますが、C++のクラスは、構造体を発展させたものです。構造体を定義したら、構造体をデータ型とした変数を宣言して使います。それと同様に、クラスを定義したら、クラスをデータ型とした変数を宣言して使います。この変数がオブジェクトです。

クラスは、オブジェクトの型であり、オブジェクトは生き物なのですから、クラスは、生き物の「分類」であるとも考えられます。クラスに対して、「オブジェクトの型」や「生き物の分類」というイメージを持ってください。

さらに、メンバ変数とメンバ関数を囲む「枠」というイメージも持ってください。「枠」というイメージは、クラスという言葉から一般的に感じる「教室」に近いものでしょう。教室の中に様々な生徒がいるように、クラスの中にも様々な機能があります。

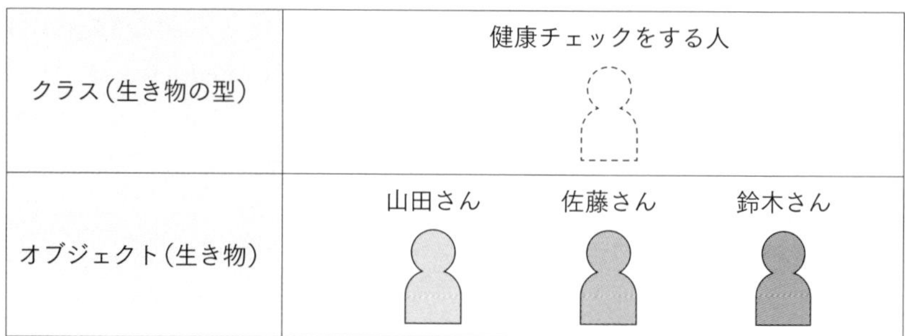

string クラス（枠）

```
private:
    文字列を格納するメンバ変数
public:
    文字列の長さを返すメンバ関数
    部分文字列を返すメンバ関数
    文字列を削除するメンバ関数
```

リスト5-3は、先ほどの表5-1に示したstringクラスの様々な機能を使うプログラムです。それぞれの機能がどのようなものであるかを確認するだけの内容になっています。何をやっているのかコメントを付けてありますので、どのような実行結果になるかを予測してください。

リスト5-3 stringクラスの様々な機能を使うプログラム（list5_3.cpp）

```
#include <iostream>
#include <string>
using namespace std;

int main() {
  // 文字列オブジェクト
  string s1, s2, s3;

  // 文字列オブジェクトに文字列を格納する
  s1 = "apple";
  s2 = "banana";
```

```
  // 文字列を比較する
  if (s1 > s2) {
    cout << "大きい。" << endl;
  }
  else if (s1 < s2) {
    cout << "小さい。" << endl;
  }
  else {
    cout << "等しい。" << endl;
  }

  // 文字列を連結する
  s3 = s1 + s2;
  cout << s3 << endl;

  // 長さを求める
  cout << s3.length() << endl;

  // 5番目から3文字の部分文字列を取り出す
  cout << s3.substr(5, 3) << endl;

  // 5文字目だけを取り出す
  cout << s3[5] << endl;

  // "na" という文字列を見つける
  cout << s3.find("na") << endl;

  // 文字列を空にする
  s3.clear();

  // 文字列が空であることを確認する
  if (s3.empty()) {
    cout << "空です。" << endl;
  }
  else {
    cout << "空ではありません。" << endl;
  }

  return 0;
}
```


プログラムの実行結果の例を以下に示します。stringクラスの機能で、他にも試してみたいものがあれば、プログラムを改造してください。

実行結果

```
小さい。
applebanana
11
ban
b
7
空です。
```

POINT

クラスとオブジェクトの違い

- C++では、クラスはオブジェクトの型であり、オブジェクトはクラスの実体です
- オブジェクトのことをクラスのインスタンスとも呼びます
- たとえば、stringクラスをデータ型として、変数s1、s2、s3を宣言すると、メモリ上にstringクラスのメンバ変数とメンバ関数のセットが3つ作られて、それぞれにs1、s2、s3という名前が付けられます。s1、s2、s3は、実際に機能できるstringクラスの実体です

5 2 自分でクラスを作って使う

クラスの定義

C言語は、変数と関数でプログラムを記述する言語でした。C++は、C言語にクラスの構文を追加することで、オブジェクト指向プログラミングを実践できるようにした言語です。したがって、クラスを理解すれば、オブジェクト指向プログラミングを理解できます。先ほどは、C++があらかじめ用意しているstringクラスを使いましたが、今度は、自分でクラスを作って使ってみましょう。それによって、クラスへの理解が大いに深まるからです。

C++のクラスは、構造体を発展させたものなので、第4章で題材にしたHealthCheck構造体を発展させて、HealthCheckerクラスを作ってみましょう。HealthChecker = HealthCheck + erは、「健康チェックをする人」という意味で名付けました。クラスは、オブジェクトの定義なので、物や生き物を感じさせるクラス名にしました。HealthCheck構造体は、「氏名」「身長（cm）」「体重（kg）」「BMI」というデータを格納する変数をまとめたものでしたが、HealthCheckerクラスには、これらのデータを処理する関数もまとめます。

まず、クラスの定義を行います。構造体と同様に、一般的にヘッダファイルにクラスの定義を記述します。この章では、クラス名をファイル名にしたHealthChecker.hというヘッダファイルを使うことにします。リスト5-4は、HealthChecker.hに記述するHealthCheckerクラスの定義です。

リスト5-4 HealthCheckerクラスの定義（HealthChecker.h）

```
class HealthChecker {
  private:
    string name;        // 氏名を格納するメンバ変数
    double height;      // 身長を格納するメンバ変数
    double weight;      // 体重を格納するメンバ変数
    double bmi;         // BMIを格納するメンバ変数
```

```
  public:
    double getBmi();         // BMIを返すメンバ関数
    HealthChecker(string name, double height, double
    weight); // コンストラクタ
};
```

注意 HealthChecker.hの内容は、これ以降、改造していきます。本書のダウンロード特典として提供するHealthChecker.hは、改造を続けて本章で最終形となったものであり、このリスト5-4の内容とは異なります。

文法 クラスを定義する構文（一般的な例）

```
class クラス名 {
  private:
    メンバ変数の宣言1;
    メンバ変数の宣言2;
      ……
  public:
    メンバ関数のプロトタイプ宣言1;
    メンバ関数のプロトタイプ宣言2;
      ……
    コンストラクタのプロトタイプ宣言;
};
```

この文で表す人間の考え

ここに示したメンバ変数とメンバ関数をひとまとまりにして、全体にクラス名を付けて、それを新たなクラスとして定義する。

構造体は、structという言葉で定義しましたが、クラスは、class（クラス）という言葉で定義します。構造体にまとめられたものをメンバと総称しましたが、それはクラスでも同様です。ただし、クラスのメンバには、変数と関数があるので、メンバ変数およびメンバ関数と呼んで区別します。**コンストラクタ**は、初期処理を行うための特殊なメンバ関数であり、戻り値を指定せず（voidも指定しません）、関数名をクラス名と同じにします。

private: 以降のメンバは、同じクラスの中からだけ利用でき、クラスの利用者（クラスを使うプログラム）は利用できません。それに対して、public: 以降のメンバは、クラスの利用者が利用できます。privateは「非公開」、publicは「公開」という意味です。

一般的に、メンバ変数をprivateにして、そのメンバ変数を処理するメンバ関数をpublicにします。こうすることで、クラスが持つデータ（メンバ変数）の処理（メンバ関数）は、必ずそのクラスが提供することになります。もしも、クラスの利用者がprivateなメンバ変数を直接使うプログラムを記述すると、コンパイル時にエラーになってしまうからです。クラスの利用者は、publicなメンバ関数を使って、privateなメンバ変数を間接的に使うことになります。

Column

C++の構造体はメンバ関数を持てる

C言語の構造体は、メンバ変数だけしか持てませんでしたが、C++の構造体は、機能が拡張されていて、メンバ関数を持つこともできます。ただし、メンバ変数だけのときは構造体を使い、メンバ変数とメンバ関数があるときはクラスを使うというのが一般的です。

メンバ変数をprivateにする理由

privateという言葉から「外部に見せずに隠す」というイメージを持つかもしれません。確かに「隠す」という効果はあるのですが、それ以上に大事な効果として「データと処理をまとめる」というのがあります。これは、オブジェクト指向プログラミングを実践するための重要な基礎知識です。

オブジェクト指向プログラミングの目的は、大規模なプログラムを大きな部品でモジュール化することで、複雑さを軽減することです。例として、プログラムではありませんが、人間の体をイメージしてみましょう。人間の体は、大規模なシステムですが、その内部は、どのようにモジュール化されているのでしょう。小さな部品から構成されているのでしょうか。

そうではありません。「心臓」「肺」「胃」「小腸」「大腸」「肝臓」などの、大きな部品から構成されています。そして、ここが大事なのですが、それぞれの大きな部品は、個々に独立して、まとまった機能を提供します。たとえば、心臓は、血液を循環させることに関わる機能を提供します。胃は、食べ物の消化に関わる機能を提供します。

大きな部品の中には、小さな部品があります。したがって、人間の体も細かく見れば、小さな部品からできています。たとえば、心臓は、左心房、右心房、左心室、右心室、大動脈弁、肺動脈弁などの小さな部品から構成されています。細胞のレベルで見れば、さらに小さな部品から構成されています。ただし、それらの小さな部品がまとめられて、大きな部品となっているのです。

人間の体のように大規模なシステムは、大きな部品でモジュール化することと、それぞれの部品が、個々に独立して、まとまった機能を提供するからこそ、全体が混乱することなく機能できるのです。この考えを大規模なプログラムのモジュール化に適用したのが、オブジェクト指向プログラミングです。

クラスという枠（大きな入れ物）を定義する構文で、その中に必要な機能（データと処理）をまとめられます。さらに、データをprivateにすることで、データに関する処理は、必ずそのクラスが提供することになります。クラスの利用者は、処理（メンバ関数）を呼び出すことだけ、つまりメッセージを送ることだけで、オブジェクトを使うことになります。これによって、オブジェクト指向プログラミングの基本となる考え方が実現されるのです。

人間の体を構成する大きなモジュール

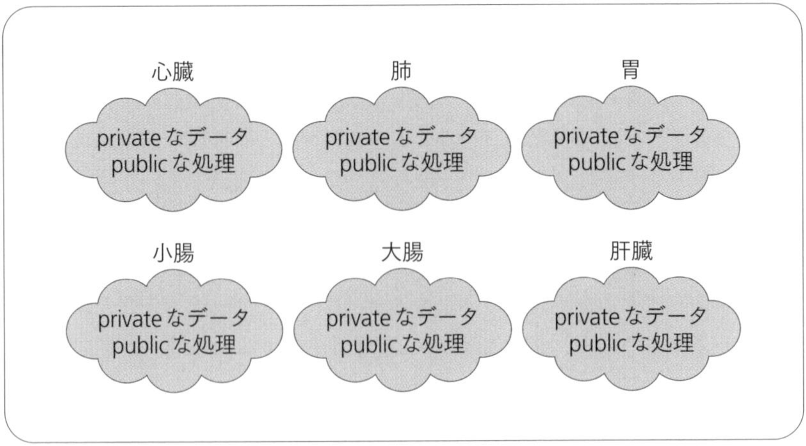

心臓
private なデータ
public な処理

肺
private なデータ
public な処理

胃
private なデータ
public な処理

小腸
private なデータ
public な処理

大腸
private なデータ
public な処理

肝臓
private なデータ
public な処理

メンバ関数とコンストラクタの実装

HealthCheckerクラスの作成を続けましょう。

ヘッダファイルHealthChecker.hに記述したHealthCheckerクラスのメンバ関数とコンストラクタは、プロトタイプ宣言だけが記述されていました。これらの処理内容は、拡張子を.cppとしたC++のソースファイルに記述します。ここでは、HealthChecker.cppというソースファイルに、HealthCheckerクラスのメンバ関数とコンストラクタの処理内容を記述することにしましょう。処理内容を記述することを**実装する**（じっそう）（implement）と呼ぶことがあります。リスト5-5は、メンバ関数getBmiとコンストラクタHealthCheckerの実装です。

リスト5-5 メンバ関数とコンストラクタの実装（HealthChecker.cpp）

```
#include <iostream>
#include <string>
using namespace std;
#include "HealthChecker.h"

// BMIを返すメンバ関数の実装
double HealthChecker::getBmi() {  ❶
  // まだBMIが計算されていなかったら計算する
  if (this->bmi == 0) {  ❷
    double mHeight = this->height / 100;  ❸
    this->bmi = this->weight / mHeight / mHeight;  ❹
  }

  // BMIを返す
  return this->bmi;
}

// コンストラクタの実装  ❶
HealthChecker::HealthChecker(string name, double height,
double weight) {
  // メンバ変数に初期値を設定する
  this->name = name;  ❺
  this->height = height;
  this->weight = weight;
  this->bmi = 0;
}
```

> **注意**
> HealthChecker.cppの内容は、これ以降、改造していきます。本書のダウンロード特典として提供するHealthChecker.cppは、改造を続けて本章で最終形となったものであり、このリスト5-5の内容とは異なります。

メンバ関数getBmiとコンストラクタHealthCheckerは、単独で存在する関数ではなく、HealthCheckerクラスのメンバです。そのため、実装するときに関数名やコンストラクタ名の前に「HealthChecker::」を指定します（❶）。

「::」は、これまでにも何度か使われてきましたが、**スコープ解決演算子**（かいけつえんざんし）です。スコープ解決演算子は、「〜の」と読むとよいでしょう。HealthChecker::getBmiなら「HealthCheckerクラスのgetBmi関数」です。

Column

::の役割

::には、スコープ解決演算子だけでなく、**グローバル解決演算子**という呼び名もあります。プログラムの中に、同名のローカル変数とグローバル変数がある場合、関数の中では、ローカル変数の操作が優先されますが、::a のように変数名の前に::を付けると、グローバル変数を操作できます。

このときの::をグローバル解決演算子と呼ぶのです。ローカル変数とグローバル変数に関しては、この章の後半で詳しく説明します。

コンストラクタの処理内容

メンバ関数getBmiではなく、コンストラクタの処理内容を先に説明しましょう。後でクラスを使うプログラムを示しますが、コンストラクタは、クラスのインスタンスが生成（生成とはメモリ上に実体が作られることです）された直後に自動的に呼び出されます。したがって、コンストラクタには、クラスのインスタンスが生成された直後に行う初期処理を記述します。というより、適切なタイミングで初期処理を記述できるように、コンストラクタという仕組みが用意されているのです。

多くの場合に、初期処理としては、コンストラクタの引数で、メンバ変数の値を初期化（最初の値を格納すること）します。ここでは、コンストラクタの引数のname、height、weightを、メンバ変数のname、height、weightに格納しています。メンバ変数bmiには、まだBMIを計算していないので、それを示す値として0を格納しています。コンストラクタ（constructor）は、「構築子」と訳されています。コンストラクタは、クラスのインスタンスを構築（生成）するときに呼び出されるものだからです。

コンストラクタには、戻り値を指定せず、voidも指定しません。コンストラクタの名前は、クラス名と同じにする約束になっています。これらの約束から、いかにも特殊な関数というイメージがあります。

リスト5-5のthis->name = name;の部分に注目してください（❺）。this->は、「このクラスのインスタンスの」を意味するもので、**this（ディス）ポインタ**と呼ばれます。this->を使わないと、引数nameをメンバ変数nameに代入することが、name = name;という表現になってしまい、両者を区別できません。this->ポインタを使ったthis->name = name;なら、this->が付いている方がメンバ変数で、thisが付いてない方が引数であると区別できます。

もしも、以下のようにコンストラクタの引数名を、メンバ変数の頭文字にすれば、引数とメンバ変数の名前が同じでなくなるので、this->を省略できます。しかし、そうであっても、this->を省略しない方がよいでしょう。なぜなら、this->を付けないと、name、height、weight、bmiが、メンバ変数ではなく、ローカル変数に見えるからです。

```
// コンストラクタの実装
HealthChecker::HealthChecker(string n, double h, double w) {
   // メンバ変数に初期値を設定する
   name = n;
   height = h;
   weight = w;
   bmi = 0;
}
```

ローカル変数は、関数のブロックの中だけで使われるものです。メンバ変数は、クラスの中にあるすべてのメンバ関数から使われるものです。ローカル変数よりメンバ変数の方が、スコープ（利用される範囲）が広くて立派なもの、というイメージがあります。this-> を付けると、立派に見えます。これは、好みの問題かもしれませんが、「ローカル変数ではなく、メンバ変数である」ということを明示したいなら、this-> を付けるべきです。

Column

デフォルトコンストラクタ

クラスにコンストラクタを定義しないと、コンパイラが引数のないコンストラクタを自動生成してくれます。これを**デフォルトコンストラクタ**と呼びます。ただし、自動生成に頼らず、コンストラクタは明示的に定義するべきです。他人が書いたソースコードを見たときに、コンストラクタが定義されていないと、自動生成を知っていてそうしたのか、うっかり書き忘れたのかが、わからないからです。

メンバ関数の処理内容

リスト5-5の、今度は、メンバ関数getBmiの処理内容を説明しましょう。第4章で作成した単独のgetBmi関数は、引数で与えられた身長と体重からBMIを求めて、それを戻り値として返しました。それに対して、HealthCheckerクラスのメンバ関数getBmiは、自分がメンバ変数として保持している身長と体重からBMIを求めて、それを戻り値として返します。関数が呼び出されるたびにBMIを計算するのは無駄なので、最初に一度だけ（まだBMIが計算されていないときだけ）「体重÷身長÷身長」という計算を行います。

すでにBMIが計算されているときは、メンバ変数bmiに保持されている値を返します。コンストラクタで、メンバ変数bmiに初期値として0を格納しているので、if (this->bmi == 0) というチェックで、BMIが計算されているかどうかを確認できます（❷）。

if文のブロックの中で、double型のローカル変数mHeight（m単位の身長）が宣言されていることに注目してください（❸）。ローカル変数の宣言は、関数の最初の処理として行うのが基本ですが、任意の位置で宣言することもできるのです。さらに、if文やfor文などのブロックの中でローカル変数を宣言すると、そのブロックの中だけで使えるものになります。

ローカル変数mHeightをif文のブロックの中で宣言している理由は、その後にあるthis->bmi = this->weight / mHeight / mHeight; という計算だけで使われるものだからです（❹）。もしも、関数の最初の処理でローカル変数を宣言すると、その関数の処理で全般的に使われるものというイメージになります。mHeightのように一時的に使われるローカル変数は、それが使われるブロックの中で宣言した方が、プログラムの内容がスッキリしてよいでしょう。

Column

ループカウンタをfor文のブロックの中で宣言する

for文のループカウンタは、多くの場合にfor文のブロックの中だけで使われます。そのため、以下の int i = 0; ように、for文のブロックの中でループカウンタを宣言することがよくあります。

```
if (int i = 0; i < DATA_NUM; i++) {
    ……
}
```

自分で作ったクラスを使う

クラスを定義して、メンバ関数とコンストラクタを実装すれば、クラスを使うことができます。リスト5-6は、HealthCheckerクラスを使うプログラムです。このプログラムは、これまで「クラスの利用者」と呼んでいたものに相当します。このプログラムは、list5_6.cppというファイル名にしてください。

リスト5-6 HealthCheckerクラスを使うプログラム（list5_6.cpp）

```
#include <iostream>
#include <string>
using namespace std;
#include "HealthChecker.h"

int main() {
  // HealthCheckerクラスのインスタンスを生成する
  HealthChecker yamada("山田一郎", 170, 67.5); ──❶

  // BMIの値を表示する
  cout << "BMIは、" << yamada.getBmi() << "です。" << endl;
                                   └─❷
  return 0;
}
```

HealthChecker yamadaの部分は、HealthCheckerクラスをデータ型としてyamadaという変数を宣言しています。これによって、HealthCheckerクラスのインスタンスyamada（オブジェクトyamada）が生成されます。そして、このタイミングで、自動的にコンストラクタが呼び出されます。インスタンス名の後にあるカッコの中に、コンストラクタの引数に渡すデータを指定します。ここでは、yamada("山田一郎", 170, 67.5)としているので、これら3つの引数がコンストラクタに渡され、メンバ変数name、height、weightに格納されます（❶）。

HealthChecker yamada("山田一郎", 170, 67.5); という構文では、コンストラクタ（クラス名と同名のHealthCheckerという特殊なメンバ関数）が呼び出されているようには見えないかもしれません。この構文は、HealthChecker yamada = HealthChecker ("山田一郎", 170, 67.5); を省略したものです。これなら、いかにもコンストラクタが呼び出されている感じがしますが、やや冗長なので、一般的には、HealthChecker yamada("山田一郎", 170, 67.5); という構文が使われます。

文法 クラスのインスタンスを宣言する構文（一般的な例）

クラス名 インスタンス名(コンストラクタに渡す引数);

この文で表す人間の考え

このクラスのインスタンスを生成し、引数で示した初期値を設定せよ。

クラスで定義されているメンバは、

インスタンス名.メンバ名

という構文で使います。ここでは、yamada.getBmi() の部分で、メンバ関数getBmiを呼び出しています（❷）。このドット（.）を「〜の」と読むとよいでしょう。yamada.getBmi() は「オブジェクトyamadaのメンバ関数getBmiを呼び出す」です。山田さんというオブジェクトに「あなたのBMIを教えてください」というメッセージを送っているとも考えられます。

コマンドプロンプトで「g++ -o list5_6.exe list5_6.cpp HealthChecker.cpp」を実行して、プログラムをコンパイルします。プログラムの実行結果の例を以下に示します。

実行結果

```
BMIは、23.3564です。
```

privateなメンバ変数を読み出す方法

プログラムは、正しく動作しましたが、もの足りなさを感じる方もいることでしょう。第4章で作成したプログラムでは、「山田一郎さんのBMIは、23.3564です。」のように、「○○さんの」という表示がありました。オブジェクトyamadaは、「山田一郎」というデータを保持しているので、それを画面に表示してみましょう。

リスト5-6の内容をリスト5-7のように変更して（変更する部分をアミカケしてあります）、list5_7.cppというファイル名で保存してください。

yamada.nameは、オブジェクトyamadaのメンバ変数nameを読み出します。

リスト5-7 HealthCheckerクラスを使うプログラム：改造バージョン1（list5_7.cpp）

```
#include <iostream>
#include <string>
using namespace std;
#include "HealthChecker.h"

int main() {
  // HealthCheckerクラスのインスタンスを生成する
  HealthChecker yamada("山田一郎", 170, 67.5);

  // BMIの値を表示する
  cout << yamada.name << "さんのBMIは、" << yamada.getBmi()
  << "です。" << endl;

  return 0;
}
```

コマンドプロンプトで「g++ -o list5_7.exe list5_7.cpp HealthChecker.cpp」を実行して、プログラムをコンパイルすると、以下のエラーメッセージ（一部を抜粋しています）が表示されます。

エラーメッセージ（一部抜粋）

```
list5_7.cpp:11:18: error: 'std::string HealthChecker::
name' is private within this context
   11 |   cout << yamada.name << "MI" << yamada.getBmi()
<< "" << endl;
```

このエラーメッセージは、HealthCheckerクラスのメンバnameがprivateなので、アクセス（読み書き）できないという意味です。HealthCheckerクラスを定義したときに、すべてのメンバ変数をprivateにしたので、

HealthCheckerクラスを使うプログラムから直接利用できないのです。

この問題を解決する方法は、2つあります。1つは、HealthCheckerクラスのメンバ変数nameをpublicにすることです。しかしそうすると、データに関する処理は、必ずそのクラスが提供する、というオブジェクト指向プログラミングらしさを失うことになります。メンバ変数をpublicにすると、そのメンバ変数を使った処理を、クラスの外部に自由に記述できてしまうからです。これは、まるで心臓が内部に保持しているデータを、肺や胃などの他の臓器が勝手に使っているようなものです。モジュール同士の関連が複雑に絡み合ってしまい、大規模なプログラムを構築するのが困難になります。この解決方法は、採用しないことにしましょう。

もう1つの解決方法は、メンバ変数nameをprivateにしたまま、新たにpublicなメンバ関数getNameを追加することです。このメンバ関数getNameは、戻り値としてメンバ変数nameの値を返します。メンバ関数を使って、間接的にメンバ変数の値を読み出すのです。ずいぶん面倒なことをすると思うかもしれませんが、これなら、オブジェクト指向プログラミングらしさを失うことはありません。ここでは、この解決方法を採用します。

メンバ関数getNameのプロトタイプ宣言を追加したHealthCheckerクラスの定義をリスト5-8に示します。これをHealthChecker.hに記述して、上書き保存してください。

《 Memo 》

メンバ変数nameを読み出すメンバ関数getName

本書で取り上げる小規模なサンプルプログラムでは、このようなことをすると、とても無駄なことだと感じるかもしれません。しかし、オブジェクト指向プログラミングが想定しているのは、もっと大規模なプログラムなのです。大規模なプログラムでは、クラスのメンバ変数をprivateにして、メンバ変数を処理するメンバ関数が、必ず同じクラスの中にあるようにします。これを徹底することで、モジュール同士の関連をシンプルにして、大規模なプログラムを構築するのです。

リスト5-8 メンバ関数getNameを追加したHealthCheckerクラスの定義（HealthChecker.h）

```
class HealthChecker {
  private:
    string name;         // 氏名を格納するメンバ変数
    double height;       // 身長を格納するメンバ変数
    double weight;       // 体重を格納するメンバ変数
    double bmi;          // BMIを格納するメンバ変数
  public:
    double getBmi();     // BMIを返すメンバ関数
    string getName();    // 氏名を返すメンバ関数
    HealthChecker(string name, double height, double
    weight); // コンストラクタ
};
```

注意 HealthChecker.hの内容は、これ以降も改造していきます。本書のダウンロード特典として提供するHealthChecker.hは、改造を続けて本章で最終形となったものであり、このリスト5-8の内容とは異なります。

メンバ関数getNameの実装をリスト5-9に示します。HealthChecker.cppの末尾に追加して、上書き保存してください。

リスト5-9　メンバ関数getNameの実装（HealthChecker.cpp）

```
………略………

// コンストラクタの実装
HealthChecker::HealthChecker(string name, double height,
double weight) {
  // メンバ変数に初期値を設定する
  this->name = name;
  this->height = height;
  this->weight = weight;
  this->bmi = 0;
}

// 氏名を返すメンバ関数の実装
string HealthChecker::getName() {
  return this->name;
}
```

注意　HealthChecker.cppの内容は、これ以降も改造していきます。本書のダウンロード特典として提供するHealthChecker.cppは、改造を続けて本章で最終形となったものであり、このリスト5-9の内容とは異なります。

先ほどエラーになったリスト5-7の内容をリスト5-10のように変更して、list5_10.cppというファイル名で保存してください。yamada.getName()の部分（❶）で、メンバ関数getNameを呼び出しています。

リスト5-10　HealthCheckerクラスを使うプログラム：改造バージョン2（list5_10.cpp）

```
#include <iostream>
#include <string>
using namespace std;
#include "HealthChecker.h"

int main() {
  // HealthCheckerクラスのインスタンスを生成する
  HealthChecker yamada("山田一郎", 170, 67.5);
```

```
    // BMIの値を表示する  ❶
    cout << yamada.getName() << "さんのBMIは、" <<
    yamada.getBmi() << "です。" << endl;

    return 0;
}
```

コマンドプロンプトで「g++ -o list5_10.exe list5_10.cpp HealthChecker.cpp」を実行して、プログラムをコンパイルします。今度は、エラーにならないはずです。

プログラムの実行結果の例を以下に示します。「山田一郎さんの」を表示できました。

実行結果

```
山田一郎さんのBMIは、23.3564です。
```

POINT

オブジェクト指向らしさ

- 現状のHealthCheckerクラスには、メンバ変数としてname、height、weight、bmiがあります。メンバ関数としてgetBmi、getName、HealthChecker（コンストラクタもメンバ関数の一種です）があります
- 注目してほしいのは、どのメンバ関数も、メンバ変数を使った処理を行っていることです
- このように、自分が保持している属性（メンバ変数）を使って振る舞う（メンバ関数でメンバ変数を処理する）のが、オブジェクト指向らしさです

5 3 オブジェクトの生成と破棄

クラスとインスタンス

ここで、もう一度、クラスとインスタンスという言葉の意味を確認しておきましょう。HealthCheckerクラスをデータ型とした変数yamadaを宣言すると、HealthCheckerクラスの内容一式がメモリ上に用意されます。これは、HealthCheckerクラスの実体なので、HealthCheckerクラスのインスタンスと呼びます。yamadaは、インスタンスに付けられた名前です。

現実世界のオブジェクト（物や生き物）をプログラムに表した（定義した）ものがクラスであり、それを実際にメモリ上で動作する実体としたものがインスタンスです。インスタンスは、コンピュータの中で、現実世界のオブジェクトを表しているといえます。そのため、インスタンスのことをオブジェクトとも呼ぶのです。

現実世界のオブジェクト

山田さん

プログラムでクラスとして定型化する

```
class HealthChecker {
 ………
}
```

メモリ上で動作するインスタンス
（コンピュータの世界のオブジェクト）

```
HealthChecker yamada("山田一郎", 170, 67.5);
cout << yamada.getBmi() << endl;
```

現実世界で、健康チェックを受ける人として、山田さん、佐藤さん、鈴木さんがいるとしましょう。これをプログラムで表すと、以下のようになります。「健康チェックを受ける人」は、HealthCheckerクラスというデータ型になります。そして、実際に健康診断を受ける「山田さん」「佐藤さん」「鈴木さん」は、HealthCheckerクラスのインスタンスyamada、sato、suzukiです。

```
HealthChecker yamada("山田一郎", 170, 67.5);     // 山田さん
HealthChecker sato("佐藤花子", 160, 54.5);       // 佐藤さん
HealthChecker suzuki("鈴木次郎", 180, 85.5);     // 鈴木さん
```

ここでは、メモリ上にHealthCheckerクラスのインスタンスが3つ生成されます。それぞれのインスタンスは、メンバ変数とメンバ関数の構成は同じですが、メンバ変数に保持されているデータの値が異なります。

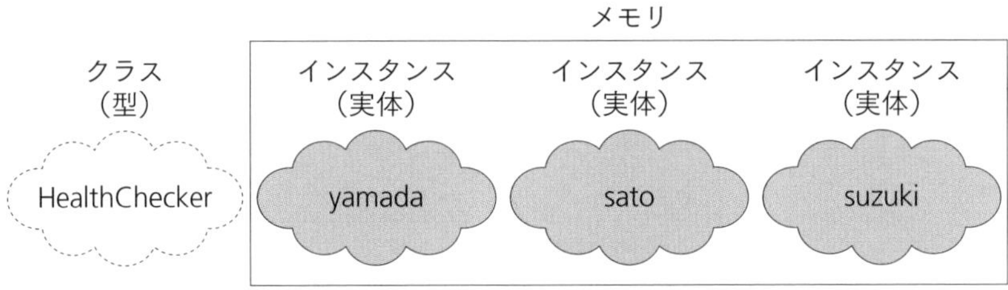

第4章で構造体をデータ型とした配列を使いましたが、クラスをデータ型とした配列を使うこともできます。リスト5-11は、HealthCheckerクラスをデータ型とした配列を宣言し、山田さん、佐藤さん、鈴木さんのBMIを画面に表示するプログラムです。ループカウンタiは、for文のブロックの中で宣言しています。

リスト5-11 クラスをデータ型とした配列を使うプログラム(list5_11.cpp)

```
#include <iostream>
#include <string>
using namespace std;
#include "HealthChecker.h"
```

```
int main() {
  const int DATA_NUM = 3;                          // 配列の要素数
  // HealthCheckerクラスをデータ型とした配列
  HealthChecker people[DATA_NUM] = {
    HealthChecker("山田一郎", 170, 67.5),      // 山田さん
    HealthChecker("佐藤花子", 160, 54.5),      // 佐藤さん
    HealthChecker("鈴木次郎", 180, 85.5)       // 鈴木さん
  };

  // 配列の要素を順番に処理する
  for (int i = 0; i < DATA_NUM; i++) {
    // BMIを表示する
    cout << people[i].getName() << "さんのBMIは、" <<
    people[i].getBmi() << "です。" << endl;
  }

  return 0;
}
```

HealthChecker people[DATA_NUM] = { } のブロックの中に、HealthChecker("山田一郎", 170, 67.5) という構文で、配列のそれぞれの要素のコンストラクタに渡す引数を指定します。for文の中では、people[i].getName() で氏名を読み出し、people[i].getBmi() でBMIを読み出しています。

配列の要素のpeople[0]、people[1]、people[2]は、HealthCheckerクラスのインスタンスです。ここでも、メモリ上にインスタンスが3つ生成されます。

コマンドプロンプトで「g++ -o list5_11.exe list5_11.cpp HealthChecker.cpp」を実行して、プログラムをコンパイルします。プログラムの実行結果の例を以下に示します。

実行結果

```
山田一郎さんのBMIは、23.3564です。
佐藤花子さんのBMIは、21.2891です。
鈴木次郎さんのBMIは、26.3889です。
```

コンストラクタとデストラクタ

HealthChecker yamada("山田一郎", 170, 67.5); という構文で、HealthCheckerクラスのインスタンスyamadaを生成すると、コンストラクタが呼び出されて、その引数に「"山田一郎"、170、67.5」が渡されます。

それでは、引数を指定せずにHealthChecker yamada; という構文で、HealthCheckerクラスのインスタンスyamadaを生成すると、どうなるでしょう。HealthCheckerクラスの引数のないコンストラクタが呼び出されます。つまり、コンストラクタは、オブジェクトの生成時に必ず呼び出されるものなのです。オブジェクトを生成した後の任意のタイミングで、コンストラクタを呼び出すことはできません。

コンストラクタとペアになる仕組みとして、**デストラクタ**（destructor＝消去子）があります。デストラクタは、インスタンスがメモリ上から破棄（消去）されるときに自動的に呼び出されます。デストラクタには、次のような特徴があります。

- デストラクタは、クラス名の前にチルダ（～）を付けた名前の特殊な関数として定義する。
- デストラクタには、引数を指定できない。
- デストラクタには、戻り値のデータ型を指定せず、voidも指定しない。

HealthCheckerクラスのデストラクタは、~HealthChecker() というプロトタイプになります。

どのようなタイミングでインスタンスが生成および破棄されて、コンストラクタとデストラクタが呼び出されるのでしょうか。リスト5-12は、それを確認するための実験プログラムです。list5_12.cppという1つのソースファイルに、ConstDestクラス（実験なので適当な名前にしました）の定義、メンバ関数の実装、ConstDestクラスを使うmain関数をまとめて記述しています。実験プログラムなので、ファイルを分けていません。

リスト5-12 コンストラクタとデストラクタの実験プログラム（list5_12.cpp）

```
#include <iostream>
#include <string>
using namespace std;

// ConstDestクラスの定義
class ConstDest {
  private:
    string name;                // インスタンスを識別する名前 ❶
  public:
    ConstDest(string name);     // コンストラクタ
    ~ConstDest();               // デストラクタ
};

// ConstDestクラスのコンストラクタの実装
ConstDest::ConstDest(string name) {
  cout << name << "のコンストラクタが呼び出されました。" << endl; ❷
  this->name = name;
}

// ConstDestクラスのデストラクタの実装
ConstDest::~ConstDest() {
  cout << this->name << "のデストラクタが呼び出されました。" <<
  endl; ❷
}

// グローバルオブジェクトを宣言する
ConstDest globalObj("グローバルオブジェクト"); ❸

// sub関数
void sub() {
  cout << "sub関数が呼び出されました。" << endl; ❷

  // ローカルオブジェクトを宣言する
  ConstDest localObj("ローカルオブジェクト"); ❹

  cout << "sub関数を終了します。" << endl;
  return;
}
```

```
  // main関数
  int main() {
    cout << "main関数が呼び出されました。" << endl;  ❷

    // sub関数を呼び出す（1回目）
    sub();

    // sub関数を呼び出す（2回目）
    sub();

    cout << "main関数を終了します。" << endl;
    return 0;
  }
```

int型やdouble型などの通常の変数は、関数の中で宣言されたローカル変数と、関数の外で宣言されたグローバル変数に分類できます。それと同様に、クラスをデータ型としたオブジェクトは、関数の中で宣言されたローカルオブジェクトと、関数の外で宣言されたグローバルオブジェクトに分類できます。

リスト5-12では、関数の外でglobalObjという名前のグローバルオブジェクトを宣言し（❸）、sub関数の中でlocalObjという名前のローカルオブジェクトを宣言しています（❹）。

main関数からsub関数を2回呼び出して、main関数に戻って終了するプログラムです。main関数、sub関数、ConstDestクラスのコンストラクタ、デストラクタには、それらが呼び出されたことを画面に示す処理が記述されています（❷）。ConstDestクラスには、文字列を格納するメンバ変数nameがあり、そこにグローバルオブジェクトとローカルオブジェクトを識別するための名前を格納しています（❶）。

コンストラクタが呼び出されれば、オブジェクトが生成されたことがわかり、デストラクタが呼び出されれば、オブジェクトが破棄されたことがわかります。

プログラムの実行結果の例を以下に示します。この結果からわかることは、グローバルオブジェクトは、プログラムの起動時に生成され、プログラムの終了時に破棄されることと、ローカルオブジェクトは、それが宣言された関数が呼び出されたときに生成され、関数が終了するときに破棄されることです。

実行結果

```
グローバルオブジェクトのコンストラクタが呼び出されました。
main関数が呼び出されました。
sub関数が呼び出されました。
ローカルオブジェクトのコンストラクタが呼び出されました。
sub関数を終了します。
ローカルオブジェクトのデストラクタが呼び出されました。
sub関数が呼び出されました。
ローカルオブジェクトのコンストラクタが呼び出されました。
sub関数を終了します。
ローカルオブジェクトのデストラクタが呼び出されました。
main関数を終了します。
グローバルオブジェクトのデストラクタが呼び出されました。
```

グローバルオブジェクトとローカルオブジェクトの生成と破棄

グローバルオブジェクトは、プログラムのすべての部分から利用できるものなので、プログラムの動作中ずっとメモリ上に存在しています。そのため、プログラムの起動時に生成され、プログラムの終了時に破棄されるのです。

それに対して、ローカルオブジェクトは、関数の処理の中だけで利用できるものなので、関数が処理を行っている間だけメモリ上に存在しています。そのため、関数の呼び出し時に生成され、関数を終了するときに破棄されるのです。この実験プログラムでは、sub関数を2回呼び出していますが、それぞれの呼び出しで、ローカルオブジェクトの生成と破棄が行われています。

グローバルオブジェクトとローカルオブジェクトの生成と破棄のタイミングは、不思議なことではありません。通常のグローバル変数とローカル変数の生成と破棄のタイミングと同じです。ただし、グローバルオブジェクトとローカルオブジェクトには、コンストラクタとデストラクタという仕組みがあるので、生成と破棄のタイミングで何らかの処理を行えます。

呼び出されるタイミングに合わせて、コンストラクタでは初期処理を行い、デストラクタでは終了処理を行います。初期処理として、コンストラクタの引数でメンバ変数を初期化するのが一般的です。ただし、終了処理としては、一般的に行うことがありません。この場合には、クラスにデストラクタを記述する必要はありません。

new演算子とdelete演算子

グローバルオブジェクトとローカルオブジェクトは、それぞれ生成と破棄のタイミングが決まっています。タイミングが固定的だといえるでしょう。

もしも、任意のタイミングで、オブジェクトの生成と破棄を行う必要があるなら、**new演算子**と**delete演算子**を使います。任意のタイミングで生成と破棄を行えるのは、タイミングが動的だといえます。new演算子を使うと、オブジェクトを動的に生成でき、delete演算子を使うと、動的に生成されたオブジェクトを破棄できるのです。

文法　オブジェクトを動的に生成する構文（引数を渡す場合）

```
クラス名 *ポインタ変数 = new クラス名(引数);
```

この文で表す人間の考え

このクラスのオブジェクトを動的に生成し、そのアドレスをポインタ変数に格納し、コンストラクタに引数を渡せ。

文法　動的に生成されたオブジェクトを破棄する構文

```
delete ポインタ変数;
```

この文で表す人間の考え

このポインタ変数が指し示しているオブジェクトを破棄せよ。

第4章では、関数の呼び出し元（関数を利用している側）の変数のアドレスを、呼び出し先の関数（利用される側の関数）に知らせるためにポインタを使いましたが、ここでは、動的に生成されたオブジェクトのアドレスを格納するためにポインタを使っています。アドレスを格納する変数のことを**ポインタ変数**と呼びます。

たとえば、この章の前半で作成したHealthCheckerクラスのオブジェクト（山田さんを表すオブジェクト）を動的に生成する場合は、以下のようにします。

ptr（yamadaという変数名でもよいのですが、ポインタであることがわかりやすいようにptrという変数名にしました）は、動的に生成されたオブジェクトのアドレスを格納するポインタ変数です。アスタリスク（*）を付けて宣言することに注意してください。

```
HealthChecker *ptr = new HealthChecker ("山田一郎", 170,
67.5);
```

ポインタ変数ptrを使って、オブジェクトのメンバを利用するときは、ポインタの引数のときと同様に -> （アロー演算子）を使います。たとえば、山田さんの氏名を画面に表示するなら、以下のようにします。

```
cout << ptr->getName() << endl;
```

動的に生成されたオブジェクトを破棄するときは、以下のようにします。

```
delete ptr;
```

もしも、破棄を忘れると、オブジェクトがメモリ上に残り続けてしまうので、注意してください。

長時間実行を続ける実用的なプログラムでは、new演算子で何度もオブジェクトを動的に生成しているのに、delete演算子で破棄することを忘れていると、メモリ上にオブジェクトの残骸が少しずつ溜まっていき、やがてメモリが足りなくなってシステムがダウンしてしまう恐れがあります。この現象を**メモリリーク**（memory leak = メモリの漏れ）と呼びます。水道の蛇口をよく締めないと、ポタポタと少しずつ漏れた水が溜まって、やがてバケツ（蛇口の下にバケツがあるとします）を溢れさせてしまうことに似ているからです。

メモリリークを避けるには、必要もないのにオブジェクトの動的な生成と破棄を行わないことです。

オブジェクトの動的な生成と破棄が必要なプログラム

それでは、どのような場面で、オブジェクトの動的な生成と破棄が必要になるのでしょう。それは、何個のオブジェクトが使われるかが、プログラムを実行するまでわからない場合です。たとえば、テキストエディタで「ファイル」メニューから「新規」を選択すると、新しい文書を編集するためのウインドウが開きます。このウインドウは、必要な数だけいくつでも開けます。不要になったら閉じることもできます。このようなプログラムでは、ウインドウをクラスとして定義し、必要な数だけオブジェクトの動的な生成と破棄を行う必要があります。

new演算子とdelete演算子の使い方を確認するプログラムを作ってみましょう。リスト5-13は、HealthCheckerクラスのオブジェクト（山田さんを表すオブジェクト）を動的に生成して、氏名とBMIを表示するプログラムです。このプログラムでは、オブジェクトを動的に生成する必要はありません。あくまでもサンプルプログラムです。

リスト5-13 オブジェクトの動的な生成と破棄を行うプログラム（list5_13.cpp）

```
#include <iostream>
#include <string>
using namespace std;
#include "HealthChecker.h"

int main() {
  // オブジェクトを動的に生成する
  HealthChecker *ptr = new HealthChecker ("山田一郎", 170,
  67.5);

  // 氏名とBMIを表示する
  cout << ptr->getName() << "さんのBMIは、" << ptr->getBmi()
  << "です。" << endl;

  // オブジェクトを動的に破棄する
  delete ptr;

  return 0;
}
```

Column

配列の動的な生成と破棄

new演算子とdelete演算子を使って、配列の動的な生成と破棄を行うこともできます。これは、プログラムを実行するまで、配列の要素が何個必要かわからない場面で使います。たとえば、プログラムの実行時にファイルから学生のテストの得点を読み出して、それを配列の要素に格納するような場合です。

文法　配列を動的に生成する構文

```
データ型 *ポインタ変数 = new データ型[要素数];
```

この文で表す人間の考え

このデータ型で、指定した要素数の配列を動的に作成し、その先頭アドレスをポインタ変数に格納せよ。

文法　動的に生成された配列を破棄する構文

```
delete[] ポインタ変数;
```

この文で表す人間の考え

このポインタ変数が指し示している配列を破棄せよ。

プログラムの実行時に、変数nに学生数を格納したとしましょう。要素数n個のint型の配列は、int *ptr = new int[n]; で生成できます。これ以降は、要素番号を表す変数iを使ったptr[i] という表現で、配列の要素を利用できます。第4章で説明しましたが、ポインタの表現は、配列の表現に置き換えられるからです。動的に生成された配列は、delete[] ptr; で破棄できます。破棄を忘れると、メモリリークになる恐れがあるので、くれぐれも注意してください。

コマンドプロンプトで「g++ -o list5_13.exe list5_13.cpp HealthChecker.cpp」を実行して、プログラムをコンパイルします。プログラムの実行結果の例を以下に示します。

実行結果

```
山田一郎さんのBMIは、23.3564です。
```

メモリリークは、原因を見つけるのが困難なので、多くのC++プログラマを悩ませ続けているんだよ

newしたら、忘れずにdeleteしなくちゃね！

静的メンバを定義する

クラスは、大きな部品なのですから、HealthCheckerクラスに機能を追加してみましょう。ここでは、身長に対する標準体重を求めるメンバ関数getStdWeight（get standard weightという意味）を追加することにします。BMIの標準値が22なので、「標準体重＝22×身長×身長」という計算で求められます。この身長は、m単位です。

ただし、22のままではマジックナンバーなので、STD_BMIという定数を定義することにします。この定数は、説明の都合で、ローカル定数ではなく、HealthCheckerクラスのメンバ変数にしましょう。変数ではなくて定数なので、正確にはメンバ定数です。

さらに、STD_BMIの値を返すメンバ関数getStdBmi（get standard BMIという意味）も追加しましょう。これも、説明の都合です。

さらに、標準体重を格納するメンバ変数も追加してもよいのですが、説明が複雑になるのでやめておきます。プログラムの動作確認をした後の改造テーマとしてください。

ヘッダファイルHealthChecker.hにあるHealthCheckerクラスの定義を

リスト5-14のように改造して、上書き保存してください。

リスト5-14 メンバ定数とメンバ関数を追加したヘッダファイル：その1（HealthChecker.h）

```
class HealthChecker {
  private:
    const int STD_BMI ;       // 標準BMIを表すメンバ定数
    string name;              // 氏名を格納するメンバ変数
    double height;            // 身長を格納するメンバ変数
    double weight;            // 体重を格納するメンバ変数
    double bmi;               // BMIを格納するメンバ変数
 public:
    int getStdBmi();          // 標準BMIを返すメンバ関数
    double getStdWeight(); // 標準体重を返すメンバ関数
    double getBmi();          // BMIを返すメンバ関数
    string getName();         // 氏名を返すメンバ関数
    HealthChecker(string name, double height, double
    weight); // コンストラクタ
};
```

注意 HealthChecker.hの内容は、これ以降も改造していきます。本書のダウンロード特典として提供するHealthChecker.hは、改造を続けて本章で最終形となったものであり、このリスト5-14の内容とは異なります。

このヘッダファイルを使ってプログラムを作成することもできますが、無駄な部分があります。HealthCheckerクラスの複数のインスタンスを生成した場合、すべてのインスタンスがSTD_BMIというメンバ定数を持ちます。STD_BMIは、インスタンスごとに異なる値ではなく、22という同じ値です。同じ値を、重複してメモリに持つのは、無駄なことです。

このような場合には、メンバ定数STD_BMIの定義にstaticを指定します。これによって、複数のインスタンスを生成しても、メモリ上のメンバ定数STD_BMIは1つだけになり、すべてのインスタンスから共有されます。staticは、「静的な」という意味であり、staticが生成されたメンバ（変数、定数、関数）を**静的メンバ**と総称します。STD_BMIは、静的メンバ定数です。

もしも、静的メンバだけを使って処理を行うメンバ関数があれば、それもstaticを指定して静的メンバ関数にすることができます。新たに追加したメンバ関数getStdBmiは、静的メンバ定数STD_BMIの値を返すだけなので、静的メンバ関数にしましょう。

静的でないメンバを使っているメンバ関数は、静的メンバ関数にできません。新たに追加したメンバ関数getStdWeightは、静的メンバ定数STD_BMIだけでなく、通常のメンバ変数heightも使うので、静的メンバ関数にできません。

以上のことから、ヘッダファイルHealthChecker.hにあるHealthCheckerクラスの定義をリスト5-15のように改造して、上書き保存してください。これで、HealthChecker.hの改造は完了です。

リスト5-15　メンバ定数とメンバ関数を追加したヘッダファイル：その2（HealthChecker.h）

```
class HealthChecker {
  private:
    static const int STD_BMI; // 標準BMIを表すメンバ定数
    string name;              // 氏名を格納するメンバ変数
    double height;            // 身長を格納するメンバ変数
    double weight;            // 体重を格納するメンバ変数
    double bmi;               // BMIを格納するメンバ変数
  public:
    static int getStdBmi();   // 標準BMIを返すメンバ関数
    double getStdWeight();    // 標準体重を返すメンバ関数
    double getBmi();          // BMIを返すメンバ関数
    string getName();         // 氏名を返すメンバ関数
    HealthChecker(string name, double height, double
    weight); // コンストラクタ
};
```

静的メンバを使う

静的メンバ変数の実体は、グローバル変数として定義します。リスト5-16に示した宣言をHealthChecker.cppの#include "HealthChecker.h" の下に追加してください。クラスの定義では、staticを指定しましたが、実体にはstaticを指定しません。

リスト5-16 標準BMIを表すメンバ定数の実体（HealthChecker.cpp）

```
#include <iostream>
#include <string>
using namespace std;
#include "HealthChecker.h"

// 標準BMIを表すメンバ定数の実体
const int HealthChecker::STD_BMI = 22;

………略………
```

注意 HealthChecker.cppの内容は、これ以降も改造していきます。本書のダウンロード特典として提供するHealthChecker.cppは、改造を続けて本章で最終形となったものであり、このリスト5-16の内容とは異なります。

リスト5-17は、新たに追加した静的メンバ関数getStdBmiの実装です。プロトタイプ宣言では、staticを指定しましたが、実装ではstaticを指定しません。これを、HealthChecker.cppの末尾に追加してください。

静的メンバは、スコープ解決演算子（ :: ）を使って「クラス名::メンバ名」という構文で指定します。すべてのインスタンスから共有される静的メンバの所有者は、個々のインスタンスではなく、クラス自体であるとみなすからです。ここでは、HealthChecker::STD_BMI（HealthCheckerクラスのSTD_BMI）という構文で、静的メンバ定数STD_BMIの値を読み出して、それを関数の戻り値として返しています。クラスが所有者なので、静的メンバをクラスメンバと呼ぶこともあります。

リスト5-17 静的メンバ関数getStdBmiの実装（HealthChecker.cpp）

```
………略………

// コンストラクタの実装
HealthChecker::HealthChecker(string name, double height,
double weight) {
  // メンバ変数に初期値を設定する
  this->name = name;
  this->height = height;
  this->weight = weight;
  this->bmi = 0;
}

// 氏名を返すメンバ関数の実装
string HealthChecker::getName() {
  return this->name;
}

// 標準BMIを返すメンバ関数の実装
int HealthChecker::getStdBmi() {
  return HealthChecker::STD_BMI;
}
```

注意 HealthChecker.cppの内容は、これ以降も改造していきます。本書のダウンロード特典として提供するHealthChecker.cppは、改造を続けて本章で最終形となったものであり、このリスト5-17の内容とは異なります。

リスト5-18は、新たに追加したメンバ関数getStdWeightの実装です。これを、HealthChecker.cppの末尾に追加してください。静的メンバ定数をHealthChecker::STD_BMIという構文で指定し、通常のメンバ変数をthis->heightという構文で指定していることに注目してください。静的メンバに対して、通常のメンバをインスタンスメンバと呼ぶことがあります。インスタンスメンバは、this-> で指定します。これで、HealthChecker.cppの改造は完了です。HealthChecker.cppを上書き保存してください。

リスト5-18 静的メンバ関数getStdWeightの実装（HealthChecker.cpp）

```
………略………

// コンストラクタの実装
HealthChecker::HealthChecker(string name, double height,
double weight) {
  // メンバ変数に初期値を設定する
  this->name = name;
  this->height = height;
  this->weight = weight;
  this->bmi = 0;
}

// 氏名を返すメンバ関数の実装
string HealthChecker::getName() {
  return this->name;
}

// 標準BMIを返すメンバ関数の実装
int HealthChecker::getStdBmi() {
  return HealthChecker::STD_BMI;
}

// 標準体重を返すメンバ関数の実装
double HealthChecker::getStdWeight() {
  double mHeight = this->height / 100;
  return HealthChecker::STD_BMI * mHeight * mHeight;
}
```

リスト5-19は、改造後のHealthCheckerクラスを使って、標準BMIの値と、山田さんの氏名、BMI、標準体重を表示するプログラムです。山田さんのインスタンスを生成する前に、つまり、まだインスタンスが1つも生成されていないときでも、HealthChecker::getStdBmi()という構文で、HealthCheckerクラスの静的メンバ関数getStdBmiを呼び出せることに注目してください。これが可能なのは、静的メンバの所有者は、個々のインスタンスではなく、クラス自体だからです。

リスト5-19 改造後のHealthCheckerクラスを使うプログラム（list5_19.cpp）

```
#include <iostream>
#include <string>
using namespace std;
#include "HealthChecker.h"

int main() {
  // 標準BMIを表示する
  cout << "標準BMIは、" << HealthChecker::getStdBmi() <<
  "です。" << endl;

  // 山田さんのインスタンスを生成する
  HealthChecker yamada("山田一郎", 170, 67.5);

  // 氏名とBMIを表示する
  cout << yamada.getName() << "さんのBMIは、" << yamada.
  getBmi() << "です。" << endl;

  // 標準体重を表示する
  cout << "標準体重は、" << yamada.getStdWeight() << "です。"
  << endl;

  return 0;
}
```

コマンドプロンプトで「g++ -o list5_19.exe list5_19.cpp HealthChecker.cpp」を実行して、プログラムをコンパイルします。プログラムの実行結果の例を以下に示します。

実行結果

```
標準BMIは、22です。
山田一郎さんのBMIは、23.3564です。
標準体重は、63.58です。
```

POINT

オブジェクトの生成と破棄のまとめ

- ✔ グローバルオブジェクト
  プログラムの実行時に一度だけ生成され、終了時に破棄される
  プログラムのすべての箇所から利用できる
- ✔ ローカルオブジェクト
  それが宣言されている関数の呼び出し時に毎回生成され、終了時に毎回破棄される
  それが宣言されている関数の中でだけ利用できる
- ✔ 動的オブジェクト
  任意のタイミングでnew演算子で生成され、delete演算子で破棄される
  グローバルな動的オブジェクトなら、プログラムのすべての部分から利用できる
  ローカルな動的オブジェクトなら、それが宣言されている関数の中でだけ利用できる

Check Test

Q1 （1）～（3）の機能を持つstringクラスのメンバ関数をア～ウから選んでください。

（1）インスタンスが保持している文字列の長さを返す。
（2）インスタンスが保持している文字列を検索する。
（3）インスタンスが保持している文字列から部分文字列を返す。

ア　find関数　　イ　substr関数　　ウ　length関数

Q2 （1）～（3）の説明に該当するものをア～ウから選んでください。

（1）インスタンスの生成時に自動的に呼び出される特殊なメンバ関数
（2）インスタンスが破棄されるときに自動的に呼び出される特殊なメンバ関数
（3）動的に生成されたオブジェクトの破棄を行わないと生じる現象

ア　メモリリーク　　イ　デストラクタ
ウ　コンストラクタ

Q3 （1）～（3）に該当するものをア～ウから選んでください。

（1）インスタンスや配列を動的に生成する演算子
（2）動的に生成されたインスタンスや配列を破棄する演算子
（3）静的メンバであることを指定するキーワード

ア　static　　イ　new　　ウ　delete

Q4 （1）～（3）の［　］に入るものをアまたはイから選んでください。

（1）静的メンバ変数を通常のメンバ関数から使うことが［　］。
（2）通常のメンバ変数を静的メンバ関数から使うことが［　］。
（3）インスタンスを生成する前に静的メンバを使うことが［　］。

ア　できる　　イ　できない　（複数回選択可）

第 6 章

クラスがあるから表現できること

この章では、クラスがあるから表現できることを学びます。まず、データと処理をひとまとまりにするカプセル化を学びます。次に、機能を付け足す継承を学びます。最後に、多態性を学びます。

この章で学ぶこと

1 _ カプセル化

2 _ 継承

3 _ 多態性

Introduction

6 1

データと処理をひとまとまりにするカプセル化

カプセル化、継承、多態性の概要

この章のテーマである、「カプセル化（encapsulation）」「継承（inheritance）」「多態性（polymorphism）」は、オブジェクト指向ならではの概念であり、「オブジェクト指向の三本柱」や「オブジェクト指向の三大要素」などと呼ばれています。これらは、コンピュータだから実現できる特別なことではありません。人間が、人間の考えとして理解できる普通のことです。

それでは、なぜ「三本柱」や「三大要素」のような言葉で大々的に取り上げられるのかというと、従来の手続き型プログラミング言語では、表現できなかったことだからです。

手続き型プログラミング言語であるC言語は、変数と関数でプログラムを記述する言語でした。C言語にクラスの構文を追加することでC++が開発され、オブジェクト指向プログラミングができるようになりました。したがって、カプセル化、継承、多態性は、どれも、クラスがあるから表現できることです。クラスは、変数と関数を囲む枠のようなものです。この枠によって、カプセル化、継承、多態性を、プログラムで表現できるのです。

カプセル化

まず、**カプセル化**とは何かを説明しましょう。クラスという枠は、無関係な変数（データ）と関数（処理）を囲むのではなく、変数を使う関数を囲みます。さらに、変数にprivateを指定することで、変数を使う関数が、必ずクラスの中にあるようにします。これによって、人間の心臓や肺や胃のように、まとまった機能を持つ独立したモジュールを作れます。これが、カプセル化です。変数にprivateを指定すると、データを隠す（内部のデータの仕組みを知らなくても使えるようにする）ことや、データを保護することもできます。

カプセル化

```
class 心臓 {
  private:
    心臓のデータ1;
    心臓のデータ2;
      :
  public:
    心臓の処理1;
    心臓の処理2;
      :
};
```

カプセル化

```
class 肺 {
  private:
    肺のデータ1;
    肺のデータ2;
      :
  public:
    肺の処理1;
    肺の処理2;
      :
};
```

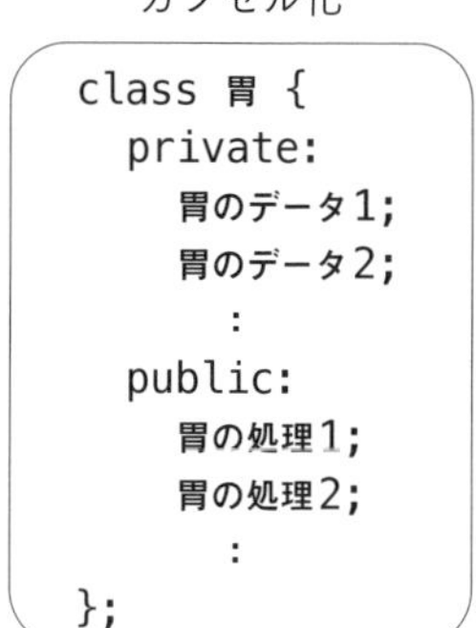

カプセル化
class 胃 {
private:
胃のデータ1;
胃のデータ2;
:
public:
胃の処理1;
胃の処理2;
:
};

継承

次に、**継承**とは何かを説明しましょう。クラスという枠があれば、そこにもともとあった変数や関数に手を加えずに、新たな変数や関数を追加することで、新たなクラスを作れます。改造せずに、機能を付け足す。これが、継承です。

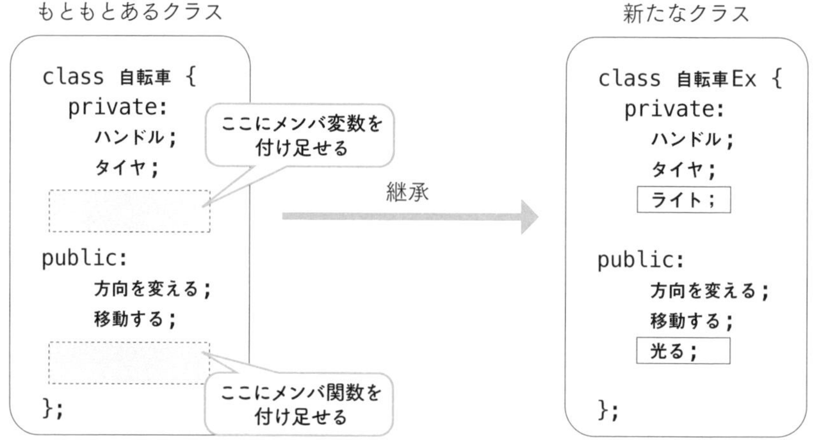

多態性

最後に、多態性とは何かを説明しましょう。たとえば、int open(string s)というプロトタイプの関数（関数名、引数、戻り値がすべて同じ関数）を、1つのプログラムの中に複数定義できるでしょうか。関数が単独で存在するC言語ではできませんが、関数をクラスという枠で囲むC++ならできます。同じプロトタイプであっても、クラスが異なれば区別できるからです。プロトタイプは、関数の使い方を示すものだといえます。複数のクラスに、同じ使い方の関数を用意するのが、**多態性**(たたいせい)です。

これだけではわかりにくいと思いますので、多態性について補足説明をしておきましょう。人間は、対象が違っても、同じ意味合いの操作を同じ言葉で呼ぶことがあります。たとえば、本を「開く」、ドアを「開く」、会議を「開く」は、どれも「開く」という言葉です。

これらをC++で表現すると、Bookクラスのint open(string s)、Doorクラスのint open(string s)、Meetingクラスのint open(string s) になります。人間の自然な考えを、そのまま表現できるのです。

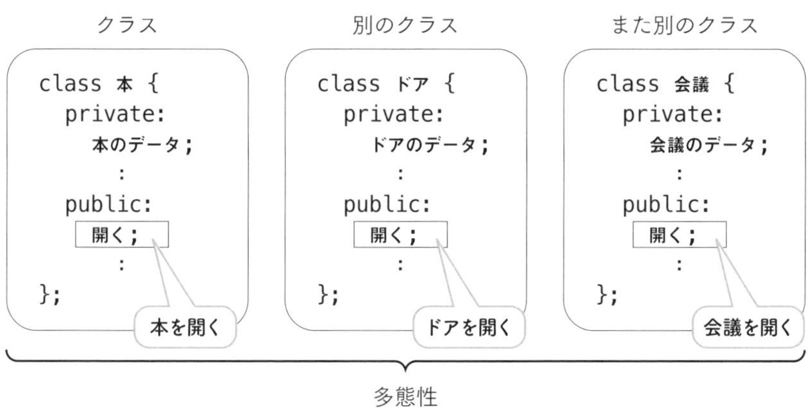

ところが、同じことをクラスがないC言語で表現すると、int open(string s) というプロトタイプで3つの関数を定義できないので、それぞれb、d、mという接頭辞（book、door、meetingの頭文字です）を付けて、int bopen(string s)、int dopen(string s)、int mopen(string s)のようにしなければなりません。この接頭辞は、人間の考えでは不自然です。人間は、本を「b開く」、ドアを「d開く」、会議を「m開く」とはいわないからです。

変数と関数でカウンタを表現する

ここから先は、カプセル化、継承、多態性、それぞれのサンプルプログラムを作ってみます。

まず、データと処理をひとまとまりにするカプセル化で、現実世界のものを表現してみましょう。ここでは、カウンタを作ってみます。道路の脇で交通量の調査をする人が、10個くらいのカウンタをカチカチ操作している様子を見たことがあるでしょう。あのカウンタです。ボタンを押すと、カウンタの数字がアップします。表示を0にリセットすることもできます。

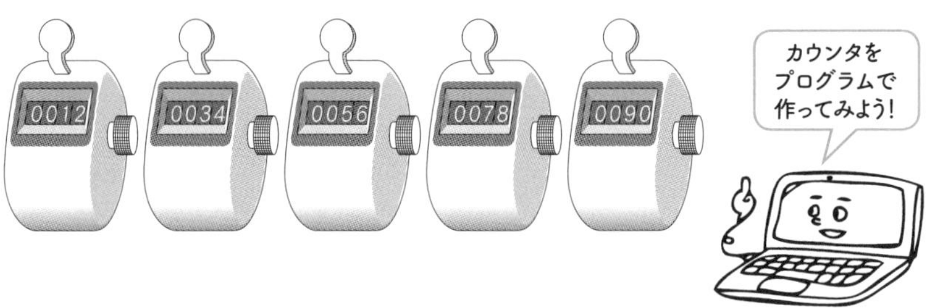

クラスがあるから現実世界のものをプログラムで表現できる、ということを実感していただくために、はじめに、クラスを使わずにプログラムを作ってみます。リスト6-1は、クラスを使わずに表現したカウンタです。

リスト6-1 クラスを使わずに表現したカウンタ(list6_1.cpp)

```
#include <iostream>
using namespace std;

// 10個のカウンタの値
int counterVal[10]; ――❶

// 引数で指定されたカウンタの値を0にする関数
void resetCounterVal(int num) {
  counterVal[num] = 0; ――❷
}
```

```
// 引数で指定されたカウンタの値をアップする関数
void upCounterVal(int num) {
  counterVal[num]++; ──❸
}

// main関数
int main() {
  // 3番と5番のカウンタをリセットする
  resetCounterVal(3); ─┐
  resetCounterVal(5); ─┘❹

  // 3番を2回アップする
  upCounterVal(3); ─┐
  upCounterVal(3); ─┘❺

  // 5番を4回アップする
  upCounterVal(5); ─┐
  upCounterVal(5);  │
  upCounterVal(5);  │❻
  upCounterVal(5); ─┘

  // それぞれの値を画面に表示する
  cout << "3番のカウンタの値 = " << counterVal[3] << endl; ─┐
  cout << "5番のカウンタの値 = " << counterVal[5] << endl; ─┘❼

  return 0;
}
```

要素数10個のグローバル配列（関数の外で宣言された配列❶）counterValに、10個のカウンタの値を格納します。resetCounterVal関数は、引数numで指定された番号のカウンタの値を0にします（❷）。upCounterVal関数は、引数numで指定されたカウンタの値をアップします（❸）。

ここでは、これらの関数を使うmain関数を、同じソースファイルに記述しています（説明を短くするためです）。main関数では、10個のカウンタを全部使うのは面倒なので、resetCounterVal関数で3番と5番のカウンタをリセットしてから（❹）、upCounterVal関数で3番を2回アップし（❺）、5番を4回アップして（❻）、グローバル配列val[3] と val[5] を読み出して、それぞれの値を画面に表示しています（❼）。これらは、適当な（特に意味のない）操作です。

プログラムの実行結果の例を以下に示します。プログラムは、正しく動作しています。しかし、プログラムの内容は、人間の考えに合ったものではないでしょう。10個のカウンタがあることを表現したいのです。リスト6-1の内容は、10個のデータ（グローバル配列counterVal）と2個の処理（resetCounterVal関数とupCounterVal関数）であって、10個のカウンタではありません。

実行結果

```
3番のカウンタの値 = 2
5番のカウンタの値 = 4
```

クラスでカウンタを表現する

リスト6-2、リスト6-3、リスト6-4は、先ほどと同じ機能のプログラムを、クラスを使って作ったものです。それぞれ、次のファイル名で保存してください。

- リスト6-2　Counter.h
- リスト6-3　Counter.cpp
- リスト6-4　list6_4.cpp

リスト6-2　カウンタを表すCounterクラスの定義（Counter.h）

```
class Counter {
  protected:  ❶
    int val;              // カウンタの値を格納するメンバ変数 ❷
  public:  ❸
    void resetVal();      // カウンタの値を0にするメンバ関数
    void upVal();         // カウンタの値をアップするメンバ関数
    int getVal();         // カウンタの値を返すメンバ関数
    Counter();            // コンストラクタ ❹
};
```

リスト6-3　カウンタを表すCounterクラスの実装（Counter.cpp）

```
#include "Counter.h"

// カウンタの値を0にするメンバ関数
void Counter::resetVal() {
  this->val = 0;
}

// カウンタの値をアップするメンバ関数
void Counter::upVal() {
  this->val++;
}

// カウンタの値を返すメンバ関数
int Counter::getVal() {
  return this->val;
}

// コンストラクタ
Counter::Counter() {
  this->resetVal();
}
```

リスト6-4　カウンタを表すCounterクラスを使うプログラム（list6_4.cpp）

```
#include <iostream>
using namespace std;
#include "Counter.h"

int main() {
  // 10個のカウンタを生成する
  Counter cnt[10]; ―❶

  // 3番を2回アップする
  cnt[3].upVal(); ┐
  cnt[3].upVal(); ┘―❷
```

```
    // 5番を4回アップする
    cnt[5].upVal();
    cnt[5].upVal();
    cnt[5].upVal();
    cnt[5].upVal();

    // それぞれの値を画面に表示する
    cout << "3番のカウンタの値 = " << cnt[3].getVal() << endl;
    cout << "5番のカウンタの値 = " << cnt[5].getVal() << endl;

    return 0;
}
```

Counterクラス（リスト6-2）が、カウンタという物を定義しています。メンバ変数valには、カウンタの値を格納します（❷）。このメンバ変数には、private:ではなく、**protected**(プロテクテッド):が指定されています（❶）。このCounterクラスを、後で継承して使う予定だからです。protected: を指定すると、クラスの外部からは使えませんが、このクラスを継承したクラスからは使えます。protectedは、「保護された」という意味です。

クラスのメンバに指定するprivate:、public:、protected: を**アクセス指定子**(していし)と呼びます。アクセス指定子の種類を表6-1にまとめておきます。**派生クラス**とは、クラスを継承したクラスのことです。

表6-1　アクセス指定子の種類

アクセス指定子	クラスの内部から	クラスの外部から	派生クラスから
private:	使える	使えない	使えない
public:	使える	使える	使える
protected:	使える	使えない	使える

カウンタの値を0にするresetVal関数、カウンタの値をアップするupVal関数、カウンタの値を返すgetVal関数、およびコンストラクタCounterには、public: を指定しています（❸）。コンストラクタに引数がないのは、初期化は0にするのに決まっているので、外部から初期値を指定する必要がないからで

す（❹）。

リスト6-4のmain関数では、要素数10個のCounterクラスを生成しています（❶）。これらは、現実世界の10個のカウンタを表現しています。10個のカウンタを全部使うのは面倒なので、3番のカウンタをメンバ関数upValで2回アップし（❷）、5番のカウンタをメンバ関数upValで4回アップし（❸）、それぞれの値をメンバ関数getValで読み出して、画面に表示しています（❹）。これらは、適当な操作です。

main関数の処理としてメンバ関数resetValを呼び出していないのは、Counterクラスのインスタンス（要素数10個の配列の個々の要素）の生成時にコンストラクタが自動的に呼び出され、コンストラクタの処理としてメンバ関数resetValを呼び出しているからです。コンストラクタの処理としてカウンタの値を0にするthis->val = 0; を記述していないのは、メンバ関数resetValに同じ処理があるからです。何度も同じ処理を記述するのは無駄なことです。

コマンドプロンプトで「g++ -o list6_4.exe list6_4.cpp Counter.cpp」を実行して、プログラムをコンパイルします。プログラムの実行結果の例を以下に示します。実行結果は、クラスを使わないプログラムと同じですが、プログラムの内容は違います。このプログラムの内容は、10個のカウンタであり、人間の考えの通りです。データと処理をひとまとまりにするカプセル化で、現実世界のカウンタというものを表現しているのです。

実行結果

```
3番のカウンタの値 = 2
5番のカウンタの値 = 4
```

データを保護するカプセル化

メンバ変数にprivate: やprotected: を指定すると、クラスの外部から利用できなくなります。これによって、メンバ変数（データ）を保護することもできます。保護するとは、不適切な値が格納されたり、値が勝手に変更されたりするのを防ぐことです。

サンプルプログラムをお見せしましょう。リスト6-5、リスト6-6、リスト6-7は、銀行口座を表すAccountクラスと、それを使うmain関数です。それぞれ、次のファイル名で保存してください。

- リスト6-5　Account.h
- リスト6-6　Account.cpp
- リスト6-7　list6_7.cpp

Accountクラスも、後で継承して使う予定なので、メンバ変数にprotected:を指定しています（リスト6-5の❶）。

リスト6-5　銀行口座を表すAccountクラスの定義（Account.h）

```
class Account {
  protected: ―❶
    string number;                      // 口座番号を表すメンバ変数
    int balance;                        // 残高を表すメンバ変数
  public:
    string getNumber();                 // 口座番号を返すメンバ関数
    int getBalance();                   // 残高を返すメンバ関数
    void setBalance(int balance);       // 残高を設定するメンバ関数
    Account(string number, int balance);    // コンストラクタ
};
```

リスト6-6　銀行口座を表すAccountクラスの実装（Account.cpp）

```
#include <iostream>
#include <string>
using namespace std;
#include "Account.h"

// 口座番号を返すメンバ関数の実装
string Account::getNumber() {
  return this->number; ―❶
}
```

```
// 残高を返すメンバ関数の実装
int Account::getBalance() {
  return this->balance; ──❷
}

// 残高を設定するメンバ関数の実装
void Account::setBalance(int balance) {
  if (balance >= 0) {
    this->balance = balance;  ──❸
  }
}

// コンストラクタの実装
Account::Account(string number, int balance) {
  this->number = number;
  this->balance = balance;
}
```

リスト6-7　銀行口座を表すAccountクラスを使うプログラム（list6_7.cpp）

```
#include <iostream>
#include <string>
using namespace std;
#include "Account.h"

int main() {
  // 新たな口座を開設する
  Account act("12345678", 10000); ──❶

  // 口座番号と残高を表示する
  cout << "口座番号：" << act.getNumber();
  cout << ", 残高 " << act.getBalance() << endl;

  // 残高を更新する
  act.setBalance(30000); ──❷

  // 口座番号と残高を表示する
  cout << "口座番号：" << act.getNumber();
  cout << ", 残高 " << act.getBalance() << endl;
```

```
    // マイナスの値で残高を更新する
    act.setBalance(-20000); ――❸

    // 口座番号と残高を表示する
    cout << "口座番号:" << act.getNumber();
    cout << ", 残高 " << act.getBalance() << endl;

    return 0;
}
```

Accountクラス（リスト6-5）には、外部から（クラスのインスタンスを使うプログラムから）メンバ変数を間接的に読み書きするメンバ関数が用意されています。これを**アクセサ**（accessor）と呼びます。メンバ変数を読み出すアクセサは、「getメンバ変数名」という名前で作成するのが一般的であり、**ゲッタ**（getter）と呼びます。メンバ変数に書き込むアクセサは、「setメンバ変数名」という名前で作成するのが一般的であり、**セッタ**（setter）と呼びます。

リスト6-6で、残高を表すメンバ変数balanceには、getBalanceというゲッタと、setBalanceというセッタが用意されています。getBalanceは、メンバ変数balanceの値を返すだけです（❷）。setBalanceは、引数の値をチェックして、それがマイナスでない（0以上）なら、メンバ変数balanceに格納しています（❸）。残高がマイナスになるのは、おかしなことだからです。これが、データを保護するということです。

口座番号を表すメンバ変数numberには、getNumberというゲッタだけがあり（❶）、セッタが用意されていません。これによって、メンバ変数numberは、最初にコンストラクタで設定された値を、後から勝手に変更できません。リードオンリー（read only＝読み出し専用）のデータになります。口座番号を、後から変更するのは、おかしなことだからです。これも、データを保護するということです。

コマンドプロンプトで「g++ -o list6_7.exe list6_7.cpp Account.cpp」を実行して、プログラムをコンパイルします。プログラムの実行結果の例を以下に示します。

リスト6-7では、はじめに、残高10000で口座を開設しました（❶）。次に、残高を30000で更新しました（❷）。残高がマイナスではないので、そのまま更新できます。次に、残高を－20000で更新しようとしましたが（❸）、残高がマイナスなので更新できません。残高は、30000のままです。

実行結果

```
口座番号：12345678, 残高 10000
口座番号：12345678, 残高 30000
口座番号：12345678, 残高 30000
```

POINT

カプセル化のまとめ

- 【意味】
  カプセル化とは、クラスという枠の中に、メンバ変数とそれを使うメンバ関数をまとめ、独立した機能を持つモジュールを作ることです
- 【用途】
  カプセル化によって、現実世界の物を表せます
  〈例〉カウンタのサンプルプログラム
- 【用途】
  カプセル化によって、データを保護できます
  〈例〉銀行口座のサンプルプログラム
- 【用途】
  カプセル化によって、データを隠せます（内部のデータの仕組みを知らなくても使えます）
  〈例〉データの数が多くて仕組みが複雑なクラス（本書では取り上げていません）

6 2 改造せずに機能を付け足す継承

既存のカウンタを継承して新たなカウンタを作る

継承は、既存のクラスに機能を付け足して新たなクラスを作ることです。既存のクラスには、一切改造を加えないところがポイントです。継承によってプログラミングが効率化されます。既存のクラスを再利用できるからです。

サンプルプログラムとして、この章の前半で作成したカウンタを表すCounterクラスを継承して、新たにCounterExクラスを作ってみましょう。Exは、extended（拡張された）という意味です。CounterExクラスでは、カウンタの値をダウンするメンバ関数downValとコンストラクタCounterExを追加します。

継承の構文を以下に示します。新たなクラスを定義するときに、コロン（:）に続けてpublicと既存のクラスを指定します。これによって、既存のクラスを継承して（既存のメンバを引き継いで）、新たなクラスを定義するという意味になります。

継承の元となる既存のクラスを**基本クラス**（base class）と呼び、継承先となる新たなクラスを**派生クラス**（derived class）と呼びます。

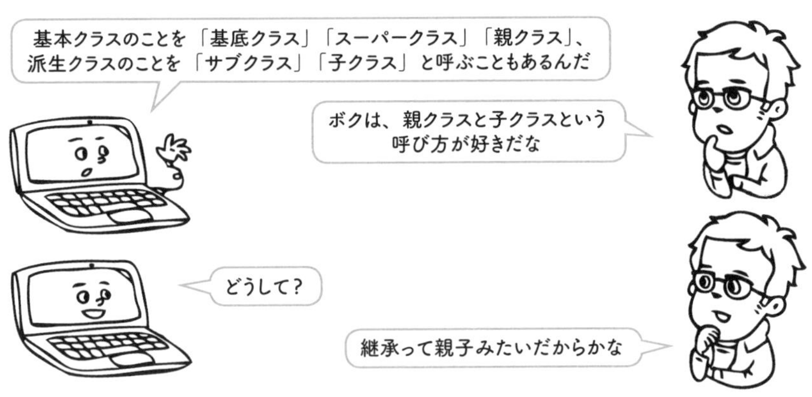

基本クラスのことを「基底クラス」「スーパークラス」「親クラス」、派生クラスのことを「サブクラス」「子クラス」と呼ぶこともあるんだ
ボクは、親クラスと子クラスという呼び方が好きだな
どうして？
継承って親子みたいだからかな

文法　既存のクラスを継承して新たなクラスを定義する構文（一般的な例）

```
class 新たなクラス名 : public 既存のクラス名 {
  追加する新たなメンバ
      ……
};
```

この文で表す人間の考え

既存のクラスのメンバを引き継ぎ、それに新たなメンバを追加して、新たなクラスを定義する。

Column

public継承、protected継承、private継承

```
class 新たなクラス名 : public 既存のクラス名
```

のように、継承では、コロンの後にpublic を指定することが一般的です。これによって、既存のクラスのメンバに指定されたprivate:、public:、protected: のアクセス指定子が、そのまま新たなクラスに引き継がれます。これを**public継承**と呼びます。

```
class 新たなクラス名 : protected 既存のクラス名
```

にすると、既存のクラスでpublic: が指定されたメンバがprotected: に変更されます。これを**protected継承**と呼びます。

```
class 新たなクラス名 : private 既存のクラス名
```

とすると、既存のクラスのpublic: なメンバがprivate: に変更されます。これを**private継承**と呼びます。
protected継承とprivate継承は、滅多に使わないものでしょう。本書のサンプルプログラムでも、public継承だけを使います。もしも、何も指定しないで「class 新たなクラス名 : 既存のクラス名」とすると、private継承とみなされるので注意してください。

リスト6-8は、Counterクラスを継承したCounterExクラスの定義です。これをCounterEx.hというファイル名で保存してください。カウンタの値をダウンするメンバ関数downValと、コンストラクタCounterExを追加しています。

リスト6-8　Counterクラスを継承したCounterExクラスの定義（CounterEx.h）

```
class CounterEx : public Counter {
  public:
    void downVal();      // カウンタの値をダウンするメンバ関数
    CounterEx();         // コンストラクタ
};
```

リスト6-9は、CounterExクラスの実装です。CounterEx.cppというファイル名で保存してください。

メンバ関数downValでは、Counterクラスから引き継いだメンバ変数valの値を1だけ減らしています（❶)。CounterExクラスがCounterクラスのメンバ変数valを読み書きできるのは、メンバ変数valにprotected: が指定されているからです。protected: は、クラスのインスタンスを作って使うプログラムからは利用できませんが、クラスを継承して使うプログラムからは利用できます。継承を親子関係に例えるなら、親の大事なデータを、子供には公開するが、外部には公開しないというイメージです。

基本クラスCounterのコンストラクタは、Counterという名前なので、派生クラスCounterExではコンストラクタになりません。コンストラクタは、クラス名と同じ名前にしなければならないからです。そこで、CounterExクラスにCounterExという名前のコンストラクタを新たに作成したのです。

コンストラクタCounterExの実装は、CounterEx() : Counter() { } だけで、処理は何もありません。: Counter() の部分は**イニシャライザ**と呼ばれ、基本クラスのコンストラクタCounterを呼び出すことを意味します。派生クラスのコンストラクタCounterExで行うべきことは、メンバ変数valの初期化であり、その機能は、すでに基本クラスCounterのコンストラクタにあります。そこで、コンストラクタCounterExでは、{ } の中に何も処理を書かず、: Counter() で基本クラスのコンストラクタを呼び出すだけにしています（❷)。イニシャライザに関しては、後でもう一度説明します。

リスト6-9 CounterExクラスの実装（CounterEx.cpp）

```
#include "Counter.h"
#include "CounterEx.h"

// カウンタの値をダウンするメンバ関数の実装
void CounterEx::downVal() {
  this->val--; ❶
}

// コンストラクタの実装
CounterEx::CounterEx() : Counter() { ❷
}
```

Column

自動的に生成されるコンストラクタ

クラスにコンストラクタを記述しないと、引数がないコンストラクタ（デフォルトコンストラクタ）が自動生成されます。派生クラスのコンストラクタにイニシャライザを記述しなくても、基本クラスのデフォルトコンストラクタが自動的に呼び出されます。したがって、このサンプルプログラムでは、派生クラスCounterExにコンストラクタを記述しなくても、コンストラクタが自動生成され、そこから基本クラスCounterのデフォルトコンストラクタが自動的に呼び出されます。
ただし、このような自動生成に頼ることなく、コンストラクタとイニシャライザを明示的に記述することをお勧めします。なぜなら、記述を省略すると、自動生成を知っていてそうしたのか、それともコンストラクタやイニシャライザの記述を忘れているのかが、プログラムを見てもわからないからです。

継承の仕組み

この章の冒頭で、継承とはクラスという枠の中に付け足すことである、と説明しました。継承のイメージとしてはそれでよいのですが、実際の継承の仕組みは、少し違います。基本クラスに機能を付け足して、派生クラスが単独で存在しているのではなく、派生クラスの後ろに基本クラスが存在しているのです。

ここでも、継承を親子関係に例えて、派生クラス（子クラス）を使うmain関数を面接官に例えてみましょう。面接官は、子供と話をしているのですが、その後ろには親が存在しています。子供は、自分にできないことがあると、親の機能に頼ります。まるで、子供の面接に親が付いて来たようなものです。これが、実際の継承の仕組みです。

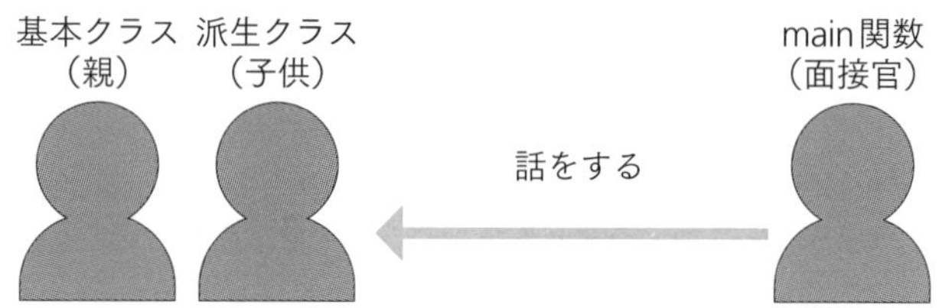

継承は、基本クラスのメンバが派生クラスにコピーされるのではなく、派生クラスの後ろに基本クラスのメンバが存在しているのです。Counterクラスを継承したCounterExクラス、およびCounterExクラスのインスタンスを使うmain関数の関係は、以下のようになります。main関数からは、CounterExを使っているように見えますが、一部の機能はCounterクラスのものを使っています。

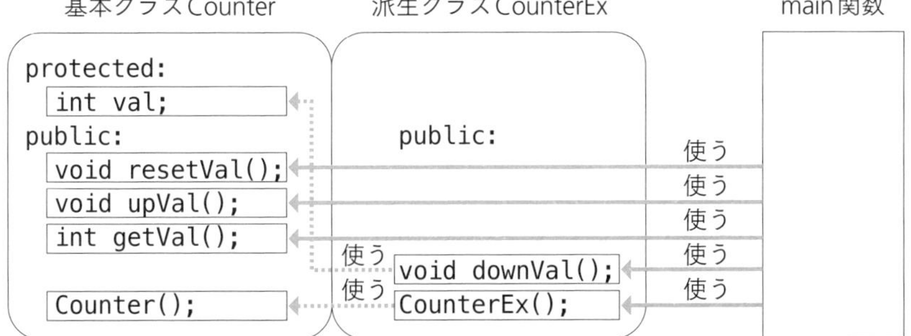

main関数から、Counterクラスのメンバ変数valは使えません。protected:が指定されているからです。main関数から、CounterクラスのコンストラクタCounterは使えません。main関数が使っているのは、Counterクラスではなく、CounterExクラスだからです。

CounterExクラスからは、Counterクラスのメンバ変数valを使えます。CounterExクラスのコンストラクタだけからは、イニシャライザを使うことでCounterExクラスのコンストラクタを使えます。

それでは、main関数を作ってみましょう。リスト6-10は、CounterExクラスを使うプログラムです。CounterExクラスのインスタンスを1つ生成し（❶）、メンバ関数upValを3回呼び出し（❷）、メンバ関数downValを2回呼び出し（❸）、それぞれの処理の後にメンバ関数getValでカウンタの値を読み出して、それを画面に表示しています（❹）。これらは、適当な操作です。

リスト6-10 CounterExクラスを使うプログラム（list6_10.cpp）

```
#include <iostream>
#include <string>
using namespace std;
#include "Counter.h"
#include "CounterEx.h"

int main() {
  CounterEx cnt; ―❶
  cout << "カウンタの値 = " << cnt.getVal() << endl; ―❹
```

```
    cnt.upVal();
    cnt.upVal();   ──❷
    cnt.upVal();
    cout << "カウンタの値 = " << cnt.getVal() << endl; ──❹

    cnt.downVal();
    cnt.downVal(); ──❸
    cout << "カウンタの値 = " << cnt.getVal() << endl; ──❹

    return 0;
}
```

コマンドプロンプトで「g++ -o list6_10.exe list6_10.cpp CounterEx.cpp Counter.cpp」を実行して、プログラムをコンパイルします。プログラムの実行結果の例を以下に示します。

実行結果

```
カウンタの値 = 0
カウンタの値 = 3
カウンタの値 = 1
```

Column

多重継承

C++では、複数のクラスを継承して新たなクラスを作ることができ、これを**多重継承**（たじゅうけいしょう）と呼びます。C++では、と断っているのは、C++をベースにして開発されたJavaやC#では、多重継承ができないからです。これは、継承する複数のクラスに同じメンバがある場合、どちらを優先して使うかを指定する構文が必要となり、面倒だからです。JavaやC#は、何度か言語仕様を拡張していますが、いまだに多重継承を取り入れていません。多重継承の仕組みがなくても、プログラムを作る上で問題がないからです。
本書では、多重継承のサンプルプログラムを示しませんが、C++では、多重継承ができることを知っておいてください。

イニシャライザを利用したサンプルプログラム

イニシャライザのサンプルプログラムを、もう1つ作ってみましょう。ここでは、前節で紹介した銀行口座を表すAccountクラスを継承してAccountExクラスを作ります。派生クラスAccountExクラスでは、口座名義人を示すメンバ変数nameを追加し、そのゲッタ（メンバ関数getName）とコンストラクタAccountExを追加します。口座の名義人を変更することはないと思いますので、セッタ（メンバ関数setName）は追加しません。コンストラクタAccountExでは、イニシャライザを使って、基本クラスAccountのコンストラクタAccountを呼び出します。

リスト6-11は、AccountExクラスの定義です。メンバ変数nameにはprotected: を指定し、メンバ関数getNameとコンストラクタAccountExには、public: を指定しています。これをAccountEx.hというファイル名で保存してください。

リスト6-11 Accountクラスを継承したAccountExクラスの定義（AccountEx.h）

```
class AccountEx : public Account {
  protected:
    string name;          // 口座名義人を示すメンバ変数
  public:
    string getName();     // 口座名義人を返すメンバ関数
    // コンストラクタ
    AccountEx(string number, string name, int balance);
};
```

リスト6-12は、AccountExクラスの実装です。AccountEx.cppというファイル名で保存してください。メンバ関数getNameの実装は、メンバ変数nameの値を返すだけです。コンストラクタAccountExの実装の : Account(number, balance) の部分が、イニシャライザです。

コンストラクタAccountExには、引数が3つ渡されますが、numberとbalanceの2つは、基本クラスAccountのコンストラクタに渡して処理してもらいます。もう1つの引数nameは、this->name = name; という処理で、新たに追加したメンバ変数nameに設定します。

リスト6-12 Accountクラスを継承したAccountExクラスの実装（AccountEx.cpp）

```
#include <iostream>
#include <string>
using namespace std;
#include "Account.h"
#include "AccountEx.h"

// 口座名義人を返すメンバ関数の実装
string AccountEx::getName() {
  return this->name;
}

// コンストラクタの実装
AccountEx::AccountEx(string number, string name, int balance)
  : Account(number, balance) {
  this->name = name;
}
```

リスト6-13は、AccountExクラスを使うプログラムです。適当なデータで口座を開設して、口座番号、口座名義人、残高を画面に表示しています。新たに追加した機能が正しく動作することを確認するだけの内容です。

リスト6-13 AccountExクラスを使うプログラム（list6_13.cpp）

```
#include <iostream>
#include <string>
using namespace std;
#include "Account.h"
#include "AccountEx.h"

int main() {
  // 新たな口座を開設する
  AccountEx act("12345678", "山田一郎", 10000);
```

```
  // 口座番号、口座名義人、残高を表示する
  cout << "口座番号：" << act.getNumber();
  cout << ", 口座名義人：" << act.getName();
  cout << ", 残高：" << act.getBalance() << endl;

  return 0;
}
```

コマンドプロンプトで「g++ -o list6_13.exe list6_13.cpp AccountEx.cpp Account.cpp」を実行して、プログラムをコンパイルします。プログラムの実行結果の例を以下に示します。

実行結果

```
口座番号：12345678, 口座名義人：山田一郎, 残高：10000
```

このように、派生クラスのコンストラクタから、基本クラスのコンストラクタを呼び出せるのは、派生クラスの後ろに基本クラスが存在しているからです。この仕組みを知っていれば、次の第7章で説明するオーバーライドも容易に理解できるはずです。

Column

メンバ変数を個別に初期化するイニシャライザ

イニシャライザの部分には、基本クラスのコンストラクタだけでなく、そのクラスのメンバ変数を個別に初期化する処理を記述することもできます。この場合には、「メンバ変数名(初期値)」という構文を使います。
たとえば、AccountExクラスのコンストラクタは、以下のように実装することもできます。この場合には、this->name = name; という処理は不要です。

```
AccountEx::AccountEx(string number, string name,
int balance)
  : Account(number, balance), name(name) { }
```

集約と委譲

継承は、既存のクラスを丸ごと再利用するものですが、**集約**（aggregate）という方法で既存のクラスを丸ごと再利用することもできます。集約とは、別のクラスのインスタンスをメンバ変数として持つことです。このメンバ変数を**メンバオブジェクト**と呼びます。

たとえば、通行人を男性と女性に分けてカウントするために、カウンタが2つ取り付けられた板があるとします。この板をGenderCountBoardクラス（gender＝性別）としてプログラムに表すとどうなるでしょう。それぞれのカウンタは、これまでに作成したCounterクラスを再利用します。

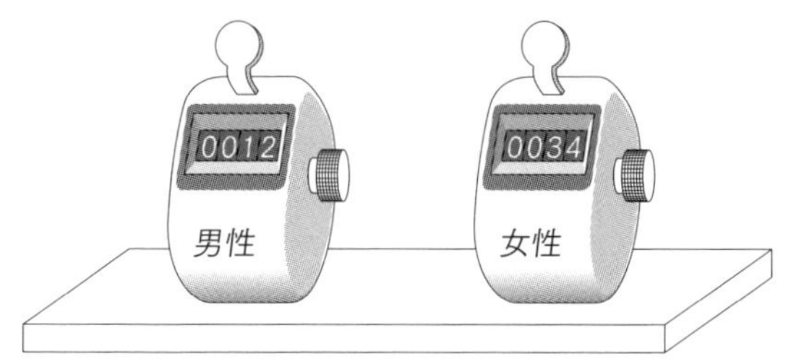

プログラムの例を示しましょう。リスト6-14は、GenderCountBoardクラスの定義と実装、およびGenderCountBoardクラスを使うmain関数です（再利用しないプログラムなので、ファイルを分けずに記述しました）。ここで、注目してほしいのは、GenderCountBoardクラスのメンバ変数（メンバオブジェクト）として、Counterクラスをデータ型としたmale（男性）とfemale（女性）があることです。

リスト6-14　Counterクラスを集約したGenderCountBoardクラス（list6_14.cpp）

```
#include <iostream>
#include <string>
using namespace std;
#include "Counter.h"

// Counterクラスを集約したGenderCountBoardクラスの定義
class GenderCountBoard {
  private: ――❶
    Counter male;            // 男性用カウンタを表すメンバオブジェクト
    Counter female;          // 女性用カウンタを表すメンバオブジェクト
  public:
❷   void upMaleCounter();    // 男性用カウンタをアップするメンバ関数
    void upFemaleCounter();  // 女性用カウンタをアップするメンバ関数
    int getMaleCounter();    // 男性用カウンタの値を返すメンバ関数
    int getFemaleCounter();  // 女性用カウンタの値を返すメンバ関数
    GenderCountBoard();      // コンストラクタ
};

// 男性用カウンタをアップするメンバ関数の実装
void GenderCountBoard::upMaleCounter() {
  this->male.upVal();
}
```

```
// 女性用カウンタをアップするメンバ関数の実装
void GenderCountBoard::upFemaleCounter() {
  this->female.upVal();
}

// 男性用カウンタの値を返すメンバ関数の実装
int GenderCountBoard::getMaleCounter() {
  return this->male.getVal();
}

// 女性用カウンタの値を返すメンバ関数の実装
int GenderCountBoard::getFemaleCounter() {
  return this->female.getVal();
}

// コンストラクタの実装
GenderCountBoard::GenderCountBoard() {   ❸
}

// GenderCountBoardクラスを使うプログラム
int main() {
  // GenderCountBoardクラスのインスタンスを生成する
  GenderCountBoard gcb;   ❹

  // 男性用カウンタを2回アップする
  gcb.upMaleCounter();
  gcb.upMaleCounter();
                                ❺
  // 女性用カウンタを3回アップする
  gcb.upFemaleCounter();
  gcb.upFemaleCounter();
  gcb.upFemaleCounter();

  // カウンタの値を表示する
  cout << "男性用カウンタの値 = " << gcb.getMaleCounter()
  << endl;                                                  ❻
  cout << "女性用カウンタの値 = " << gcb.getFemaleCounter()
  << endl;

  return 0;
}
```

メンバオブジェクトmaleは男性用のカウンタを表し、femaleは女性用のカウンタを表しています。GenderCountBoardクラスは、Counterクラスのインスタンスを持っています。これが、集約です。継承ではないので、GenderCountBoardクラスは、Counterクラスでprotected: が指定されたメンバを使えません。public: が指定されたメンバだけを使えます。

メンバ変数maleとfemaleには、private: を指定しています（❶）。メンバ変数が他のクラスのインスタンスであっても、カプセル化するためです。したがって、GenderCountBoardクラスを使うプログラムからは、集約されたCounterクラスの機能を直接利用できません。

代わりに、GenderCountBoardクラスには、public: が指定されたメンバ関数upMaleCounter、upFemaleCounter、getMaleCounter、getFemaleCounter、が用意されています（❷）。これらのメンバ関数を使って、間接的にCounterクラスのメンバ関数upValとgetValを使うのです。

GenderCountBoardクラスのコンストラクタでは、何も処理をしていません（❸）。継承ではないので、イニシャライザで基本クラスのコンストラクタを呼び出すこともしていません。

main関数では、GenderCountBoardクラスのインスタンスgcbを作成し（❹）、メンバ関数upMaleCounterとupFemaleCounterを適当な回数呼び出し（❺）、それぞれの値をメンバ関数getMaleCounterとgetFemaleCounterで読み出して、画面に表示しています（❻）。

main関数は、GenderCountBoardクラスを使っているのですが、GenderCountBoardクラスからCounterクラスが使われています。これを、**委譲**（いじょう）（delegate）と呼びます。main関数からGenderCountBoardクラスに依頼されたことが、GenderCountBoardクラスからCounterクラスに受け渡されたからです。現実世界でも、誰かに依頼したことが別の誰かに受け渡されることがあるでしょう。それをプログラムで表現できるのです。

コマンドプロンプトで「g++ -o list6_14.exe list6_14.cpp Counter.cpp」を実行して、プログラムをコンパイルします。プログラムの実行結果の例を以下に示します。

実行結果

```
男性用カウンタの値 = 2
女性用カウンタの値 = 3
```

Column

is-a関連とhas-a関連

継承と集約は、どちらも既存のクラスを丸ごと利用するものです。継承関係にあるクラスは、「派生クラス is a kind of 基本クラス（派生クラスは基本クラスの一種である）」と考えることができ、これをis-a関連と呼びます。集約関係にあるクラスは、「含むクラス has a 含まれるクラス（含むクラスは含まれるクラスを持つ）」と考えることができ、これをhas-a関連と呼びます。
もしも、継承と集約のどちらでも目的の機能を実現できる場合は、自分にとってhas-a関連とis-a関連のどちらが自然であるか、で判断するとよいでしょう。たとえば、点を表すPointクラスと円を表すCircleクラスがあるとします。「Circle is a kind of Point（円は点の一種である）」と考えることが自然な場面では、継承にすべきです。「Circle has a Point（円は点を持っている）」と考えることが自然な場面では、集約にすべきです。
結び付きが強い集約の関連を**合成**（ごうせい）（composition）と呼んで、通常の集約と区別する場合があります。結び付きが強いとは、車とエンジンのように、それがないと成り立たない関係を意味します。この場合は、「車 has a エンジン」よりも強く、「エンジン is a part of 車（エンジンは車の一部である）」と考えられるので、part-of関連と呼びます。

POINT

継承のまとめ

- 【意味】
  継承とは、既存のクラスの枠の中に、メンバ変数やメンバ関数を付け足して、新たなクラスを作ることです
- 【用途】
  継承によって、既存のクラスの機能を拡張できます
  例：カウンタのサンプルプログラム
- 【用途】
  継承によって、既存のクラスの機能を再利用できます
  例：銀行口座のサンプルプログラム

6 3 同じプロトタイプのメンバ関数を複数のクラスに定義する多態性

犬と猫による多態性の例

この章の冒頭で、現実世界の多態性の例として「本を開く、ドアを開く、会議を開く」を紹介しました。この他にも、よく取り上げられる例として「犬に鳴けと伝えるとワンと応え、猫に鳴けと伝えるとニャンと応える」があります。これを、オブジェクト指向プログラミングでは、「オブジェクトにメッセージを送ると、オブジェクトが応答する」と考えるのですが、犬と猫の例の方がプログラムで表現しやすいでしょう。

犬や猫に同じ「鳴け」というメッセージを送ると、それぞれが独自の応答をします。これが、**多態性**（たたいせい）です。

実際にプログラムを作ってみましょう。リスト6-15は、犬を表すDogクラスの定義と実装、猫を表すCatクラスの定義と実装、およびそれらを使うmain関数です。再利用しないプログラムなので、ファイルを分けずに作成してください。

リスト6-15 犬と猫による多態性のサンプルプログラム：その1（list6_15.cpp）

```
#include <iostream>
#include <string>
using namespace std;

// 犬を表すクラスの定義
class Dog {
  private:
    string name;          // 名前を保持するメンバ変数 ――❶
  public:
    void speak();         // 名前と鳴き声を表示するメンバ関数 ――❷
    Dog(string name);     // コンストラクタ ――❸
};
```

```
// 猫を表すクラスの定義
class Cat {
  private:
    string name;          // 名前を保持するメンバ変数 ―❶
  public:
    void speak();         // 名前と鳴き声を表示するメンバ関数 ―❷
    Cat(string name);     // コンストラクタ ―❸
};

// 犬を表すクラスの名前と鳴き声を表示するメンバ関数の実装
void Dog::speak() {
  cout << this->name << "：ワン！" << endl;
}

// 犬を表すクラスのコンストラクタの実装
Dog::Dog(string name) {
  this->name = name;
}

// 猫を表すクラスの鳴き声を表示するメンバ関数の実装
void Cat::speak() {
  cout << this->name << "：ニャン！" << endl;
}

// 猫を表すクラスのコンストラクタの実装
Cat::Cat(string name) {
  this->name = name;
}

// 犬と猫を表すクラスを使うプログラム
int main() {
  // 犬と猫のインスタンスを生成する
  Dog pochi("ポチ");  ┐
  Cat tama("タマ");   ┘―❹

  // 犬と猫を鳴かせる
  pochi.speak();  ┐
  tama.speak();   ┘―❺

  return 0;
}
```

Dogクラスと Catクラスのメンバは、ほとんど同じです。名前を保持するメンバ変数name（❶)、名前と鳴き声を表示するメンバ関数speak（❷)、およびコンストラクタがあります（❸)。ここで注目してほしいのは、メンバ関数speakのプロトタイプは、まったく同じvoid speak()だということです。

main関数では、適当な名前で、Dogクラスと Catクラスのインスタンスを1つずつ生成し（❹)、それらが持つメンバ関数speakを呼び出しています（❺)。クラスが違っても、main関数、つまりクラスを使う側からは、まったく同じ方法でメンバ関数speakを利用できます。これが、多態性です。

プログラムの実行結果の例を以下に示します。

実行結果

```
ポチ：ワン！
タマ：ニャン！
```

汎化と特化

人間は、複数の事物の共通点を抽出して、上位概念を考え出すことがあります。これを**汎化**（はんか）と呼びます。たとえば、犬と猫を汎化した概念は、動物でしょう。汎化の逆の考えは、**特化**（とっか）です。動物を特化したものが、犬や猫です。

クラスの継承を使えば、プログラムで汎化と特化を表現することができます。先ほどのリスト6-15で作ったDogクラスと Catクラスの共通点を抽出してAnimalクラスという基本クラスを作れば、汎化したことになります。Animalクラスを継承して、Dogクラスと Catクラスという派生クラスを作れば、特化したことになります。

人間にとって、ポチは犬であり動物です。タマは猫であり動物です。したがって、ポチとタマは、どちらも動物として扱えます。Animalクラスを継承して、Dogクラスと Catクラスを作ると、このような人間の考えをプログラムで表現できます。Dogクラスのインスタンスのpochiは、Dog型でありAnimal型です。Catクラスのインスタンスのtamaは、Cat型でありAnimal型です。pochiとtamaを、どちらもAnimal型として扱えます。

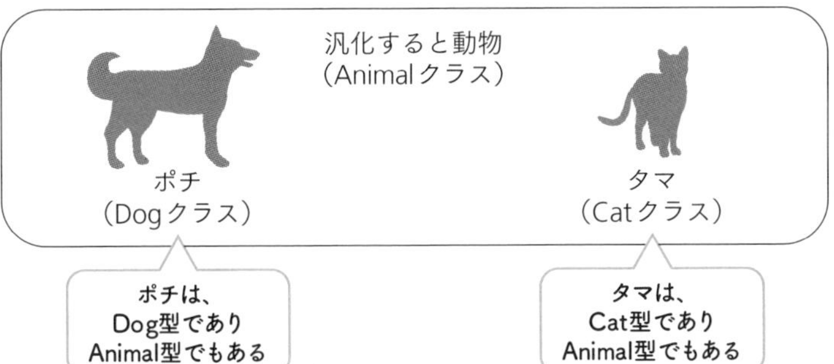
汎化すると動物
(Animalクラス)
ポチ
(Dogクラス)
タマ
(Catクラス)
ポチは、
Dog型であり
Animal型でもある
タマは、
Cat型であり
Animal型でもある

リスト6-16は、Animalクラス、Dogクラス、Catクラスの定義と実装、Animalクラスのポインタを引数としたsub関数（mainでないのでsubという名前にしました）、およびmain関数です。再利用しないプログラムなので、ファイルを分けずに作成してください。これも、犬と猫による多態性のサンプルプログラムです。

リスト6-16 犬と猫による多態性のサンプルプログラム：その2（list6_16.cpp）

```
#include <iostream>
#include <string>
using namespace std;

// 動物を表すクラスの定義
class Animal {
  protected:
    string name;                  // 名前を保持するメンバ変数
  public:
    virtual void speak() = 0; // 名前と鳴き声を表示するメンバ関数 ❶
    Animal(string name);          // コンストラクタ
};

// 犬を表すクラスの定義
class Dog : public Animal {
  public:
    void speak();           // 名前と鳴き声を表示するメンバ関数 ❷
    Dog(string name);       // コンストラクタ
};
```

```
// 猫を表すクラスの定義
class Cat : public Animal {
  public:
    void speak();         // 名前と鳴き声を表示するメンバ関数 ❷
    Cat(string name);     // コンストラクタ
};

// 動物を表すクラスのコンストラクタの実装
Animal::Animal(string name) {
  this->name = name;
}

// 犬を表すクラスの名前と鳴き声を表示するメンバ関数の実装
void Dog::speak() {
  cout << this->name << "：ワン！" << endl;
}

// 犬を表すクラスのコンストラクタの実装
Dog::Dog(string name) : Animal(name) {
}

// 猫を表すクラスの鳴き声を表示するメンバ関数の実装
void Cat::speak() {
  cout << this->name << "：ニャン！" << endl;
}

// 猫を表すクラスのコンストラクタの実装
Cat::Cat(string name) : Animal(name) {
}

// Animalクラスのポインタを引数としたsub関数
void sub(Animal *p) { ❸
  p->speak(); ❹
}

// sub関数を使うmain関数
int main() {
  // 犬と猫のインスタンスを生成する
  Dog pochi("ポチ");
  Cat tama("タマ");
```

```
    // 犬と猫を鳴かせる
    sub(&pochi);
    sub(&tama);

    return 0;
}
```

プログラムの実行結果の例を以下に示します。プログラムの内容は、すぐ後で説明します。

実行結果

```
ポチ：ワン！
タマ：ニャン！
```


純粋仮想関数と抽象クラス

リスト6-16の内容には、注目してほしい部分が多々あります。DogクラスとCatクラスの共通点であるメンバ変数nameとメンバ関数speakを抽出して、それらをメンバとした基本クラスAnimalを定義しました。犬は「ワン！」、猫は「ニャン！」と鳴きますが、動物のレベルでは鳴き声を決められません。したがって、Animalクラスのメンバ関数speakには、処理内容を記述できません。

このような場合には、virtual void speak() = 0; という構文（❶）で、メンバ関数speakを純粋仮想関数にします。**純粋仮想関数**（じゅんすいかそうかんすう）は、プロトタイプを決められても、処理内容を記述できないメンバ関数のことです。先頭にあるvirtualは、「仮想」という意味です。末尾にある = 0 は、この関数を呼び出せないという印です。

文法　純粋仮想関数を定義する構文

```
virtual 関数のプロトタイプ = 0;
```

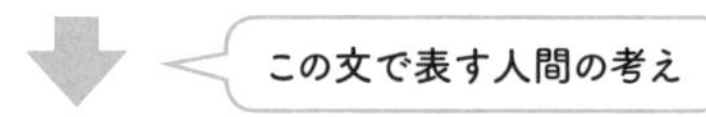
この文で表す人間の考え

この関数には、処理内容を記述できないので、呼び出すことはできない。

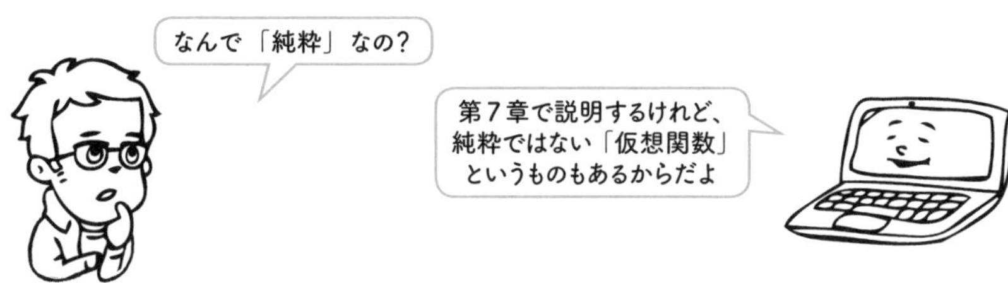
なんで「純粋」なの？
第７章で説明するけれど、
純粋ではない「仮想関数」
というものもあるからだよ

純粋仮想関数を持つクラスは、インスタンスを生成できません。もしも、インスタンスが生成できてしまうと、処理内容のない純粋仮想関数が呼び出されてしまうからです。それは、おかしなことです。インスタンスを生成できないクラスは、抽象的な概念を示しているので、**抽象クラス**と呼ばれます。人間の考えでも、犬と猫は具象的ですが、動物は抽象的でしょう。

抽象クラスAnimalの純粋仮想関数speakの処理内容は、それを継承したDogクラスとCatクラスで実装されます。これを行うときに、特殊なキーワードはいりません。DogクラスとCatクラスで、純粋仮想関数speakと同じプロトタイプで、メンバ関数speakを定義して実装すればよいのです。先頭のvirtualと末尾の = 0 は、不要です（❷）。

DogクラスとCatクラスで、メンバ関数speakを定義して実装するなら、Animalクラスを作ること自体が無駄なのではないか、と思われるかもしれません。しかし、Animalクラスを作ったからこそできることがあります。sub関数を見てください。引数が、Animalクラスのポインタになっています（❸）。Animalクラスは、DogクラスとCatクラスを汎化したものなので、Animalクラスのポインタには、Dogクラスのインスタンスのポインタでも、Catクラスのインスタンスのポインタでも、どちらでも渡せます。DogはAnimalの一種であり、CatもAnimalの一種だからです。

sub関数の処理内容は、p->speak(); です（❹）。pのデータ型は、Animalクラスのポインタですが、プログラムの実行時に渡されるのは、DogクラスやCatクラスのインスタンスのポインタです。p->speak(); は、「ワン！」と表示したり、「ニャン！」と表示したりします。これは、多態性です。このようなことができるのは、Animalクラスに、メンバ関数speakが定義されているからです。

繰り返しますが、多態性も、純粋仮想関数も、抽象クラスも、人間の考えとして理解できる普通のことであり、コンピュータだからできる特殊なことではありません。人間は、対象が違っても、同じ意味合いの処理には「開く」や「鳴く」のように同じ名前を付けます。それが多態性です。人間は、「動物」や「乗り物」のように、抽象的な概念を持つことがあります。それが抽象クラスです。抽象クラスの処理は、「鳴く」や「動く」のようにプロトタイプを決められても、具体的な内容を決められない場合があります。それが純粋仮想関数です。

抽象クラスのポインタの配列

先ほどのリスト6-16のsub関数は、基本クラスのポインタにサブクラスのインスタンスのポインタを格納できることを示すだけのものでした。サブクラスなら何でも引数に渡すことができて便利なのですが、これだけではあまりメリットを感じないかもしれません。

そこで、より深く抽象クラスを作るメリットを感じていただくために、リスト6-16のmain関数の内容を、リスト6-17のように改造してください。抽象クラスAnimalのポインタの配列に、DogクラスとCatクラスのインスタンスのポインタを格納しています（❶）。そして、for文を使って、配列の要素に格納されたインスタンスのメンバ関数speakを順番に呼び出しています（❷）。

リスト6-17　犬と猫による多態性のサンプルプログラム：その3（list6_17.cpp）

```
……（略）……
int main() {
  const int DATA_NUM = 5;      // 配列の要素数
  Animal *p[DATA_NUM];         // 抽象クラスのポインタの配列
```

```
    // 配列にDogクラスとCatクラスのインスタンスを格納する
    p[0] = new Dog("ポチ");
    p[1] = new Cat("タマ");
    p[2] = new Dog("シロ");     ❶
    p[3] = new Cat("ミケ");
    p[4] = new Dog("クロ");

    // 動物を順番に鳴かせる
    for (int i = 0; i < DATA_NUM; i++) {
      p[i]->speak();                       ❷
      delete p[i];
    }

    return 0;
  }
```

Animalクラスのポインタの配列は、ペットショップのショーケースのようなものです。犬でも猫でも入れられます。これは、人間の考え方の通りでしょう。そして、1つの配列なので、1つのfor文で処理できます。

プログラムの実行結果の例を以下に示します。まるで、ショーケースを端から順に見ていくと、犬が入っていれば「ワン！」と鳴き、猫が入っていれば「ニャン！」と鳴いているようでしょう。

実行結果

```
ポチ：ワン！
タマ：ニャン！
シロ：ワン！
ミケ：ニャン！
クロ：ワン！
```

抽象クラスAnimalは、DogクラスとCatクラスをまとめて取り扱えるデータ型です。もしも、抽象クラスAnimalを作らなかったら、Dogクラスのインスタンスを格納するためにDogクラスのポインタの配列を用意し、Catクラスのインスタンスを格納するためにCatクラスのポインタの配列を用意しなければならず、それぞれを別のfor文で処理しなければなりません。これは、面倒なことであり、人間の考えにも合っていません。

Column

UMLのクラス図

オブジェクト指向プログラミングの考え方を図示するときには、UML（Unified Modeling Language：統一モデリング言語）という表記方法がよく使われます。UMLには、十数種類の図が用意されていて、クラスとクラスの関連を示すときには、クラス図が使われます。

クラス図では、四角形の中にクラス名を書いて、クラスを示します。

クラスとクラスの関連には、依存、継承、集約があり、線の違いで示します。

依存とは、メッセージを送るだけの関連であり、メッセージを送る側から受け取る側に向かって破線の矢印を描きます。

継承は、派生クラスから基本クラスに向かって白抜きの三角形と実線を描きます。この三角形は、汎化の向きを表しています。

集約は、含まれる側から含む側に向かって白抜きの菱形と実線を描きます。集約と区別して合成を示す場合は、黒く塗りつぶした菱形にします。

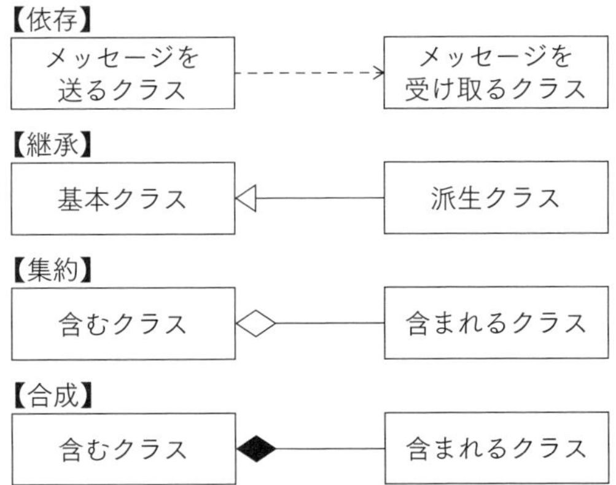

POINT

多態性のまとめ

- ✔【意味】
  多態性とは、同じプロトタイプのメンバ関数を複数のクラスに定義することです
- ✔【用途】
  多態性によって、クラスを使う側から同じ方法でメンバ関数を利用できます
  例：前半部の犬と猫のサンプルプログラム
- ✔【用途】
  継承と多態性によって、異なるオブジェクトを同じデータ型（クラス）でまとめて取り扱えます
  例：後半部の犬と猫のサンプルプログラム

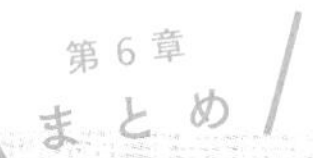

Check Test

Q1 (1) ～ (4) の [　] に入るものをアまたはイから選んでください。

(1) protected: が指定されたメンバは、クラスの外部から利用 [　]。
(2) protected: が指定されたメンバは、派生クラスから利用 [　]。
(3) private: が指定されたメンバは、クラスの外部から利用 [　]。
(4) private: が指定されたメンバは、派生クラスから利用 [　]。

ア　できる　　イ　できない　(複数回選択可)

Q2 (1) ～ (3) の説明に該当するものをア～ウから選んでください。

(1) 継承元となるクラス
(2) 継承先となるクラス
(3) 純粋仮想関数を持つクラス

ア　抽象クラス　　イ　派生クラス　　ウ　基本クラス

Q3 (1) ～ (3) の説明に該当するものをア～ウから選んでください。

(1) 他のクラスを含むこと
(2) 他のクラスに処理を任せること
(3) 複数のクラスの共通点を抽出したクラスを作ること

ア　委譲　　イ　汎化　　ウ　集約

Q4 (1) ～ (3) の [　] に入るものをアまたはイから選んでください。

(1) C++は、クラスの多重継承が [　]。
(2) 基本クラスのポインタに、派生クラスのポインタを格納 [　]。
(3) 純粋仮想関数に処理内容を記述 [　]。

ア　できる　　イ　できない　(複数回選択可)

第7章

オーバーライドとオーバーロード

この章では、オーバーライドとオーバーロードを学びます。これらは、言葉が似ていますが、まったく別の概念です。

この章で学ぶこと

1 _ オーバーライドと仮想関数

2 _ 関数のオーバーロード

3 _ 演算子のオーバーロード

Introduction

7-1 オーバーライドと仮想関数

メンバ関数のオーバーライド

この章で作成するプログラムの多くは、構文や概念の説明を目的としたものであり、何かの役に立つものではありません。再利用しないプログラムは、クラスの定義、実装、main関数などを、すべて1つのファイルに記述します。

それでは、説明を始めましょう。リスト7-1は、人間を表すHumanクラスの定義と実装です。Humanクラスには、氏名を格納するメンバ変数name、氏名を表示するメンバ関数speak、「★★★★★★★★★★」で囲んで氏名を表示するメンバ関数speakWithDecoration（decoration = 飾り）、およびコンストラクタHumanがあります。

リスト7-1 人間を表すHumanクラスの定義と実装（list7_1.cpp）

```
#include <iostream>
#include <string>
using namespace std;

//人間を表すHumanクラスの定義
class Human {
  protected:
    // 氏名を格納するメンバ変数
    string name;
  public:
    // 氏名を表示するメンバ関数
    void speak();
    // 飾り付きで氏名を表示するメンバ関数
    void speakWithDecoration();
    // コンストラクタ
    Human(string name);
};
```

```
// 氏名を表示するメンバ関数の実装
void Human::speak() {
  cout << "氏名:" << this->name << endl;    ❶
}

// 飾り付きで表示するメンバ関数の実装
void Human::speakWithDecoration() {
  cout << "★★★★★★★★★★★" << endl;
  this->speak();
  cout << "★★★★★★★★★★★" << endl;
}

// コンストラクタの実装
Human:: Human (string name) {
  this->name = name;
}
```

Humanクラスを継承して、学生を表すStudentクラスを作りましょう。

Studentクラスでは、新たに学籍番号を格納するメンバ変数numberと、コンストラクタStudentを追加します。メンバ関数speakとメンバ関数speakWithDecorationは、Humanクラスから継承したものをそのまま使います。以下は、Studentクラスの定義と実装です。先ほどのリスト7-1の後に、続けて記述してください。

リスト7-1 （続き） 学生を表すStudentクラスの定義と実装（list7_1.cpp）

```
//学生を表すStudentクラスの定義
class Student : public Human {
  protected:
    string number;     // 学籍番号を格納するメンバ変数
  public:
    Student(string name, string number);     // コンストラクタ
};

// コンストラクタの実装
Student::Student(string name, string number) :
Human(name) {
  this->number = number;
}
```

以下は、Studentクラスを使うmain関数です。適当な氏名と学生番号で、Studentクラスのインスタンスを生成し、メンバ関数speakを呼び出しています（メンバ関数speakWithDecorationは、後で作成するサンプルで呼び出します）。これも、リスト7-1に続けて記述してください。これで、プログラムは、とりあえず完成です。

リスト7-1 （さらに続き） Studentクラスを使うmain関数（list7_1.cpp）

```
int main() {
  Student yamada("山田一郎", "ABC123456");
  yamada.speak(); ←❷
  return 0;
}
```

プログラムの実行結果の例を以下に示します。学生の氏名と学籍番号を表示したかったのですが、表示されたのは、氏名だけです。

実行結果

```
氏名：山田一郎
```

どうして、このような結果になったのでしょう。理由は簡単です。Humanクラスから引き継いだメンバ関数speakには、メンバ変数nameを表示する機能しかないからです（リスト7-1の❶）。つまり、基本クラスのメンバ関数speakは、派生クラス（リスト7-1（さらに続き）の❷）では役に立たないのです。

このような場合には、派生クラスで基本クラスのメンバ関数speakを**オーバーライド**（override＝上書き）します。基本クラスと同じプロトタイプ（関数名、引数、戻り値がすべて同じ）で、派生クラスにメンバ関数を記述すれば、オーバーライドできます。リスト7-2に示したように、Studentクラスの定義にメンバ関数speakを追加し、学生の氏名と学籍番号を表示されるようにメンバ関数speakを実装してください。

リスト7-2　学生を表すStudentクラスの定義と実装：改造版その1（list7_2.cppより一部抜粋）

```
//学生を表すStudentクラスの定義
class Student : public Human {
  protected:
    string number;    // 学籍番号を格納するメンバ変数
  public:
    void speak();     // 氏名と学生番号を表示するメンバ関数
    Student(string name, string number);    // コンストラクタ
};

// 氏名と学生番号を表示するメンバ関数の実装
void Student::speak() {
  cout << "氏名：" << this->name << endl;
  cout << "学籍番号：" << this->number << endl;
}
```

❸

改造後のプログラムの実行結果の例を以下に示します。今度は、学生の氏名と学生番号が表示されました。main関数のyamada.speak();（リスト7-1（さらに続き）の❷）は、改造前はHumanクラスから引き継いだメンバ関数speak（nameだけを表示する）を呼び出していましたが（リスト7-1の❶）、改造後はStudentクラスでオーバーライドしたメンバ関数speak（nameとnumberを表示する。❸）を呼び出しているからです。

実行結果

```
氏名：山田一郎
学籍番号：ABC123456
```

派生クラスから基本クラスのメンバ関数を呼び出す

オーバーライドは、「上書き」という意味ですが、基本クラスのメンバ関数が上書きされて消えてしまうわけではありません。第6章の6-2で、「継承は、基本クラスのメンバが派生クラスにコピーされるのではなく、派生クラスの後ろに基本クラスが存在している」と説明したように、オーバーライドしても、

基本クラスのメンバ関数は存在し続けています。したがって、そのメンバ関数を、派生クラスから呼び出すこともできます。

この仕組みを使うと、プログラムを効率的に記述できる場合があります。先ほどリスト7-2に示した、Studentクラスでオーバーライドしたメンバ関数speakの実装は、リスト7-3のように記述することもできるのです。

cout << "氏名：" << this->name << endl; という処理を、Human::speak(); に変更しました。こうした方が、プログラムを短く記述できて効率的です。Human::speak(); は、Humanクラスのメンバ関数speakを呼び出すという意味です。これによって、氏名が表示されます。その後で、cout << "学籍番号：" << this->number << endl; という処理で学籍番号を表示しています。

プログラムの実行結果は、リスト7-2と同じです。

リスト7-3 学生を表すStudentクラスの実装：：改造版その2（list7_3.cppより一部抜粋）

```
void Student::speak() {
  Human::speak();
  cout << "学籍番号：" << this->number << endl;
}
```

リスト7-3の改造を行った時点のHumanクラス、Studentクラス、main関数の関係は、以下のようになります（コンストラクタは省略しています）。main関数からは、Studentクラスのインスタンスを使っているので、Studentクラスのメンバ関数speakが呼び出されます。オーバーライドしても、Humanクラスのメンバ関数speakは存在しているので、それをStudentクラスのメンバ関数speakから呼び出しています。

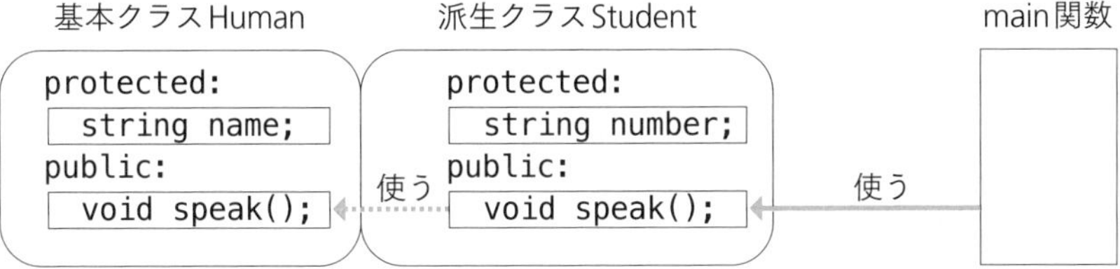

オーバーライドしただけでは問題が生じる

main関数から、メンバ関数speakWithDecorationを呼び出してみましょう。これまでのサンプルプログラムのmain関数の内容を、リスト7-4のように改造してください。

リスト7-4 Studentクラスを使うmain関数：改造版その1（list7_4.cppより一部抜粋）

```
int main() {
  Student yamada("山田一郎", "ABC123456");
  yamada.speakWithDecoration();
}
```

改造後のプログラムの実行結果の例を以下に示します。説明の都合で、わざとそうしているのですが、またしても目的の結果が得られません。学生の氏名と学籍番号が「★★★★★★★★★★」で囲まれて表示されることを期待したのですが、表示されたのは、氏名だけです。

実行結果

```
★★★★★★★★★★
氏名：山田一郎
★★★★★★★★★★
```

仮想関数による問題の解決

問題を整理してみましょう。Humanクラスのメンバ関数speakWithDecorationは、Studentクラスに継承されています。main関数では、Studentクラスのインスタンスを生成して、メンバ関数speakWithDecorationを呼び出しました。メンバ関数speakWithDecorationは、その処理の中でメンバ関数speakを呼び出していますが、Studentクラスでオーバーライドして氏名と学籍番号が表示されるようにしたメンバ関数speakではなく、もともとHumanクラスにある氏名だけを表示するメンバ関数speakが呼び出されています。これが問題なのです。

Humanクラスのメンバ関数speakWithDecorationからthis->speak(); で呼び出されるのが、Humanクラスのメンバ関数speakではなく、Studentクラスでオーバーライドしたメンバ関数speakになれば、問題が解決します。

問題を解決するためには、リスト7-5に示したように、Humanクラスの定義でメンバ関数speakにvirtual（バーチャル）を指定します。これによって、メンバ関数speakは、**仮想関数**（かそうかんすう）になります。仮想関数がオーバーライドされると、基本クラスHumanのメンバ関数speakWithDecorationから「自分の」という意味のthis->を付けてthis->speak(); と呼び出しても、派生クラスStudentでオーバーライドされたメンバ関数speakが呼び出されるルールになっています。

リスト7-5　人間を表すHumanクラスの定義：改造版その2（list7_5.cppより一部抜粋）

```
class Human {
  protected:
    string name;                    // 氏名を格納するメンバ変数
  public:
    virtual void speak();           // 氏名を表示するメンバ関数
    void speakWithDecoration(); // 飾り付きで氏名を表示するメンバ関数
    Human(string name);             // コンストラクタ
};
```

仮想関数の実装には、virtualの指定は不要です。仮想関数のオーバーライドの定義と実装にも、virtualの指定は不要です。したがって、リスト7-5に示したHumanクラスの定義にvirtualを追加すること以外に、プログラムの改造は不要です。

改造後のプログラムの実行結果の例を以下に示します。今度は、学生の氏名と学籍番号が「★★★★★★★★★★★」で囲まれて表示されました。これで、問題は解決です。

実行結果

```
★★★★★★★★★★★
氏名：山田一郎
学籍番号：ABC123456
★★★★★★★★★★★
```

virtualを指定して仮想関数にしても、基本クラスのメンバ関数speakは存在しています。だからこそ、派生クラスStudentからHuman::speak(); という構文で、基本クラスHumanの仮想関数speakを呼び出せるのです。

仮想関数にすると、基本クラスからメンバ関数を呼び出す優先順位が変わります。基本クラスの仮想関数を派生クラスでオーバーライドすると、派生クラスのメンバ関数が優先されるようになるのです。仮想関数は、実体がありますが、状況によっては優先順位が変わるあやふやな存在なので、「仮想」と呼ぶのです。

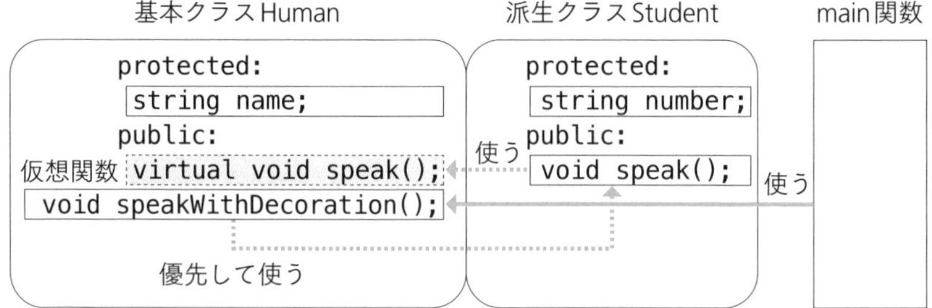

第６章で学んだ純粋仮想関数は、
本当に実体がないから、
純粋に仮想なんだよ

この章で学んだ仮想関数は、
ちゃんと実体があるから、
純粋に仮想ではないんだね

POINT

仮想関数と純粋仮想関数の違い

- 仮想関数
  【定義】virtual 戻り値 関数名(引数);
  【用途】派生クラスでオーバーライドしたメンバ関数が、基本クラスからも優先して呼び出されるようにします
- 純粋仮想関数
  【定義】virtual 戻り値 関数名(引数) = 0;
  【用途】基本クラスでメンバ関数のプロトタイプだけを取り決め、派生クラスで処理内容を実装します

第7章 オーバーライドとオーバーロード

7 2 関数のオーバーロード

単独の関数のオーバーロード

第4章でも説明しましたが、関数のオーバーロード（overload＝多重定義）とは、同じ名前の関数を複数定義することです。単独の関数（クラスのメンバ関数ではない関数）をオーバーロードすることも、クラスのメンバ関数をオーバーロードすることもできます。

第4章では、同じgetBmiという名前で、以下の2つの関数を定義しました。これは、単独の関数のオーバーロードです。

```
// 2つのdouble型を引数とするgetBmi関数
double getBmi(double height, double weight);

// HealthCheck構造体のポインタを引数とするgetBmi関数
double getBmi(const HealthCheck *phc);
```

関数のオーバーロードができるのは、不思議なことではありません。C++のコンパイラは、名前と引数をセットにして関数を識別しているので、名前が同じでも引数が異なれば違うものとみなされます。ただし、プログラムを作る人間は、関数名だけに注目するので、「同じgetBmi関数の引数に、2つのdouble型を渡すことも、HealthCheck構造体のポインタを渡すこともできて便利だ」と感じるのです。

戻り値だけが異なる関数は、オーバーロードできないことに注意してください。たとえば、以下のfunc関数（適当に付けた名前です）は、名前と引数が同じですが、戻り値だけが異なります。これらをプログラムに記述すると、コンパイル時にエラーになります。

```
// int型を戻り値とするfunc関数
int func(string s);

// double型を戻り値とするfunc関数
double func(string s);
```

戻り値だけが異なる関数をオーバーロードできない理由は、たとえば、以下のようにしてfunc関数を呼び出すと、何というデータ型の戻り値を返すfunc関数を呼び出しているのかが、コンパイラには判断できないからです。

```
// func関数の戻り値を画面に表示する
cout << func("文字列") << endl;
```

人間は、処理の対象が違っていても、同じ意味合いの処理を行う関数には、同じ名前を付けたいと考えます。たとえば、最大値を求める関数には、その対象が何であっても、getMaxという名前（C++には、あらかじめmax関数が用意されているので、それとダブらないようにgetMaxという名前にしました）を付けたいはずです。関数のオーバーロードは、このような人間の考えをプログラムで表現するためにあります。

サンプルプログラムを作ってみましょう。リスト7-6は、最大値を求めるgetMax関数を3種類にオーバーロードしたプログラムです。❶のa > b ? a : bは、二者択一の値を返す三項演算子であり、「もしもa > bならaの値を返し、そうでなければbの値を返す」という意味です。

main関数では、getMax (123, 567)、getMax (1.23, 5.67)、getMax (a, DATA_NUM) の部分で、getMax関数を呼び出しています。これらは、別々に用意されている3種類のgetMax関数なのですが、まるで同じgetMax関数を様々な引数で呼び出せるように感じられます。

リスト7-6 getMax関数を3種類にオーバーロードしたプログラム（list7_6.cpp）

```
#include <iostream>
using namespace std;

// 2つのint型を引数とするgetMax関数
int getMax(int a, int b) {
  return a > b ? a : b; ――❶
}

// 2つのdouble型を引数とするgetMax関数
double getMax(double a, double b) {
  return a > b ? a : b; ――❶
}

// int型の配列を引数とするgetMax関数
int getMax(int a[], int length) {
  int ans = a[0];
  for (int i = 1; i < length; i++) {
    if (ans < a[i]) {
      ans = a[i];
    }
  }
  return ans;
}

// main関数
int main() {
  // 2つのint型を引数とするgetMax関数を使う
  cout << getMax(123, 567)  << endl;

  // 2つのdouble型を引数とするgetMax関数を使う
  cout << getMax(1.23, 5.67)  << endl;

  // int型の配列を引数とするgetMax関数を使う
  const int DATA_NUM = 5;
  int a[DATA_NUM] = { 22, 44, 33, 55, 11 };
  cout << getMax(a, DATA_NUM)  << endl;

  return 0;
}
```

プログラムの実行結果の例を以下に示します。

実行結果

```
567
5.67
55
```

第6章で、多態性の説明をしました。クラスという枠で囲むことで、まったく同じプロトタイプ（関数名も、引数も、戻り値も同じ）のメンバ関数を複数定義できることが多態性です。この章で説明している関数のオーバーロードは、関数名だけですが、多態性を実現しているといえます。

メンバ関数のオーバーロード

今度は、単独の関数ではなく、クラスのメンバ関数をオーバーロードしてみましょう。ここでは、この章の前半で作成したHumanクラスに似た機能を持つ、Personクラス（person＝人々、人間）を作成します。Personクラスは、他のクラスに継承せずに、そのまま使います。リスト7-7は、Personクラスの定義と実装、およびPersonクラスを使うmain関数です。

リスト7-7 メンバ関数のオーバーロードのサンプルプログラム（list7_7.cpp）

```
#include <iostream>
#include <string>
using namespace std;
```

```
// 人間を表すPersonクラス
class Person {
  private:
    string name;                // 氏名を格納するメンバ変数
  public:
❶┌void speak();                // 氏名を表示するメンバ関数
  └void speak(string decoration);//飾り付きで氏名を表示するメンバ関数
    Person(string name);      // コンストラクタ
};

// 氏名を表示するメンバ関数の実装
void Person::speak() {
  cout << this->name << endl;
}

// 飾り付きで氏名を表示するメンバ関数の実装
void Person::speak(string decoration) {
  cout << decoration << endl;
  cout << this->name << endl;
  cout << decoration << endl;
}

// コンストラクタの実装
Person::Person(string name) {
  this->name = name;
}

// Personクラスを使うmain関数
int main() {
  // Personクラスのインスタンスを生成する
  Person p("山田一郎");

  // 引数のないメンバ関数speakを呼び出す
  p.speak(); ――❷

  // 引数のあるメンバ関数speakを呼び出す
  p.speak("★★★★★★★★★★"); ――❷

  return 0;
}
```

Personクラスでは、メンバ関数speakを2種類にオーバーロードしています

(❶)。引数がないメンバ関数speakは、メンバ変数nameをそのまま表示します。引数があるメンバ関数speakは、引数で指定した文字列で囲んで、メンバ変数nameを表示します。この章の前半で作成したHumanクラスでは、これをspeakおよびspeakWithDecorationという異なる名前の関数にしていました。同じ名前のメンバ関数にしたことで、つまりメンバ関数をオーバーロードしたことで、クラスを使いやすくなったと感じるでしょう。

main関数では、p.speak(); および p.speak("★★★★★★★★★★"); の部分で、speak関数を呼び出しています（❷）。これらは、別々に用意されている2種類のspeak関数なのですが、まるで同じspeak関数を様々な引数で呼び出せるように感じられます。

プログラムの実行結果の例を以下に示します。

実行結果

```
山田一郎
★★★★★★★★★★
山田一郎
★★★★★★★★★★
```


コンストラクタの自動生成とオーバーロード

クラスにコンストラクタを記述しないと、引数のないデフォルトコンストラクタが自動生成されます。クラスに引数があるコンストラクタを記述すると、デフォルトコンストラクタは自動生成されません。このことを実験プログラムで確認してみましょう。

リスト7-8は、生徒を表すPupilクラス（pupil＝生徒、学童）とそれを使うmain関数です。Pupilクラスには、氏名を格納するメンバ変数name、テストの得点を格納するメンバ変数point、メンバ変数の値を表示するメンバ関数speakがあります。コンストラクタは、わざと記述していません。

main関数では、Pupil p; の部分（❶）で、Pupilクラスのインスタンスを生成しています。このとき、デフォルトコンストラクタが呼び出されます。

Pupilクラスにコンストラクタを記述していないのに、コンパイル時にエラーにならないのは、Pupilクラスにデフォルトコンストラクタが自動生成されるからです。

リスト7-8　デフォルトコンストラクタの自動生成を確認するプログラム（list7_8.cpp）

```
#include <iostream>
#include <string>
using namespace std;

// 生徒を表すPupilクラスの定義
class Pupil {
  private:
    string name;     // 氏名を格納するメンバ変数
    int point;       // テストの得点を格納するメンバ変数
  public:
    void speak();    // 氏名とテストの得点を表示するメンバ関数
};

// 氏名とテストの得点を表示するメンバ関数の実装
void Pupil::speak() {
  cout << "氏名：" << this->name << endl;
  cout << "得点：" << this->point << endl;
}

// Pupilクラスを使うmain関数
int main() {
  // ここでデフォルトコンストラクタが呼び出される
  Pupil p; ←❶

  return 0;
}
```

このプログラムを実行しても何も表示されないので、実行結果の例は示しません。プログラムをコンパイルして、エラーが表示されないことだけを確認してください。

このプログラムを改造してみましょう。リスト7-9は、先ほどのPupilクラスに引数があるコンストラクタの定義と実装を追加したものです。その他の部分には、改造を加えないでください。

リスト7-9　Pupilクラスに引数があるコンストラクタを追加する（list7_9.cppより抜粋）

```
// 生徒を表すPupilクラスの定義
class Pupil {
  private:
    string name;     // 氏名を格納するメンバ変数
    int point;       // テストの得点を格納するメンバ変数
  public:
    void speak();    // 氏名とテストの得点を表示するメンバ関数
    Pupil(string name, int point);  // 引数があるコンストラクタ
};

// 引数があるコンストラクタの実装
Pupil::Pupil(string name, int point) {
  this->name = name;
  this->point = point;
}
```

リスト7-9をコンパイルすると、以下のエラーメッセージが表示されます。これは、ソースコードのmain関数の処理にあるPupil p; の部分でデフォルトコンストラクタが呼び出されているのに、Pupilクラスにはデフォルトコンストラクタがないことが原因です。

エラーメッセージ（一部抜粋）

```
list7_9.cpp:30:9: error: no matching function for call to
'Pupil::Pupil()'
   30 |   Pupil p;
```

以上の実験から「クラスにコンストラクタを記述しないと引数がないデフォルトコンストラクタが自動生成され、クラスに引数があるコンストラクタを記述すると、デフォルトコンストラクタが自動生成されない」ということを確認できました。

エラーのままで終わりにするわけにはいかないので、問題を解決しておきましょう。Pupilクラスに引数がないデフォルトコンストラクタを記述すれば、問題は解決します。

リスト7-10は、デフォルトコンストラクタを追加したPupilクラスの定義と、

デフォルトコンストラクタの実装です。コンストラクタもメンバ関数の一種なので、引数が違えば、同じ名前でオーバーロードできます。デフォルトコンストラクタでは、デフォルトの初期値として、メンバ変数nameに "未設定" を格納し、メンバ変数pointに0を格納しています（❶）。

リスト7-10　Pupilクラスでコンストラクタをオーバーロードする（list7_10.cppより抜粋）

```
// 生徒を表すPupilクラスの定義
class Pupil {
  private:
    string name;     // 氏名を格納するメンバ変数
    int point;       // テストの得点を格納するメンバ変数
  public:
    void speak();    // 氏名とテストの得点を表示するメンバ関数
    Pupil(string name, int point);  // 引数があるコンストラクタ
    Pupil();         // デフォルトコンストラクタ
};

// デフォルトコンストラクタの実装
Pupil::Pupil() {
  this->name = "未設定";
  this->point = 0;          ❶
}
```

プログラムの動作を確認できるようにしましょう。main関数の内容を、以下のように改造してください。❷のPupil p1; の部分では、引数がないデフォルトコンストラクタが呼び出されます。❸のPupil p2("山田一郎", 95); の部分では、引数があるコンストラクタが呼び出されます。❹のp1.speak(); とp2.speak(); で、それぞれのコンストラクタでメンバ変数に格納された値が、画面に表示されます。

リスト7-10 （続き） オーバーロードされたコンストラクタを呼び出す（list7_10.cppより抜粋）

```
// Pupilクラスを使うmain関数
int main() {
  // ここでデフォルトコンストラクタが呼び出される
  Pupil p1;  ❷

  // ここで引数があるコンストラクタが呼び出される
  Pupil p2("山田一郎", 95);  ❸

  // コンストラクタでメンバ変数に格納された値を確認する
  p1.speak();  ❹
  p2.speak();

  return 0;
}
```

プログラムの実行結果の例を以下に示します。予想した通りの結果が得られているのがわかるでしょう。

実行結果

```
氏名：未設定
得点：0
氏名：山田一郎
得点：95
```

Column

デスラクタはオーバーロードできない

コンストラクタはオーバーロードできますが、デストラクタはオーバーロードできません。なぜだか、わかりますか。デストラクタには引数を指定できないので、引数が異なる複数のデストラクタを記述できないからです。

デフォルト引数

プログラミング言語の言語構文の中には、それを知らなくても目的の機能のプログラムを作れますが、知っていればより効率的にプログラムを記述できる、というものがあります。知っていればより幅広く自分の考えを表現できる、ともいえます。

たとえば、先ほどのリスト7-10では、Pupilクラスのコンストラクタをオーバーロードして、以下のように実装しました。

```
// デフォルトコンストラクタの実装
Pupil::Pupil() {
  this->name = "未設定";
  this->point = 0;
}

// 引数があるコンストラクタの実装
Pupil::Pupil(string name, int point) {
  this->name = name;
  this->point = point;
}
```

もしも、イニシャライザの構文を知っていれば、デフォルトコンストラクタの実装を、以下のように効率的に記述できます。Pupil("未設定", 0) の部分が、イニシャライザです。このイニシャライザは、引数が2つあるコンストラクタPupilを呼び出すことを意味しています。

```
// デフォルトコンストラクタの実装
Pupil::Pupil() : Pupil("未設定", 0) {
```

さらに、デフォルト引数という構文を知っていれば、1つのコンストラクタに、デフォルトコンストラクタと引数があるコンストラクタを兼務させることができます。

デフォルト引数(ひきすう)とは、通常は「データ型 引数名」という構文で指定する引数の部分を、「データ型 引数 = デフォルト値」という構文にするものです。これによって、もしも引数が省略された場合は、自動的にデフォルト値が利用されるようになります。

Pupilクラスの場合は、引数があるコンストラクタのプロトタイプ宣言を以下のようにすれば、デフォルトコンストラクタの記述が不要になります。デフォルト引数は、プロトタイプ宣言か実装のどちらか一方だけに指定します。

```
Pupil(string name = "未設定", int point = 0);
```

サンプルプログラムを作って、デフォルト引数の機能を確認してみましょう。リスト7-11は、Pupilクラスのコンストラクタを、デフォルト引数を使った1つだけに改造したものです。

リスト7-11 Pupilクラスのコンストラクタでデフォルト引数を使う（list7_11.cpp）

```
#include <iostream>
#include <string>
using namespace std;

// 生徒を表すPupilクラスの定義
class Pupil {
  private:
    string name;     // 氏名を格納するメンバ変数
    int point;       // テストの得点を格納するメンバ変数
  public:
    void speak();    // 氏名とテストの得点を表示するメンバ関数
    // 引数があるコンストラクタ
    Pupil(string name = "未設定", int point = 0);   ❶
};
```

第7章 オーバーライドとオーバーロード

```
// 引数があるコンストラクタの実装
Pupil::Pupil(string name, int point) {
  this->name = name;
  this->point = point;
}

// 氏名とテストの得点を表示するメンバ関数の実装
void Pupil::speak() {
  cout << "氏名：" << this->name << endl;
  cout << "得点：" << this->point << endl;
}

// Pupilクラスを使うmain関数
int main() {
  // ここでデフォルトコンストラクタが呼び出される
  Pupil p1; ―――❷

  // ここで引数が2つあるコンストラクタが呼び出される
  Pupil p2("山田一郎", 95); ―――❸

  // ここで引数が1つあるコンストラクタが呼び出される
  Pupil p3("佐藤花子"); ―――❹

  // コンストラクタでメンバ変数に格納された値を確認する
  p1.speak(); ┐
  p2.speak(); ├―❺
  p3.speak(); ┘

  return 0;
}
```

main関数では、Pupil p1;、Pupil p2("山田一郎", 95);、Pupil p3("佐藤花子"); の部分で、3つのパターンでPupilクラスのインスタンスを生成し、コンストラクタを呼び出しています。❷のPupil p1; では、引数がないコンストラクタが呼び出されます。❸のPupil p2("山田一郎", 95); では、引数が2つあるコンストラクタが呼び出されます。❹のPupil p3("佐藤花子"); では、引数が1つあるコンストラクタが呼び出されます。

ただし、実際にPupilクラスに用意されているコンストラクタは、デフォルト引数を指定したPupil(string name = "未設定", int point = 0); の1つだけです（❶）。このコンストラクタで、3つの引数のパターンのコンストラクタを兼務しているのです。

main関数では、p1.speak()、p2.speak()、p3.speak()で、それぞれのインスタンスのメンバ変数に格納されている値を画面に表示しています（❺）。実行結果の例を以下に示します。

実行結果

```
氏名：未設定
得点：0
氏名：山田一郎
得点：95
氏名：佐藤花子
得点：0
```

デフォルト引数には、いずれかの引数を省略した場合は、それ以降の引数も省略しなければならない、というルールがあります。したがって、1つ目の引数を省略して、2つ目の引数を指定したPupil p4(,100); というパターンでPupilクラスのインスタンスを生成することはできません。

POINT

オーバーライドとオーバーロードの違い

- ✔ オーバーライド
  【意味】上書き
  【用途】基本クラスのメンバ関数の処理内容を、派生関数で上書き変更します
- ✔ オーバーロード
  【意味】多重定義
  【用途】1つのクラスに、同じ名前で引数が異なるメンバ関数を複数定義します

7 3 演算子のオーバーロード

演算子をオーバーロードする意義

C++には、クラスの内容に合わせて、+ や > などの演算子を独自に定義することができ、これを**演算子のオーバーロード**と呼びます。

たとえば、「cout << データ; 」や「cin >> 変数; 」という表現で、画面出力やキー入力ができるのは、<< や >> という演算子がオーバーロードされているからです。stringクラスのインスタンスに = で文字列を代入できて、> や < で文字列の比較ができるのは、= や > や < という演算子がオーバーロードされているからです。

演算子のオーバーロードが便利なのは、人間にとって身近な演算子を、単純な数値だけでなく、様々なクラスでも利用できるからです。演算子のオーバーロードができなかったら、同じことを関数で表現しなければなりません。

たとえば、リスト7-12は、C言語の時代からあるstrcmp関数を使って、2つの文字列が等しいかどうかを判定するプログラムです。strcmp関数は、引数に指定された2つの文字列が等しい場合は、戻り値として0を返します。strcmp関数を使うには、プログラムの冒頭に #include <cstring> の記述が必要です。char s1[] = "abcdefg"; は、char型の配列に "abcdefg" という文字列を格納するという意味です。

リスト7-12 strcmp関数で文字列を比較するプログラム（list7_12.cpp）

```
#include <iostream>
#include <cstring>
using namespace std;

int main() {
  char s1[] = "abcdefg";
  char s2[] = "abcdefg";
```

```
  if (strcmp(s1, s2) == 0) {
    cout << "等しい！" << endl;
  }
  else {
    cout << "等しくない！" << endl;
  }

  return 0;
}
```

プログラムの実行結果の例を以下に示します。プログラムは、正しく動作していますが、if (strcmp(s1, s2) == 0) という表現は、「s1とs2をstrcmp関数で処理して、その戻り値が0なら」という意味なので、人間の考えに合っていません。人間の考えを、プログラミング言語の構文に合わせて変えているのです。

実行結果

```
等しい！
```

リスト7-13は、C++のstringクラスを使って、2つの文字列が等しいかどうかを判定するプログラムです。if (s1 == s2) という表現は、「s1とs2が等しいなら」という意味なので、人間の考えにピッタリ合っています。プログラムの実行結果は、リスト7-12と同じです。同じ実行結果が得られるなら、人間の考えをそのままプログラムに表現できた方が、わかりやすくてよいはずです。わかりやすければ、効率的にプログラムを記述でき、間違いも減ります。

リスト7-13 == 演算子で文字列を比較するプログラム（list7_13.cpp）

```
#include <iostream>
#include <string>
using namespace std;

int main() {
  string s1 = "abcdefg";
  string s2 = "abcdefg";
```

```
  if (s1 == s2) {
    cout << "等しい！" << endl;
  }
  else {
    cout << "等しくない！" << endl;
  }

  return 0;
}
```

自分が作ったクラスでも、クラスの内容に合わせて演算子をオーバーロードできます。すぐ後で説明しますが、演算子をオーバーロードするには、やや面倒なプログラミングが必要になります。ただし、演算子をオーバーロードすれば、クラスが使いやすいものになります。

チームでプログラムを開発するときには、自分が作ったクラスを、他の人が使うことがあります。演算子をオーバーロードすれば、きっと他の人に喜んでもらえるでしょう。

算術演算子のオーバーロード

それでは、自分で作ったクラスで、演算子のオーバーロードを行ってみましょう。ここでは、わかりやすい例として、平面上の1点を表すPointクラスを取り上げます。Pointクラスには、x座標を格納するメンバ変数xと、y座標を格納するメンバ変数yがあります。たとえば、以下の点p1のx座標は3で、y座標は5です。

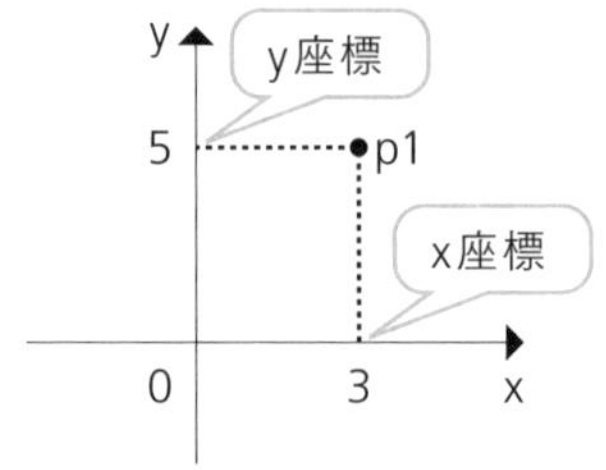

まず、Pointクラスで、加算を行う + 演算子と、減算を行う - 演算子をオーバーロードしてみましょう。Pointクラスの2つのインスタンスを加算すると、それぞれのメンバ変数xとメンバ変数yを加算したインスタンスが返されるようにします。減算の場合は、それぞれのメンバ変数xとメンバ変数yを減算したインスタンスが返されるようにします。

リスト7-14は、+ 演算子と - 演算子をオーバーロードしたPointクラスの定義です。後で再利用するので、Point.hというファイル名で保存してください。

リスト7-14 Pointクラスの定義：その1（Point.h）

```
class Point {
  private:
    double x;     // x座標を格納するメンバ変数
    double y;     // y座標を格納するメンバ変数
  public:
    Point(double x = 0, double y = 0);// コンストラクタ
    double getX();                    // x座標を返すゲッタ
    double getY();                    // y座標を返すゲッタ
❶  Point operator+(const Point &p);  // + 演算子のオーバーロード
    Point operator-(const Point &p);  // - 演算子のオーバーロード
};
```

注意
Point.hの内容は、これ以降、改造していきます。本書のダウンロード特典として提供するPoint.hは、改造を続けて本章で最終形となったものであり、このリスト7-14の内容とは異なります。

演算子のオーバーロードは、**operator演算子**（オペレータ）という名前の特殊なメンバ関数で記述します。operatorは、「演算子」という意味です。

たとえば、Pointクラスのインスタンスを使った、

```
p3 = p1 + p2;
```

というプログラムは、コンパイル時に

```
p3 = p1.operator+(p2);
```

に置き換わります。

```
p4 = p1 - p2;
```

という減算の場合は、コンパイル時に

```
p4 = p1.operator-(p2);
```

に置き換わります。つまり、ソースコードでは、+ や - などの演算子を使っていますが、コンパイル後は、メンバ関数の呼び出しに置き換わるのです。これが、演算子のオーバーロードの仕組みです。

加算と減算では、演算結果としてPointクラスのインスタンスを返すので、演算子をオーバーロードするメンバ関数の戻り値のデータ型をPointにしています。

引数の Point &p の & は（❶)、第4章で説明した引数の参照渡しです。演算子のオーバーロードのメンバ関数は、クラスを引数としているので、値渡しよりポインタ渡しの方が、処理が速くなります。ただし、ポインタ渡しにすると、それを使う側にもポインタを使った表現が必要になるので、ポインタ渡しの仕組みを自動的に実現する参照渡しにしているのです。参照渡しなら、それを使う側に特殊な表現は不要です。

どうして引数の値渡しより、ポインタ渡しや参照渡しの方が、処理が速いの？

・引数の値渡し
関数の呼び出し元（関数を呼び出す側）のデータを、呼び出し先（呼び出される関数）にコピーする

・ポインタ渡しや参照渡し
呼び出し元（関数を呼び出す側）のデータを、呼び出し先（呼び出される関数）がそのまま使う

データのコピーがいらない分だけ、ポインタ渡しや参照渡しの方が、処理が速いんだよ

リスト7-15は、Pointクラスの実装です。後で再利用するので、Point.cppというファイル名で保存してください。Pointクラスのメンバ関数には、+ 演算子と - 演算子のオーバーロードの他に、コンストラクタPoint、x座標を返すゲッタgetX、y座標を返すゲッタgetYがあります。

リスト7-15　Pointクラスの実装：その1（Point.cpp）

```
#include "Point.h"

// コンストラクタの実装
Point::Point(double x, double y) {
  this->x = x;
  this->y = y;
}

// x座標を返すゲッタの実装
double Point::getX() {
  return this->x;
}

// y座標を返すゲッタの実装
double Point::getY() {
  return this->y;
}
```

```
// + 演算子のオーバーロードの実装
Point Point::operator+(const Point &p) {
  Point ans(this->x + p.x, this->y + p.y); ──❶
  return ans; ──❷
}

// - 演算子のオーバーロードの実装
Point Point::operator-(const Point &p) {
  Point ans(this->x - p.x, this->y - p.y); ──❶
  return ans; ──❷
}
```

注意
Point.cppの内容は、これ以降、改造していきます。本書のダウンロード特典として提供するPoint.cppは、改造を続けて本章で最終形となったものであり、このリスト7-15の内容とは異なります。

+ 演算子と - 演算子の実装では、演算結果を格納したインスタンスansを生成して、それを戻り値として返しています（❷）。インスタンスの生成時に呼び出されるコンストラクタの引数に、this-> で示した自分自身のメンバ変数x、yと、引数pのメンバ変数x、yを加算および減算した値を設定しています（❶）。

Pointクラスを使ってみましょう。リスト7-16は、適当な座標でPointクラスのインスタンスを2つ生成し、それらを + 演算子で加算した結果と、- 演算子で減算した結果を画面に表示するプログラムです。list7_16.cppというファイル名で保存してください。

リスト7-16 Pointクラスを使うプログラム：その1（list7_16.cpp）

```
#include <iostream>
#include <string>
using namespace std;
#include "Point.h"

int main() {
  Point p1(3, 5);
  Point p2(2, 4);
  Point p3, p4;
```

```
    p3 = p1 + p2;
    p4 = p1 - p2;

    cout << "p1:x = " << p1.getX() << ", y = " << p1.getY()
    << endl;
    cout << "p2:x = " << p2.getX() << ", y = " << p2.getY()
    << endl;
    cout << "p3:x = " << p3.getX() << ", y = " << p3.getY()
    << endl;
    cout << "p4:x = " << p4.getX() << ", y = " << p4.getY()
    << endl;

    return 0;
}
```

コマンドプロンプトで「g++ -o list7_16.exe list7_16.cpp Point.cpp」を実行して、プログラムをコンパイルします。プログラムの実行結果の例を以下に示します。+ 演算子と - 演算子で、Pointクラスのインスタンスの加算と減算ができました。

実行結果

```
p1:x = 3, y = 5
p2:x = 2, y = 4
p3:x = 5, y = 9
p4:x = 1, y = 1
```

比較演算子のオーバーロード

今度は、Pointクラスで、等しいかどうかを返す == 演算子と、等しくないかどうかを返す != 演算子をオーバーロードしてみましょう。

リスト7-17は、== 演算子と != 演算子のオーバーロードを追加したPointクラスの定義です。演算子のオーバーロードの構文は、加算や減算と同じですが、比較の結果はtrueかfalseなので、bool型を戻り値にしています。追加する部分を記述したら、Point.hを上書き保存してください。

リスト7-17 Pointクラスの定義：その2（Point.h）

```
class Point {
  private:
    double x;     // x座標を格納するメンバ変数
    double y;     // y座標を格納するメンバ変数
  public:
    Point(double x = 0, double y = 0);  // コンストラクタ
    double getX();                      // x座標を返すゲッタ
    double getY();                      // y座標を返すゲッタ
    Point operator+(const Point &p); // + 演算子のオーバーロード
    Point operator-(const Point &p); // - 演算子のオーバーロード
    bool operator==(const Point &p); // == 演算子のオーバーロード
    bool operator!=(const Point &p); // != 演算子のオーバーロード
};
```

注意
Point.hの内容は、これ以降も改造します。本書のダウンロード特典として提供するPoint.hは、改造を続けて本章で最終形となったものであり、このリスト7-17の内容とは異なります。

リスト7-18は、== 演算子のオーバーロードと != 演算子のオーバーロードの実装です。これをPoint.cppの末尾に追加してください。== 演算子のオーバーロードでは、x座標とy座標の両方の値が等しいときに2つの点が等しい、としています。this->x == p.x && this->y == p.y という比較演算式は、それ自体がtrueかfalseの値を返すので、それをそのまま戻り値にしています。

!= 演算子のオーバーロードでは、== 演算子のオーバーロードを利用して、!(*this == p) を戻り値にしています。これは、等しい（*this == p）の否定（!）という意味です。*thisは、「このインスタンス」という意味です。

リスト7-18 Pointクラスの実装：その2（Point.cpp）

```
………略………

// - 演算子のオーバーロードの実装
Point Point::operator-(const Point &p) {
  Point ans(this->x - p.x, this->y - p.y);
  return ans;
}

// == 演算子のオーバーロードの実装
bool Point::operator==(const Point &p) {
  return this->x == p.x && this->y == p.y;
}

// != 演算子のオーバーロードの実装
bool Point::operator!=(const Point &p) {
  return !(*this == p);
}
```

注意
Point.cppの内容は、これ以降も改造します。本書のダウンロード特典として提供するPoint.cppは、改造を続けて本章で最終形となったものであり、このリスト7-18の内容とは異なります。

リスト7-19は、適当な座標でPointクラスのインスタンスを3つ生成し、それらが等しいかどうかを比較した結果を、画面に表示するプログラムです。

リスト7-19 Pointクラスを使うプログラム：その2（list7_19.cpp）

```
#include <iostream>
#include <string>
using namespace std;
#include "Point.h"

int main() {
  Point p1(3, 5);
  Point p2(2, 4);
  Point p3(3, 5);
```

```
  if (p1 == p2) {
    cout << "p1とp2は、等しい。" << endl;
 }

  if (p1 != p2) {
    cout << "p1とp2は、等しくない。" << endl;
  }

  if (p1 == p3) {
    cout << "p1とp3は、等しい。" << endl;
  }

  if (p1 != p3) {
    cout << "p1とp3は、等しくない。" << endl;
  }

  return 0;
}
```

コマンドプロンプトで「g++ -o list7_19.exe list7_19.cpp Point.cpp」実行して、プログラムをコンパイルします。プログラムの実行結果の例を以下に示します。== 演算子と != 演算子で、Pointクラスのインスタンスの比較ができました。

実行結果

```
p1とp2は、等しくない。
p1とp3は、等しい。
```

Column

this-> と *thisの違い

thisは、「thisポインタ」といって、そのクラスのインスタンスが生成されたときに、そのインスタンスを指し示すために自動生成されるポインタです。ポインタなので、クラスのメンバを指定するときには、アロー演算子（ -> ）を使って、this->x や this->y のようにします。ポインタにアスタリスク（ * ）を付けると、そのポインタが指している実体という意味になります。*thisは、thisが指しているインスタンスの実体、つまりインスタンス全体という意味です。

>> 演算子と << 演算子のオーバーロード

最後に、「cin >> ポインタクラスのインスタンス」という構文でx座標とy座標をキー入力でき，「cout << Pointクラスのインスタンス;」という構文でx座標とy座標を画面に表示できるように、<< 演算子と >> 演算子をオーバーロードしてみましょう。

それぞれの演算子のオーバーロードの実装を、リスト7-20に示します。これを、Point.cppの末尾に追加してください。>> と << は、cinオブジェクトとcoutオブジェクトに対する演算子のオーバーロードなので、Pointクラスのメンバ関数ではなく、単独の関数にしています。そのため、Point:: を指定していません。

istreamクラスは、cinオブジェクトのデータ型です。ostreamクラスは、coutオブジェクトのデータ型です。

>> 演算子の実装では、ostreamクラスのインスタンスの参照isと、Pointクラスのインスタンスの参照pを使って入力を行い、isを戻り値として返します。<< 演算子の実装では、ostreamクラスのインスタンスの参照osと、Pointクラスのインスタンスの参照pを使って出力を行い、osを戻り値として返します。

istreamやostreamを使うので、ソースコードの冒頭にiostreamのインクルードとstdネームスペースを使う指定を追加してください。

リスト7-20 >> 演算子と << 演算子のオーバーロードの実装（Point.cpp）

```
#include <iostream>
using namespace std;
#include "Point.h"

………略………

// != 演算子のオーバーロードの実装
bool Point::operator!=(const Point &p) {
  return !(*this == p);
}
```

```
// >> 演算子のオーバーロードの実装
istream &operator>>(istream &is, Point &p) {
  is >> p.x >> p.y;
  return is;
}

// << 演算子のオーバーロードの実装
ostream &operator<<(ostream &os, const Point &p) {
  os << "x = " << p.x << ", y = " << p.y;
  return os;
}
```

しかし、このままでは、問題があります。どちらの関数も、p.xやp.yの部分で、Pointクラスのメンバ変数xとyに値を書き込んだり、値を読み出したりしています。Pointクラスのメンバ変数xとyには、private: が指定されているので、Pointクラスの外部からは読み書きできません。

```
class Point {
  private:
    double x;     // x座標を格納するメンバ変数
    double y;     // y座標を格納するメンバ変数
...
```

この問題を解決するために、C++には**フレンド関数**という機能があります。フレンド関数は、クラスのメンバ関数ではないのですが、クラスでprivate: が指定されたメンバを利用できます。構成要素（メンバ）ではないが、プライベートなことを公開できるお友達（フレンド）というイメージです。

フレンド関数は、クラスの定義の中で指定します。リスト7-21は、Pointクラスの定義の中に、>> 演算子と << 演算子をオーバーロードする関数がフレンド関数である、という指定を追加したものです。friend（フレンド）に続けて、関数のプロトタイプ宣言を記述します。Pointクラスの定義の中に記述されていますが、フレンド関数は、クラスのメンバ関数ではありません。フレンド関数（お友達の関数）です。

リスト7-21 Pointクラスの定義：その3（Point.h）

```
class Point {
  private:
    double x;     // x座標を格納するメンバ変数
    double y;     // y座標を格納するメンバ変数
  public:
    Point(double x = 0, double y = 0);  // コンストラクタ
    double getX();                     // x座標を返すゲッタ
    double getY();                     // y座標を返すゲッタ
    Point operator+(const Point &p); // + 演算子のオーバーロード
    Point operator-(const Point &p); // - 演算子のオーバーロード
    bool operator==(const Point &p); // == 演算子のオーバーロード
    bool operator!=(const Point &p); // != 演算子のオーバーロード
    // >> 演算子のオーバーロード
    friend istream &operator>>(istream &is, Point &p);
    // << 演算子のオーバーロード
    friend ostream &operator<<(ostream &os, const Point
    &p);
};
```

リスト7-22は、オーバーロードされた >> 演算子と << 演算子を使って、Pointクラスのインスタンスにキー入力および画面出力を行うプログラムです。❶のcin >> p; でキー入力ができます。❷のcout << p; で画面出力ができます。

リスト7-22 Pointクラスを使うプログラム：その3（list7_22.cpp）

```
#include <iostream>
#include <string>
using namespace std;
#include "Point.h"

int main() {
  Point p;

  cout << "x座標とy座標を入力してください：";
  cin >> p; ——❶

  cout << "入力された座標は、" << p << "です。" << endl; ——❷

  return 0;
}
```

コマンドプロンプトで「g++ -o list7_22.exe list7_22.cpp Point.cpp」を実行して、プログラムをコンパイルします。プログラムの実行結果の例を以下に示します。x座標とy座標は、スペースまたは改行で区切って入力してください（以下の例ではスペースで区切っています）。出力の内容は、プログラムの作り方次第なのですが、ここでは「x = x座標, y = y座標」にしています。

実行結果

```
x座標とy座標を入力してください：123 456
入力された座標は、x = 123, y = 456です。
```

POINT

演算子をオーバーロードするメンバ関数のプロトタイプ

✔ 算術演算子

【加算】
クラス名 operator+(const クラス名 &引数名);
【減算】
クラス名 operator-(const クラス名 &引数名);
【乗算】
クラス名 operator*(const クラス名 &引数名);
【除算】
クラス名 operator/(const クラス名 &引数名);
【除算の余り】
クラス名 operator%(const クラス名 &引数名);

✔ 比較演算子

【等しい】
bool operator==(const クラス名 &引数名);
【等しくない】
bool operator!=(const クラス名 &引数名);
【以上】
bool operator>=(const クラス名 &引数名);
【より大きい】
bool operator>(const クラス名 &引数名);
【以下】
bool operator<=(const クラス名 &引数名);
【より小さい】
bool operator<(const クラス名 &引数名);

第７章
まとめ

Check Test

Q1 （1）～（3）の説明に該当するものをア～ウから選んでください。

（1）基本クラスのメンバ関数を派生クラスで上書きすること
（2）同じ名前で引数が異なる関数を複数定義すること
（3）引数が省略されたときに自動的に設定される値

ア　デフォルト引数　　イ　オーバーライド
ウ　オーバーロード

Q2 （1）～（3）の［　　］に入るものをアまたはイから選んでください。

（1）コンストラクタをオーバーロードすることが［　　］。
（2）デストラクタをオーバーロードすることが［　　］。
（3）戻り値だけが異なる関数をオーバーロードすることが［　　］。

ア　できる　　イ　できない（複数回選択可）

Q3 （1）～（4）の説明に該当するキーワードをア～エから選んでください。

（1）クラスのインタンスを指し示す。
（2）フレンド関数であることを示す。
（3）仮想関数であることを示す。
（4）演算子のオーバーロードを示す。

ア　operator　　イ　virtual　　ウ　friend
エ　this

Q4 （1）～（3）の［　　］に入るものをアまたはイから選んでください。

（1）仮想関数に処理内容を記述することが［　　］。
（2）派生クラスから基本クラスのpublicなメンバ関数を呼び出すことが［　　］。
（3）フレンド関数からクラスのprivateなメンバ変数を読み書き［　　］。

ア　できる　　イ　できない（複数回選択可）

第8章

コピーコンストラクタと代入演算子のオーバーロード

この章では、役割がよく似ているコピーコンストラクタと代入演算子のオーバーロードを学びます。また、関数とクラスの作り方と使い方をまとめて復習します。

この章で学ぶこと

1 _ コピーコンストラクタ

2 _ 代入演算子のオーバーロード

3 _ 関数とクラスの作り方と使い方

ここから、もう少し
難しくなるけど……
知っておくべき重要な
構文と機能を説明するよ
どうして知っておく
べきなの？
トラブルに遭った
ときに、原因が
わかるからだよ
ガ…
ガ…
1 2
3 4
コンパイルエラーの原因や、
プログラムがおかしな動作を
する原因がわかるんだね
上級者が書いた
プログラムの意味が
わかるってこともあるよ
よくある、「これって、
どういう意味だろう？」
という疑問がなくなるんだね
自分だけスッキリ
していないで、僕の
具合を見てくれ……

8-1 コピーコンストラクタ

通常のコンストラクタとコピーコンストラクタの違い

MyClassというクラスがあるとしましょう。以下のようにして、MyClassクラスのオブジェクトobj1（MyClassクラスのインスタンスobj1）を生成すると、MyClassのコンストラクタが呼び出されます。これは、通常のコンストラクタです。ここでは、obj1に123という適当な初期値を設定しています。

```
MyClass obj1(123);
```

以下のようにすると、既存のオブジェクトobj1のすべてのメンバ変数の値がコピーされて、新たなオブジェクトobj2が生成されます。ただし、この場合には、通常のコンストラクタは呼び出されません。その代わりに、**コピーコンストラクタ**と呼ばれる特殊なコンストラクタが呼び出されます。通常のオブジェクトの生成時の処理と、コピーによるオブジェクトの生成時の処理は、異なる内容になるからです。

```
MyClass obj2 = obj1;
```

これまでに説明したように、クラスにコンストラクタを記述しないと、コンパイラが自動的にコンストラクタを生成してくれます。これを**デフォルトコンストラクタ**と呼びます。それと同様に、クラスにコピーコンストラクタを記述しないと、コンパイラが自動的にコピーコンストラクタを生成してくれます。これを**デフォルトコピーコンストラクタ**と呼びます。

デフォルトコピーコンストラクタは、既存のオブジェクトが持つすべてのメンバ変数の値を、新たに生成されるオブジェクトのすべてのメンバ変数に、そのままコピーします。MyClass obj2 = obj1; では、既存のオブジェクトobj1のメンバ変数（メンバ変数の名前は、すぐ後で作る実験プログラムで示します）が持つ123という値が、新たに生成されるオブジェクトobj2のメンバ変数に、そのままコピーされるのです。

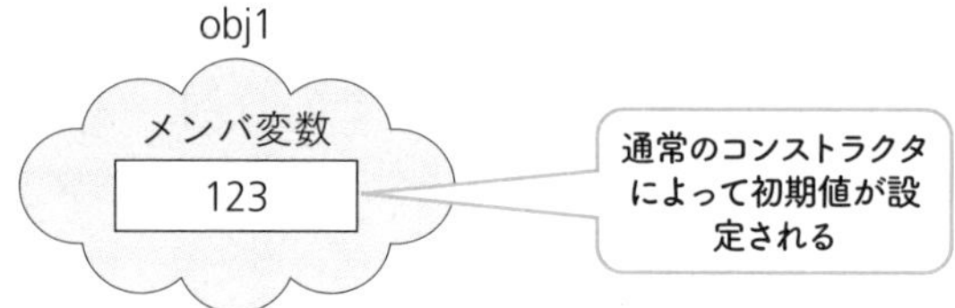
MyClass obj1(123); によるオブジェクトobj1の生成
obj1
メンバ変数
123
通常のコンストラクタによって初期値が設定される

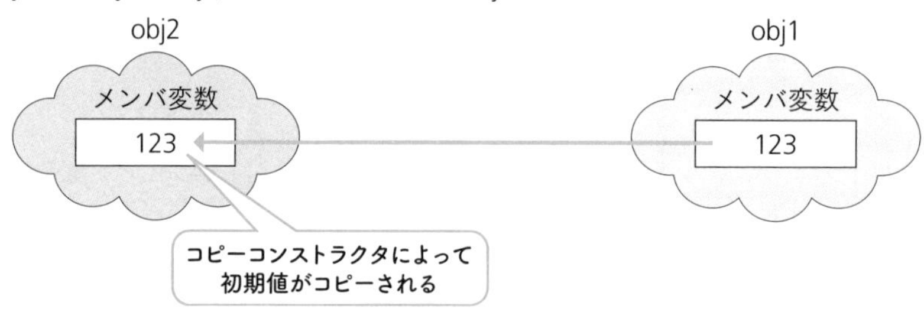
MyClass obj2 = obj1; によるオブジェクトobj2の生成
obj2
メンバ変数
123
obj1
メンバ変数
123
コピーコンストラクタによって初期値がコピーされる

実験プログラムを作って、通常のコンストラクタとデフォルトコピーコンストラクタの違いを確認してみましょう。リスト8-1は、MyClassクラスの定義と実装、およびMyClassクラスを使うmain関数です。MyClassクラスには、メンバ変数data、メンバ関数getData、コンストラクタMyClass、デストラクタ~MyClassがあります。

メンバ関数getDataは、メンバ変数dataの値を返すだけです（❶）。コンストラクタMyClassは、それが呼び出されたことを画面に表示し、引数で指定された値をメンバ変数dataに格納します（❷）。デストラクタ~MyClassは、それが呼び出されたことを画面に表示するだけです（❸）。

ここでは、クラスの定義の中に、メンバ関数の実装も記述しています。このような書き方も許されています。これは、サンプルプログラムを短くするためです。

main関数では、MyClass obj1(123); でオブジェクトobj1を生成し（❹）、MyClass obj2 = obj1; でオブジェクトobj1をコピーしてobj2を生成しています（❺）。そして、それぞれのオブジェクトのメンバ関数getDataを呼び出して、メンバ変数dataの値を画面に表示しています（❻）。

第7章と同様に、この章以降で作成するサンプルプログラムの多くも、何かの役に立つものではなく、構文や機能を説明するためのものです。

リスト8-1 通常のコンストラクタとデフォルトコピーコンストラクタの違いを確認する実験プログラム（list8_1.cpp）

```
#include <iostream>
using namespace std;

// MyClassクラスの定義と実装
class MyClass {
  private:
    int data;     // メンバ変数
  public:
    // メンバ変数dataの値を返すメンバ関数
    int getData() {
      return this->data;          ❶
    }

    // コンストラクタ
    MyClass(int data) {
      cout << "コンストラクタが呼び出されました。" << endl;   ❷
      this->data = data;
    }

    // デストラクタ
    ~MyClass() {
      cout << "デストラクタが呼び出されました。" << endl;   ❸
    }
};

// main関数
int main() {
  // MyClassクラスのオブジェクトobj1を生成する
  MyClass obj1(123);   ❹
```

```
    // obj1をコピーしてobj2を生成する
    MyClass obj2 = obj1;  ――❺

    // メンバ変数の値を表示する
    cout << "obj1のメンバ変数dataの値：" << obj1.getData() <<
    endl;
    cout << "obj2のメンバ変数dataの値：" << obj2.getData() <<
    endl;                                                      ❻

    return 0;
}
```

プログラムの実行結果の例を以下に示します。ここで注目してほしいのは、「コンストラクタが呼び出されました。」という表示が1回だけであることです。この表示は、通常のコンストラクタが呼び出されたことを確認するためのものです。MyClass obj1(123); で通常のコンストラクタが呼び出されますが、MyClass obj2 = obj1; では通常のコンストラクタが呼び出されない（デフォルトコピーコンストラクタが呼び出される）ので、表示が1回だけなのです。

実行結果

```
コンストラクタが呼び出されました。
obj1のメンバ変数dataの値：123
obj2のメンバ変数dataの値：123
デストラクタが呼び出されました。
デストラクタが呼び出されました。
```

ただし、オブジェクトは、obj1とobj2の2つが生成されています。それぞれのメンバ変数dataの値は、どちらも123です。これは、obj1をobj2にコピーしたのですから当然です。「デストラクタが呼び出されました。」は、2回表示されています。これは、プログラムの終了時に、obj1とobj2という2つのオブジェクトがメモリ上から破棄されるタイミングで、デストラクタが呼び出されたからです。

Column

インライン関数

通常の関数を記述するときに、inline（インライン）というキーワードを指定すると、**インライン関数**になります。コンパイラは、プログラムの実行速度を向上させるために、インライン関数の呼び出しをインライン関数の処理に置き換えます。

たとえば、以下のように、引数の値を2倍にして返すtwice関数に、inlineを指定したとしましょう。

```
inline int twice(int a) {
  return a * 2;
}
int main() {
  int ans = twice(123);
  ………
}
```

コンパイラは、main関数の中にあるint ans = twice(123); というtwice関数の呼び出しを、int ans = 123 * 2; という処理に置き換えます。これを**インライン展開**と呼びます。これによって、関数を呼び出す処理と、関数から戻る処理が不要になるので、プログラムの実行速度が向上します。ただし、関数の処理内容によっては、インライン展開ができない場合もあり、通常の関数呼び出しになります。インライン展開するかどうかの判断は、コンパイラに任されているのです。

クラスの定義の中にメンバ関数の実装を記述すると、inlineを指定しなくても、自動的にインライン関数であるとみなされます。この章以降で示すサンプルプログラムの多くでは、プログラムを短く記述するために、クラスの定義の中にメンバ関数の実装を記述していますが、それがインライン関数になることを知っておいてください。

独自にコピーコンストラクタを作成する

クラスに独自にコピーコンストラクタを作成することもできます。これによって、デフォルトコピーコンストラクタは生成されなくなり、独自に作成したコピーコンストラクタが呼び出されるようになります。実際に確認してみましょう。

先ほどリスト8-1に示したMyClassクラスを、リスト8-2のように書き換えてください。MyClass(const MyClass &obj) { ……… } というコンストラクタを追加しています。これが、コピーコンストラクタです。

コピーコンストラクタは、通常のコンストラクタと同様に、クラス名を関数名としたメンバ関数であり、戻り値を指定しません。引数に同じクラスのオブジェクトの参照（引数に付けられた&は参照を意味します）を指定することで、コピーコンストラクタであると判断されます。このオブジェクトは、コピー元のオブジェクトです。constを指定しているのは、コピー元のオブジェクトのメンバ変数の値を変更しないことを示すマナーです。

文法　コピーコンストラクタの構文（インライン関数の場合）

```
クラス名(const クラス名 &引数名) { ……… }
```

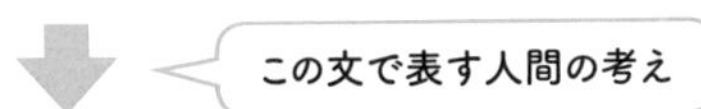

これは、このクラスのコピーコンストラクタである。引数には、コピー元のオブジェクトの参照が与えられる。コピー元のオブジェクトのメンバ変数の値を変更しない。

リスト8-2　MyClassクラスに独自のコピーコンストラクタを作成する（list8_2.cpp）

```
#include <iostream>
using namespace std;

// MyClassクラスの定義と実装
class MyClass {
  private:
    int data;     // メンバ変数
  public:
    // メンバ変数dataの値を返すメンバ関数
    int getData() {
      return this->data;
    }
```

```
    // コンストラクタ
    MyClass(int data) {
      cout << "コンストラクタが呼び出されました。" << endl;
      this->data = data;
    }

    // デストラクタ
    ~MyClass() {
      cout << "デストラクタが呼び出されました。" << endl;
    }

    // コピーコンストラクタ
    MyClass(const MyClass &obj) {
      cout << "コピーコンストラクタが呼び出されました。" << endl;   ❶
      this->data = obj.data;
    }
};

// main関数
int main() {
  // MyClassクラスのオブジェクトobj1を生成する
  MyClass obj1(123);

  // obj1をコピーしてobj2を生成する
  MyClass obj2 = obj1;   ❷

  // メンバ変数の値を表示する
  cout << "obj1のメンバ変数dataの値：" << obj1.getData() <<
  endl;
  cout << "obj2のメンバ変数dataの値：" << obj2.getData() <<
  endl;

  return 0;
}
```

MyClassクラスのコピーコンストラクタでは（❶）、コピー元のオブジェクトのメンバ変数obj.dataの値を、コピー先のオブジェクトのメンバ変数this->dataにコピーする処理を行っています。デフォルトコピーコンストラクタも、同様の処理を行っています。ここでは、コピーコンストラクタが呼び出されたことを画面に表示する処理も行っています。MyClassクラスを使うmain関数は、一切変更不要です。

プログラムの実行結果を以下に示します。先ほどのリスト8-1の実行結果との違いは、「コピーコンストラクタが呼び出されました。」という表示が増えたことだけです。これは、main関数のMyClass obj2 = obj1; の部分（❷）で、コピーコンストラクタが呼び出されたからです。

この実行結果から、既存のオブジェクトをコピーして新たなオブジェクトを生成するときには、通常のコンストラクタではなく、コピーコンストラクタが呼び出されることを確認できました。

実行結果

```
コンストラクタが呼び出されました。
コピーコンストラクタが呼び出されました。
obj1のメンバ変数dataの値：123
obj2のメンバ変数dataの値：123
デストラクタが呼び出されました。
デストラクタが呼び出されました。
```

コンストラクタって、2種類あったんだね！

オブジェクトのコンストラクション（構築、生成）の方法が、2種類あるからだよ

<オブジェクトのコンストラクションの方法>
・単独で生成する場合：通常のコンストラクタが呼び出される
・既存のオブジェクトをコピーして生成する場合：コピーコンストラクタが呼び出される

デフォルトコピーコンストラクタでは問題が生じる場面

これまでに説明したように、デフォルトコピーコンストラクタは、既存のオブジェクトが持つすべてのメンバ変数の値を、新たに生成されるオブジェクトのすべてのメンバ変数に、そのままコピーします。この機能で問題ないなら、

独自にコピーコンストラクタを記述する必要はありません。

先ほどのリスト8-2に示したサンプルプログラムでは、コピーコンストラクタが呼び出されることを確認するために、独自にコピーコンストラクタを記述しましたが、実際には、デフォルトコピーコンストラクタの機能で問題ありません。

デフォルトコピーコンストラクタの機能で問題が生じるのは、クラスのメンバ変数にポインタがある場合です。ポインタには、他のデータのアドレス（メモリ上の位置を示す数値）が格納されています。デフォルトコピーコンストラクタの機能では、ポインタに格納されたアドレスをコピーするだけであり、ポインタが指しているデータをコピーしません。したがって、同じデータを複数のオブジェクトが指し示すことになってしまいます。

説明だけではわかりにくいと思いますので、実験プログラムを作って確認してみましょう。リスト8-3は、PtrClass（pointerを持つclassという意味です）クラスと、PtrClassクラスを使うmain関数です。PtrClassには、ポインタのメンバ変数ptr、コンストラクタPtrClass、デストラクタ~PtrClassがあります。プログラムを短くするために、メンバ変数ptrもpublicにして、外部から自由に読み書きできるようにしています。

コンストラクタPtrClassでは、new演算子を使って動的に要素数3個の配列を生成し（3個であることに意味はありません）、そのアドレスをメンバ変数ptrに格納しています（❶）。デストラクタ~PtrClassでは、delete演算子を使って配列を破棄しています（❷）。コンストラクタとデストラクタには、それらが呼び出されたことを画面に表示する処理もあります。

main関数では、まず、PtrClassのオブジェクトobj1を生成し（ここで通常のコンストラクタが呼び出されます）、配列の3つの要素に123、456、789という適当な値を格納しています（❸）。次に、オブジェクトobj1をコピーして、オブジェクトobj2を生成しています（❹。ここでデフォルトコピーコンストラクタが呼び出されます）。最後に、obj1とobj2のメンバ変数ptrの値と、ptrが指し示している配列の要素の値を画面に表示しています（❺）。

リスト8-3 デフォルトコピーコンストラクタでは問題が生じる場面を確認する実験プログラム（list8_3.cpp）

```
#include <iostream>
using namespace std;

// PtrClassクラスの定義と実装
class PtrClass {
  public:
    int *ptr;     // ポインタのメンバ変数

    // コンストラクタ
    PtrClass() {
      cout << "コンストラクタが呼び出されました。" << endl;
      this->ptr = new int[3]; ――❶
    }

    // デストラクタ
    ~PtrClass() {
      cout << "デストラクタが呼び出されました。" << endl;
      delete[] ptr; ――❷
    }
};

// main関数
int main() {
  // PtrClassクラスのオブジェクトobj1を生成する
  PtrClass obj1;          ┐
  obj1.ptr[0] = 123;      │
  obj1.ptr[1] = 456;      ├❸
  obj1.ptr[2] = 789;      ┘

  // obj1をコピーしてobj2を生成する
  PtrClass obj2 = obj1; ――❹
```

```
    // メンバ変数ptrの値とptrが指し示している配列の要素の値を表示する
    cout << "---------------------------------------" <<
    endl;
    cout << "obj1のメンバ変数ptrの値：" << obj1.ptr << endl;
    cout << "obj1.ptr[0]の値：" << obj1.ptr[0] << endl;
    cout << "obj1.ptr[1]の値：" << obj1.ptr[1] << endl;
    cout << "obj1.ptr[2]の値：" << obj1.ptr[2] << endl;
    cout << "---------------------------------------" <<
⑤  endl;
    cout << "obj2のメンバ変数ptrの値：" << obj2.ptr << endl;
    cout << "obj2.ptr[0]の値：" << obj2.ptr[0] << endl;
    cout << "obj2.ptr[1]の値：" << obj2.ptr[1] << endl;
    cout << "obj2.ptr[2]の値：" << obj2.ptr[2] << endl;
    cout << "---------------------------------------" <<
    endl;

    return 0;
}
```

このプログラムを実行すると、処理内容に問題があるため、使用している開発ツールによっては、エラーメッセージが表示される場合があります（MinGWでは、エラーメッセージは表示されません）。ただし、コマンドプロンプトには、実行結果が表示されます。obj1.ptrとobj2.ptrの値が、どちらも10d1250（この値は、プログラム実行したタイミングによって異なります）になっていることに注目してください。obj1をコピーしてobj2を生成したのですから、これは当然です。

実行結果

```
コンストラクタが呼び出されました。
---------------------------------------
obj1のメンバ変数ptrの値：0x10d1250
obj1.ptr[0]の値：123
obj1.ptr[1]の値：456
obj1.ptr[2]の値：789
---------------------------------------
obj2のメンバ変数ptrの値：0x10d1250
obj2.ptr[0]の値：123
obj2.ptr[1]の値：456
```

```
obj2.ptr[2]の値：789
----------------------------------------
デストラクタが呼び出されました。
デストラクタが呼び出されました。
```

obj1.ptrとobj2.ptrは、どちらもメモリの10d1250番地を指し示しています。同じ配列の実体を、obj1とobj2の2つのオブジェクトが指し示しているのです。したがって、obj1.ptrで読み出したobj1.ptr[0]、obj1.ptr[1]、obj1.ptr[2]と、obj2.ptrで読み出したobj2.ptr[0]、obj2.ptr[1]、obj2.ptr[2]は、同じものです。

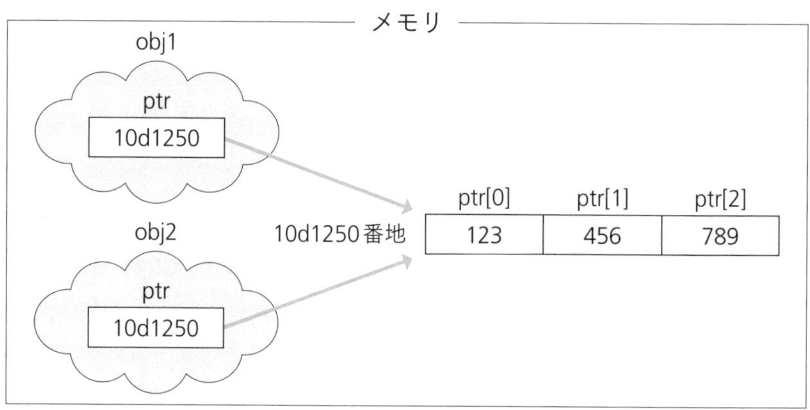

データの実体を指し示すポインタだけがコピーされて、データの実体がコピーされないことを**シャローコピー**（shallow copy＝浅いコピー）と呼びます。シャローコピーでも、データを読み出すだけなら問題ないでしょう。ただし、データを書き込む場合は、問題があります。たとえば、obj1.ptr[0] = 777;という書き込みを行うと、obj2.ptr[0]も777になってしまいます。

この問題は、データの実体である配列を新たに生成してすべての要素をコピーすれば解決します。obj1.ptr[0] = 777;という書き込み行っても、obj2.ptr[0]は123のままになります。このように、データの実体もコピーすることを**ディープコピー**（deep copy＝深いコピー）と呼びます。

このプログラムには、もう1つ問題があります。それは、デストラクタが2回呼び出されているので、obj1.ptrが指し示すメモリ領域がdelete演算子で解放された後に、obj2.ptrが指し示す同じメモリ領域が再び解放されることです。

使用している開発ツールによっては、このことが原因でエラーメッセージが表示される場合があります（MinGWでは、エラーメッセージは表示されません）。

独自のコピーコンストラクタで問題を解決する

デフォルトコピーコンストラクタは、オブジェクトをシャローコピーします。オブジェクトをディープコピーしたい場合は、独自にコピーコンストラクタを作成する必要があります。これによって、デストラクタで、同じメモリ領域が解放される問題も解決します。

先ほどリスト8-3に示したPtrClassクラスを、リスト8-4のように書き換えてください。ここでは、PtrClass(const PtrClass &obj) { ……… } という独自のコピーコンストラクタを追加しています。このコピーコンストラクタでは、new演算子で要素数3個の配列を動的に生成し、そこにコピー元の配列のすべての要素をコピーしています。MyClassクラスを使うmain関数は、一切変更不要です。

リスト8-4　PtrClassクラスに独自のコピーコンストラクタを記述する（list8_4.cpp）

```
#include <iostream>
using namespace std;

// PtrClassクラスの定義と実装
class PtrClass {
  public:
    int *ptr;     // ポインタのメンバ変数

    // コンストラクタ
    PtrClass() {
      cout << "コンストラクタが呼び出されました。" << endl;
      this->ptr = new int[3];
    }

    // デストラクタ
    ~PtrClass() {
```

```
        cout << "デストラクタが呼び出されました。" << endl;
        delete[] ptr;
    }

    // コピーコンストラクタ
    PtrClass(const PtrClass &obj) {
        cout << "コピーコンストラクタが呼び出されました。" << endl;
        this->ptr = new int[3];
        this->ptr[0] = obj.ptr[0];
        this->ptr[1] = obj.ptr[1];
        this->ptr[2] = obj.ptr[2];
    }
};

// main関数
int main() {
  // PtrClassクラスのオブジェクトobj1を生成する
  PtrClass obj1;
  obj1.ptr[0] = 123;
  obj1.ptr[1] = 456;
  obj1.ptr[2] = 789;

  // obj1をコピーしてobj2を生成する
  PtrClass obj2 = obj1;

  // メンバ変数ptrの値とptrが指し示している配列の要素の値を表示する
  cout << "------------------------------------" <<
  endl;
  cout << "obj1のメンバ変数ptrの値：" << obj1.ptr << endl;
  cout << "obj1.ptr[0]の値：" << obj1.ptr[0] << endl;
  cout << "obj1.ptr[1]の値：" << obj1.ptr[1] << endl;
  cout << "obj1.ptr[2]の値：" << obj1.ptr[2] << endl;
  cout << "------------------------------------" <<
  endl;
  cout << "obj2のメンバ変数ptrの値：" << obj2.ptr << endl;
  cout << "obj2.ptr[0]の値：" << obj2.ptr[0] << endl;
  cout << "obj2.ptr[1]の値：" << obj2.ptr[1] << endl;
  cout << "obj2.ptr[2]の値：" << obj2.ptr[2] << endl;
  cout << "------------------------------------" <<
  endl;

  return 0;
}
```

プログラムの実行結果を以下に示します。先ほどのリスト8-3の実行結果との違いは、「コピーコンストラクタが呼び出されました。」という表示が増えたこと、obj1.ptrとobj2.ptrが異なる値になったことです（開発ツールによって表示されたエラーメッセージもなくなります）。

実行結果

```
コンストラクタが呼び出されました。
コピーコンストラクタが呼び出されました。
--------------------------------------------
obj1のメンバ変数ptrの値：0x1131250
obj1.ptr[0]の値：123
obj1.ptr[1]の値：456
obj1.ptr[2]の値：789
--------------------------------------------
obj2のメンバ変数ptrの値：0x1130fa0
obj2.ptr[0]の値：123
obj2.ptr[1]の値：456
obj2.ptr[2]の値：789
--------------------------------------------
デストラクタが呼び出されました。
デストラクタが呼び出されました。
```

obj1を生成したときに、通常のデストラクタで、要素数3個の動的配列が生成されました。obj1.ptrの値は1131250（この値は、プログラムの実行タイミングによって異なります）なので、この配列は1131250番地にあります。配列の要素には、123、456、789を格納しました。

obj1をコピーしてobj2を生成したときに、独自に記述したコピーコンストラクタで、要素数3個の動的配列が生成されました。obj2.ptrの値は1130fa0（この値は、プログラムの実行タイミングによって異なります）なので、この配列は1130fa0番地にあります。

obj1.ptrが指し示している配列の要素を、obj2.ptrが指し示している配列の要素にコピーしたので、そこには123、456、789という値があります。つまり、123、456、789という要素を持つ配列が2つあるのです。これが、ディープコピーです。ディープコピーなら、obj1.ptr[0] = 777;という書き込みを行っても、obj2.ptr[0]は123のままです。obj1.ptr[0]とobj2.ptr[0]は、異なる配列の要素だからです。

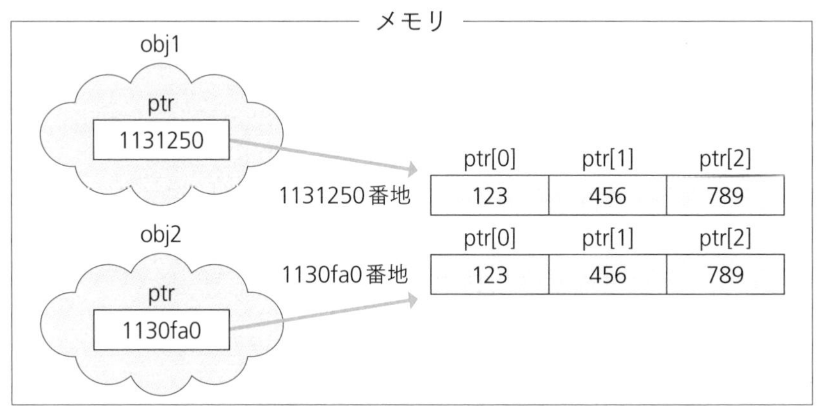

ここまでの内容は、
確かに高度だったね！

この後で説明する代入演算子のオーバーロードも、かなり高度な内容だけど、コピーコンストラクタに似ているから、すぐに理解できるはずだよ

Column

コピーコンストラクタが呼び出される場面

コピーコンストラクタが呼び出されるのは、既存のオブジェクトをコピーして新たなオブジェクトを生成するときですが、それにはMyClass obj2 = obj1; という場面だけでなく、以下の2つの場面もあります。

1. funcA(MyClass obj) { ……… } のように、引数の値渡しでオブジェクトを受け取る関数では、既存のオブジェクトがコピーされることで新たに引数のオブジェクトが生成されるので、コピーコンストラクタが呼び出されます。
2. MyClass obj = funcB(); のように、関数が戻り値として返したオブジェクトをコピーして新たなオブジェクトを生成するときも、コピーコンストラクタが呼び出されます。

どの場面でも、デフォルトコピーコンストラクタで問題が生じる場合は、独自にコピーコンストラクタを記述する必要があります。ただし、引数や戻り値をオブジェクトのポインタまたは参照にすれば、メンバ変数のコピーが行われないので、コピーコンストラクタは呼び出されません。したがって、デフォルトコピーコンストラクタで問題が生じることもありません。
C++の言語仕様では、関数の引数や戻り値をオブジェクトの値渡しにできますが、そうする理由がないなら、ポインタ渡しや参照渡しにした方が無難です。

POINT

コンストラクタの種類

- ✔ コンストラクタ
  オブジェクトを単独で生成するときに呼び出されます
- ✔ コピーコンストラクタ
  既存のオブジェクトをコピーして新たなオブジェクトを生成するときに呼び出されます
- ✔ デフォルトコンストラクタ
  クラスにコンストラクタを記述しないと、コンパイラがデフォルトコンストラクタを自動生成します
  デフォルトコンストラクタは、デフォルトの値（int型やdouble型の数値は0、bool型はfalse）でメンバ変数を初期化します
- ✔ デフォルトコピーコンストラクタ
  クラスにコピーコンストラクタを記述しないと、コンパイラがデフォルトコピーコンストラクタを自動生成します
  デフォルトコピーコンストラクタは、既存のオブジェクトのメンバ変数を新たなオブジェクトのメンバ変数にそのままコピー（シャローコピー）します

8 2 代入演算子のオーバーロード

オブジェクトの代入では コピーコンストラクタが呼び出されない

以下は、この章の前半で取り上げた、MyClassの既存のオブジェクトobj1をコピーしてオブジェクトobj2を生成する処理です。

```
MyClass obj1;          // オブジェクトobj1を生成する
MyClass obj2 = obj1; // 既存のオブジェクトobj1をコピーしてobj2を生成する
```

以下は、MyClassの既存のオブジェクトobj1とobj2を生成し、obj2にobj1を代入する処理です。

```
PtrClass obj1;      // オブジェクトobj1を生成する
PtrClass obj2;      // オブジェクトobj2を生成する
obj2 = obj1;        // オブジェクトobj2にobj1を代入する
```

オブジェクトの代入では、コピーコンストラクタが呼び出されません。なぜなら、すでにオブジェクトは生成済みであり、コンストラクタ（構築子）が呼び出されるというのは、おかしなことだからです。その代わりに、コンパイラは、代入演算子（=）のデフォルトのオーバーロードを自動生成します。

この代入演算子は、オブジェクトが持つすべてのメンバ変数をそのままコピーします。デフォルトコピーコンストラクタの機能と同様なのですが、オブジェクトの代入でコンストラクタが呼び出されるのはおかしなことなので、代入演算子をオーバーロードするのです。

オブジェクトの代入では、コピーコンストラクタが呼び出されないことを確認してみましょう。リスト8-5は、この章の前半で示したリスト8-2を改造した実験プログラムです。

MyClassクラスとmain関数がありますが、MyClassクラスには一切改造を加えていません。main関数では、まず、123という初期値を設定してMyClassクラスのオブジェクトobj1を生成し、メンバ変数の値を表示しています（❶）。次に、456という初期値を設定してMyClassクラスのオブジェクトobj2を生成し、メンバ変数の値を表示しています（❷）。そして、obj2にobj1を代入演算子で代入し、代入後のobj2のメンバ変数の値を表示しています。

リスト8-5 オブジェクトの代入ではコピーコンストラクタが呼び出されないことを確認する実験プログラム（list8_5.cpp）

```
#include <iostream>
using namespace std;

// MyClassクラスの定義と実装
class MyClass {
  private:
    int data;     // メンバ変数
  public:
    // メンバ変数dataの値を返すメンバ関数
    int getData() {
      return this->data;
    }

    // コンストラクタ
    MyClass(int data) {
      cout << "コンストラクタが呼び出されました。" << endl;
      this->data = data;
    }

    // デストラクタ
    ~MyClass() {
      cout << "デストラクタが呼び出されました。" << endl;
    }

    // コピーコンストラクタ
    MyClass(const MyClass &obj) {
      cout << "コピーコンストラクタが呼び出されました。" << endl;
      this->data = obj.data;
    }
};
```

```
// main関数
int main() {
  // MyClassクラスのオブジェクトobj1を生成する
  MyClass obj1(123); ────❶
  cout << "obj1のメンバ変数dataの値：" << obj1.getData() <<
  endl;
  cout << "------------------------------------------" <<
  endl;

  // MyClassクラスのオブジェクトobj2を生成する
  MyClass obj2(456); ────❷
  cout << "obj2のメンバ変数dataの値（代入前）：" << obj2.getData()
  << endl;
  cout << "------------------------------------------" <<
  endl;

  // obj2にobj1を代入する
  obj2 = obj1;
  cout << "obj2のメンバ変数dataの値（代入後）：" << obj2.getData()
  << endl;
  cout << "------------------------------------------" <<
  endl;

  return 0;
}
```

プログラムの実行結果の例を以下に示します。「コンストラクタが呼び出されました。」は、2回表示されています。obj1とobj2の生成時に、それぞれ通常のコンストラクタが呼び出されたからです。「コピーコンストラクタが呼び出されました。」は、表示されていません。これで、オブジェクトの代入では、コピーコンストラクタが呼び出されないことを確認できました。

実行結果

```
コンストラクタが呼び出されました。
obj1のメンバ変数dataの値：123
------------------------------------------
コンストラクタが呼び出されました。
obj2のメンバ変数dataの値（代入前）：456
------------------------------------------
```

```
obj2のメンバ変数dataの値（代入後）：123
----------------------------------------
デストラクタが呼び出されました。
デストラクタが呼び出されました。
```

代入後のobj2のメンバ変数の値が123になっているので、obj2にobj1を代入すると、obj1のメンバ変数の123という値が、obj2のメンバ変数にコピーされることも確認できました。これは、代入演算子のデフォルトのオーバーロードが、オブジェクトが持つすべてのメンバ変数（ここではdataというメンバ変数だけです）をそのままコピーするようになっているからです。

代入演算子のデフォルトのオーバーロードでは問題が生じる場面

代入演算子のデフォルトのオーバーロードは、デフォルトコピーコンストラクタと同様に、シャローコピーです。したがって、クラスのメンバ変数がポインタの場合には、デフォルトコピーコンストラクタと同様の場面で問題が生じます。

リスト8-6は、代入演算子のデフォルトのオーバーロードで問題が生じる場面を確認する実験プログラムです。これは、リスト8-3を改造して作ったものです。ポインタのメンバ変数ptrを持つPtrClassのオブジェクトobj1とobj2を生成し、obj2にobj1を代入しています。

リスト8-6 代入演算子のデフォルトのオーバーロードでは問題が生じる場面を確認する実験プログラム（list8_6.cpp）

```
#include <iostream>
using namespace std;

// PtrClassクラスの定義と実装
class PtrClass {
  public:
    int *ptr;      // ポインタのメンバ変数
```

```
    // コンストラクタ
    PtrClass() {
      cout << "コンストラクタが呼び出されました。" << endl;
      this->ptr = new int[3];
    }

    // デストラクタ
    ~PtrClass() {
      cout << "デストラクタが呼び出されました。" << endl;
      delete[] ptr;
    }
};

// main関数
int main() {
  // PtrClassクラスのオブジェクトobj1を生成する
  PtrClass obj1;
  obj1.ptr[0] = 123;
  obj1.ptr[1] = 456;
  obj1.ptr[2] = 789;

  // PtrClassクラスのオブジェクトobj2を生成する
  PtrClass obj2;
  obj2.ptr[0] = 111;
  obj2.ptr[1] = 222;
  obj2.ptr[2] = 333;
  cout << "----------------------------------------" <<
  endl;
  cout << "obj2のメンバ変数ptrの値（代入前）：" << obj2.ptr <<
  endl;
  cout << "obj2.ptr[0]の値：" << obj2.ptr[0] << endl;
  cout << "obj2.ptr[1]の値：" << obj2.ptr[1] << endl;
  cout << "obj2.ptr[2]の値：" << obj2.ptr[2] << endl;

  // obj2にobj1を代入する
  obj2 = obj1;
```

```
  // メンバ変数ptrの値とptrが指し示している配列の要素の値を表示する
  cout << "----------------------------------------" <<
  endl;
  cout << "obj1のメンバ変数ptrの値:" << obj1.ptr << endl;
  cout << "obj1.ptr[0]の値:" << obj1.ptr[0] << endl;
  cout << "obj1.ptr[1]の値:" << obj1.ptr[1] << endl;
  cout << "obj1.ptr[2]の値:" << obj1.ptr[2] << endl;
  cout << "----------------------------------------" <<
  endl;
  cout << "obj2のメンバ変数ptrの値(代入後):" << obj2.ptr <<
  endl;
  cout << "obj2.ptr[0]の値:" << obj2.ptr[0] << endl;
  cout << "obj2.ptr[1]の値:" << obj2.ptr[1] << endl;
  cout << "obj2.ptr[2]の値:" << obj2.ptr[2] << endl;
  cout << "----------------------------------------" <<
  endl;

  return 0;
}
```

プログラムの実行結果の例を以下に示します（このプログラムは、異常終了する場合があります）。代入前のobj2のメンバ変数ptrの値はfa0fa0（この値は、プログラムの実行タイミングによって異なります）でしたが、obj1を代入したことで、obj1のメンバ変数ptrと同じfa1250（この値も、プログラムの実行タイミングによって異なります）になっています。

したがって、メモリ上の同じ配列の実体を、obj1とobj2の2つのオブジェクトが指し示していることになります。これは、デフォルトコピーコンストラクタによるシャローコピーと同様の問題です。

実行結果

```
コンストラクタが呼び出されました。
コンストラクタが呼び出されました。
----------------------------------------
obj2のメンバ変数ptrの値(代入前):0xfa0fa0
obj2.ptr[0]の値:111
obj2.ptr[1]の値:222
obj2.ptr[2]の値:333
```

```
----------------------------------------
obj1のメンバ変数ptrの値：0xfa1250
obj1.ptr[0]の値：123
obj1.ptr[1]の値：456
obj1.ptr[2]の値：789
----------------------------------------
obj2のメンバ変数ptrの値（代入後）：0xfa1250
obj2.ptr[0]の値：123
obj2.ptr[1]の値：456
obj2.ptr[2]の値：789
----------------------------------------
デストラクタが呼び出されました。
デストラクタが呼び出されました。
```

独自の代入演算子のオーバーロードで問題を解決する

デフォルトの代入演算子のオーバーロードの問題の原因は、デフォルトコピーコンストラクタと同様です。したがって、問題の解決方法も同様です。代入演算子を独自にオーバーロードすればよいのです。

代入演算子は、以下の構文でオーバーロードします。PtrClassクラスの代入演算子は、PtrClass &operator=(const PtrClass &obj) { ……… } です。

文法 代入演算子をオーバーロードする構文（インライン関数の場合）

```
クラス名 &operator=(const クラス名 &引数名) { ……… }
```

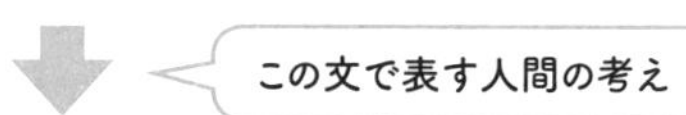

これは、このクラスの代入演算子のオーバーロードである。引数には、コピー元のオブジェクトの参照が与えられる。コピー元のオブジェクトのメンバ変数の値を変更しない。

リスト8-7は、先ほどのリスト8-6のPtrClassクラスに、独自の代入演算子のオーバーロードを作成したプログラムです。

この代入演算子のオーバーロードでは、コピー元のメンバ変数ptrの値をコピーせずに、ptrが指し示している配列の要素だけをコピーしています（❷）。演算

子の戻り値の *this は、代入先のオブジェクト自体を返すという意味です（❸）。これは、この代入演算子をオーバーロードするときの決まり事です。代入演算子のオーバーロードには、それが呼び出されたことを画面に表示する処理も記述しています（❶）。PtrClassクラスを使うmain関数は、一切変更不要です。

リスト8-7 PtrClassクラスに独自の代入演算子のオーバーロードを作成する（list8_7.cpp）

```
#include <iostream>
using namespace std;

// PtrClassクラスの定義と実装
class PtrClass {
  public:
    int *ptr;     // ポインタのメンバ変数

    // コンストラクタ
    PtrClass() {
      cout << "コンストラクタが呼び出されました。" << endl;
      this->ptr = new int[3];
    }

    // デストラクタ
    ~PtrClass() {
      cout << "デストラクタが呼び出されました。" << endl;
      delete[] ptr;
    }

    // 独自の代入演算子のオーバーロード
    PtrClass &operator=(const PtrClass &obj) {
❶    cout << "代入演算子のオーバーロードが呼び出されました。" << endl;
      this->ptr[0] = obj.ptr[0];  ┐
      this->ptr[1] = obj.ptr[1];  ├ ❷
      this->ptr[2] = obj.ptr[2];  ┘
      return *this;  ─ ❸
    }
};
```

```
// main関数
int main() {
  // PtrClassクラスのオブジェクトobj1を生成する
  PtrClass obj1;
  obj1.ptr[0] = 123;
  obj1.ptr[1] = 456;
  obj1.ptr[2] = 789;

  // PtrClassクラスのオブジェクトobj2を生成する
  PtrClass obj2;
  obj2.ptr[0] = 111;
  obj2.ptr[1] = 222;
  obj2.ptr[2] = 333;
  cout << "----------------------------------------" <<
  endl;
  cout << "obj2のメンバ変数ptrの値（代入前）:" << obj2.ptr <<
  endl;
  cout << "obj2.ptr[0]の値:" << obj2.ptr[0] << endl;
  cout << "obj2.ptr[1]の値:" << obj2.ptr[1] << endl;
  cout << "obj2.ptr[2]の値:" << obj2.ptr[2] << endl;
  cout << "----------------------------------------" <<
  endl;

  // obj2にobj1を代入する
  obj2 = obj1;

  // メンバ変数ptrの値とptrが指し示している配列の要素の値を表示する
  cout << "----------------------------------------" <<
  endl;
  cout << "obj1のメンバ変数ptrの値:" << obj1.ptr << endl;
  cout << "obj1.ptr[0]の値:" << obj1.ptr[0] << endl;
  cout << "obj1.ptr[1]の値:" << obj1.ptr[1] << endl;
  cout << "obj1.ptr[2]の値:" << obj1.ptr[2] << endl;
  cout << "----------------------------------------" <<
  endl;
  cout << "obj2のメンバ変数ptrの値（代入後）:" << obj2.ptr <<
  endl;
  cout << "obj2.ptr[0]の値:" << obj2.ptr[0] << endl;
  cout << "obj2.ptr[1]の値:" << obj2.ptr[1] << endl;
  cout << "obj2.ptr[2]の値:" << obj2.ptr[2] << endl;
  cout << "----------------------------------------" <<
  endl;

  return 0;
}
```

プログラムの実行結果の例を以下に示します。問題が生じたリスト8-6の実行結果との違いは、「代入演算子のオーバーロードが呼び出されました。」という表示が増えたこと、obj1.ptrとobj2.ptrが異なる値になったこと、そしてプログラムが異常終了しなくなったことです。これで、問題は解決です。

実行結果

```
コンストラクタが呼び出されました。
コンストラクタが呼び出されました。
----------------------------------------
obj2のメンバ変数ptrの値（代入前）：0xfd0fa0
obj2.ptr[0]の値：111
obj2.ptr[1]の値：222
obj2.ptr[2]の値：333
----------------------------------------
代入演算子のオーバーロードが呼び出されました。
----------------------------------------
obj1のメンバ変数ptrの値：0xfd1250
obj1.ptr[0]の値：123
obj1.ptr[1]の値：456
obj1.ptr[2]の値：789
----------------------------------------
obj2のメンバ変数ptrの値（代入後）：0xfd0fa0
obj2.ptr[0]の値：123
obj2.ptr[1]の値：456
obj2.ptr[2]の値：789
----------------------------------------
デストラクタが呼び出されました。
デストラクタが呼び出されました。
```

POINT

オブジェクトのコピーと代入における問題のまとめ

- ✔ 問題の原因
  コンパイラによって自動生成されるデフォルトコピーコンストラクタと代入演算子のオーバーロードは、メンバ変数の値をそのままコピーするだけのシャローコピーなので、メンバ変数がポインタの場合には、同じデータの実体を2つのオブジェクトが指し示すことになります
- ✔ 問題の解決策
  独自にコピーコンストラクタや代入演算子のオーバーロードを記述し、データの実体が2つになるように、ポインタのメンバ変数が指し示すデータをコピーします（ディープコピーにします）

8 3 関数とクラスの作り方と使い方のまとめ

実用的な関数の作り方と使い方

第7章までに示したサンプルプログラムでは、様々な方法で関数とクラスを作って、それらをmain関数から使ってきました。この章では、クラスの定義の中でメンバ関数を実装する方法も紹介しました。少し混乱してしまったかもしれませんので、まとめて復習しておきましょう。

ここでは、半径から円の面積を求めるプログラムを様々な方法で作ってみます。円の面積は、「半径×半径×円周率」という計算で求められます。円周率は、3.14にします。

まず、関数の作り方と使い方のまとめです。引数に半径を指定し、戻り値として円の面積を返すgetCircleArea関数を作ります。実用的なプログラムでは、getCircleArea関数をソースファイルgetCircleArea.cppに記述し、getCircleArea関数のプロトタイプ宣言をヘッダファイルgetCircleArea.hに記述します。そして、それらとは別のソースファイル（ここではlist8_10.cpp）で、ヘッダファイルをインクルードして、getCircleArea関数を使うmain関数を記述します。全部で3つのファイルを作ることになります。

リスト8-8　getCircleArea関数（getCircleArea.cpp）

```
double getCircleArea(double r) {
  return r * r * 3.14;
}
```

リスト8-9　getCircleArea関数のヘッダファイル（getCircleArea.h）

```
double getCircleArea(double r);
```

リスト8-10 getCircleArea関数を使うmain関数（list8_10.cpp）

```
#include <iostream>
#include "getCircleArea.h"
using namespace std;

int main() {
  cout << "半径10の円の面積：" << getCircleArea(10) << endl;

  return 0;
}
```

この方法なら、getCircleArea関数を他のプログラムで再利用できます。getCircleArea関数を使いたい人に、getCircleArea.cppとgetCircleArea.hをペアでプレゼントすればよいからです。再利用は、プログラミングを効率化します。だから実用的なのです。

コマンドプロンプトで「g++ -o list8_10.exe list8_10.cpp getCircleArea.cpp」を実行して、プログラムをコンパイルします。プログラムの実行結果の例を以下に示します。ここでは、半径10の円の面積を求めているので、314が表示されます。

実行結果

```
半径10の円の面積：314
```

サンプルプログラムを短く記述する場合の関数の作り方と使い方

リスト8-11では、getCircleArea関数とmain関数を1つのファイルに記述しています。この方法では、ヘッダファイルは不要です。main関数の前にgetCircleArea関数があるので、それがプロトタイプ宣言の代用になるからです。この方法は、プログラムを短く記述できるので、プログラミングの教材では都合がよいでしょう。

ただし、getCircleArea関数を他のプログラムで再利用できません。同じソースファイルの中にmain関数があるので、他のプログラムのmain関数と重複してしまうからです。プログラムの実行結果は、先ほどのリスト8-10と同じです。

リスト8-11 getCircleArea関数とmain関数を1つのファイルに記述する（list8_11.cpp）

```
#include <iostream>
using namespace std;

double getCircleArea(double r) {
  return r * r * 3.14;
}

int main() {
  cout << "半径10の円の面積：" << getCircleArea(10) << endl;

  return 0;
}
```

リスト8-12に示したように、main関数の後にgetCircleArea関数を記述すると、どうなるでしょう。

リスト8-12 main関数の後にgetCircleArea関数を記述する（list8_12.cpp）

```
#include <iostream>
using namespace std;

int main() {
  cout << "半径10の円の面積：" << getCircleArea(10) << endl;

  return 0;
}

double getCircleArea(double r) {
  return r * r * 3.14;
}
```

コンパイル時に、以下のエラーメッセージが表示されます。これは、コンパイラが、getCircleAreaの意味を解釈できないことを意味しています。

エラーメッセージ（一部抜粋）

```
list8_12.cpp:5:35: error: 'getCircleArea' was not declared
in this scope
    5 |   cout << "10" << getCircleArea(10) << endl;
```

コンパイラは、ソースファイルの内容を、上から下に向かって見ていきます。リスト8-12では、main関数の後にgetCircleArea関数の記述があるので、コンパイラがmain関数のgetCircleArea(10)の部分を見たときには、getCircleAreaが何であるかを解釈できないのです。

この場合には、main関数の前にdouble getCircleArea(double r); というプロトタイプ宣言を記述します。コンパイラは、このプロトタイプ宣言を見て、main関数のgetCircleArea(10)の部分がgetCircleAreaという関数の呼び出しであることを解釈できます。プロトタイプ宣言を追加したプログラムを、リスト8-13に示します。今度は、コンパイル時にエラーメッセージは表示されません。プログラムの実行結果は、これまでのサンプルプログラムと同じです。

リスト8-13 main関数の前にプロトタイプ宣言を記述する（list8_13.cpp）

```
#include <iostream>
using namespace std;

double getCircleArea(double r);

int main() {
  cout << "半径10の円の面積：" << getCircleArea(10) << endl;

  return 0;
}

double getCircleArea(double r) {
  return r * r * 3.14;
}
```

getCircleArea関数のプロトタイプ宣言が記述されたヘッダファイルをインクルードするのは、main関数の前にgetCircleArea関数のプロトタイプ宣言を記述することと同じ効果があります。それらを省略して、少しでもプログラムを短く記述したい場合は、main関数の前にgetCircleArea関数を記述します。使う側のmainより前に、使われる側のgetCircleArea関数を記述するのです。

実用的なクラスの作り方と使い方

今度は、クラスの作り方と使い方のまとめです。半径を格納するメンバ変数r、メンバ変数に初期値を設定するコンストラクタMyCircle、および円の面積を返すメンバ関数getAreaを持つMyCircleクラスを作ります。

実用的なプログラムでは、MyCircleクラスの定義をヘッダファイルMyCircle.hに記述し、MyCircleクラスのメンバ関数の実装をソースファイルMyCircle.cppに記述します。そして、それらとは別のソースファイル（ここではlist8_16.cpp）に、MyCircleクラスを使うmain関数を記述します。全部で3つのファイルを作ることになります。MyCircle.cppとlist8_16.cppでは、MyCircle.hをインクルードします。

リスト8-14　MyCircleクラスの定義（MyCircle.h）

```
class MyCircle {
  private:
    double r;
  public:
    MyCircle(double r);
    double getArea();
};
```

リスト8-15 MyCircleクラスの実装（MyCircle.cpp）

```
#include "MyCircle.h"

MyCircle::MyCircle(double r) {
  this->r = r;
}

double MyCircle::getArea() {
  return this->r * this->r * 3.14;
}
```

リスト8-16 MyCircleクラスを使うmain関数（list8_16.cpp）

```
#include <iostream>
#include "MyCircle.h"
using namespace std;

int main() {
  MyCircle obj(10);
  cout << "半径10の円の面積：" << obj.getArea() << endl;

  return 0;
}
```

コマンドプロンプトで「g++ -o list8_16.exe list8_16.cpp MyCircle.cpp」を実行して、プログラムをコンパイルします。プログラムの実行結果の例を以下に示します。ここでも、半径10の円の面積を求めているので、314が表示されます。

実行結果

```
半径10の円の面積：314
```

サンプルプログラムを短く記述する場合のクラスの作り方と使い方

リスト8-17は、MyCircleクラスの定義、MyCircleクラスのメンバ関数の実装、およびmain関数を1つのファイルに記述したものです。この方法は、プログラムを短く記述できるので、プログラミングの教材としては都合がよいでしょう。

ただし、MyCircleクラスを他のプログラムから再利用できません。同じソースファイルの中にmain関数があるので、他のプログラムのmain関数と重複してしまうからです。プログラムの実行結果は、先ほどのリスト8-16と同じです。

リスト8-17 MyCircleクラスの定義、MyCircleクラスのメンバ関数の実装、およびmain関数を1つのファイルに記述する（list8_17.cpp）

```
#include <iostream>
using namespace std;

class MyCircle {
  private:
    double r;
  public:
    MyCircle(double r);
    double getArea();
};

MyCircle::MyCircle(double r) {
  this->r = r;
}

double MyCircle::getArea() {
  return this->r * this->r * 3.14;
}

int main() {
  MyCircle obj(10);
  cout << "半径10の円の面積：" << obj.getArea() << endl;

  return 0;
}
```

リスト8-18に示すように、MyCircleクラスの定義の中にメンバ関数の実装を記述すれば、さらにプログラムを短く記述できます。これは、この章のサンプルプログラムで、新たに使った方法です。この方法でも、同じソースファイルの中にmain関数があるので、MyCircleクラスを他のプログラムから再利用できません。プログラムの実行結果は、これまでのサンプルプログラムと同じです。

リスト8-18 MyCircleクラスの定義の中にメンバ関数の実装を記述する（list8_18.cpp）

```
#include <iostream>
using namespace std;

class MyCircle {
  private:
    double r;
  public:
    MyCircle(double r) {
      this->r = r;
    }

    double getArea() {
      return this->r * this->r * 3.14;
    }
};

int main() {
  MyCircle obj(10);
  cout << "半径10の円の面積：" << obj.getArea() << endl;

  return 0;
}
```

リスト8-19に示すように、MyCircleクラスの定義の中にメンバ関数の実装を記述したものを単独のヘッダファイル（ここではMyCircle2.h）にすれば、それをリスト8-20に示した別のソースファイル（ここではlist8_20.cpp）にインクルードすることで、MyCircleクラスを再利用できます。プログラムの実行結果は、これまでのサンプルプログラムと同じです。

リスト8-19 MyCircleクラスの定義の中にメンバ関数の実装を記述したものを単独のファイルにする（MyCircle2.h）

```
class MyCircle {
  private:
    double r;
  public:
    MyCircle(double r) {
      this->r = r;
    }

    double getArea() {
      return this->r * this->r * 3.14;
    }
};
```

リスト8-20 MyCircle2.hをインクルードしてMyCircleクラスを使う（list8_20.cpp）

```
#include <iostream>
#include "MyCircle2.h"
using namespace std;

int main() {
  MyCircle obj(10);
  cout << "半径10の円の面積：" << obj.getArea() << endl;

  return 0;
}
```

POINT

関数とクラスの作り方と使い方

- ✔ 実用的な関数の作り方と使い方
  関数のプロトタイプ宣言……ヘッダファイルに記述
  関数の処理内容………………ソースファイルに記述
  関数を使うプログラム………別のソースファイルに記述

- ✔ サンプルプログラムを短く記述する場合の関数の作り方と使い方
  関数のプロトタイプ宣言……ソースファイルに記述
  関数の処理内容………………同じソースファイルに記述
  関数を使うプログラム………同じソースファイルに記述

- ✔ 実用的なクラスの作り方と使い方
  クラスの定義…………………ヘッダファイルに記述
  クラスの実装…………………ソースファイルに記述
  クラスを使うプログラム……別のソースファイルに記述

- ✔ サンプルプログラムを短く記述する場合のクラスの作り方と使い方
  クラスの定義…………………ソースファイルに記述
  クラスの実装…………………同じソースファイルに記述
  クラスを使うプログラム……同じソースファイルに記述

第８章
まとめ

Check Test

Q1 （1）～（4）で呼び出されるものをアまたはイから選んでください。

（1）MyClass obj1(123);
（2）MyClass obj2 = obj1;
（3）myFunc1(obj1);
（4）MyClass obj3 = MyFunc2();

ア　通常のコンストラクタ　　　イ　コピーコンストラクタ
（複数回選択可）

Q2 （1）～（4）の［　　］に入るものをアまたはイから選んでください。

（1）デフォルトコピーコンストラクタは［　　］を行う。
（2）独自にコピーコンストラクタを作成すれば［　　］を行える。
（3）デフォルトの代入演算子のオーバーロードは［　　］を行う。
（4）独自に代入演算子をオーバーロードすれば［　　］を行える。

ア　シャローコピー　　　イ　ディープコピー　（複数回選択可）

Q3 （1）～（3）の［　　］に入るものをアまたはイから選んでください。

（1）クラスの定義の中にメンバ関数の実装を記述［　　］。
（2）通常の関数をインライン関数に［　　］。
（3）関数の処理内容によってはインライン展開［　　］ことがある。

ア　できる　　　イ　できない　（複数回選択可）

Q4 （1）～（3）に該当するものをア～ウから選んでください。

（1）MyClass(const MyClass &obj) { ……… }
（2）MyClass(int data) { ……… }
（3）MyClass &operator=(const MyClass &obj) { ……… }

ア　代入演算子のオーバーロード
イ　通常のコンストラクタ
ウ　コピーコンストラクタ

第 9 章

エラー処理とファイル処理

この章では、エラー処理とファイル処理を学びます。
エラーを知らせる方法とファイルを読み書きする方法を学んでから、ファイルの内容を16進数で表示するダンププログラムを作成します。

この章で学ぶこと

1 _エラー処理

2 _ファイル処理

3 _ダンププログラム

「身長を入力してください」と
表示してるのに、
「山田」と名前を入れたら、
どうなると思う?
フラフラ…
ハイ、水
プログラムの動作結果が
おかしくなっちゃうよね
そんな状況に備えて
「エラー処理」を用意
しないといけないんだ
フー
ハイ、コレ
カロリー
これまでは、
エラー処理を省略して
いたんだね……
それでは、一度計算した値を、
後で見たいときには、
どうすればいいと思う?
モグモグ
ファイルに書いて
保存しておくとか?
そうそう!
エラー処理とファイル処理を
学べば、実用的なプログラムを
作れるんだ
回復!

9 1 エラー処理

戻り値でエラーを知らせる

単独の関数であっても、クラスのメンバ関数であっても、関数が適切な処理を行えない場合があります。この場合には、呼び出された関数から、関数の呼び出し元（関数を呼び出している側）に、何らかの方法でエラーを知らせるべきです。そうしないと、処理が適切に行われたとみなされて、そのまま先に処理が進んでしまうからです。

たとえば、引数ageで指定された年齢に応じた料金を返すgetFee関数を作るとします。feeは「料金」という意味です。この料金は、20歳未満なら500円で、20歳以上なら1000円だとします。リスト9-1は、エラーを知らせないバージョンのgetFee関数と、それを呼び出すmain関数です。

リスト9-1　年齢に応じた料金を返すgetFree関数：その1（list9_1.cpp）

```
#include <iostream>
using namespace std;

// 年齢に応じた料金を返すgetFee関数
int getFee(int age) {
  int fee;

  if (age < 20) {
    fee = 500;
  }
  else {
    fee = 1000;
  }

  return fee;
}
```

```
// getFee関数を呼び出すmain関数
int main() {
  int age, fee;

  cout << "年齢を入力してください：";
  cin >> age;
  fee = getFee(age);
  cout << "料金は、" << fee << "円です。" << endl;

  return 0;
}
```

プログラムの実行結果の例を以下に示します。25を入力すると「料金は、1000円です。」と表示されました。これは、適切な処理です。

実行結果

```
年齢を入力してください：25
料金は、1000円です。
```

25と入力して［Enter］キーを押す

もう一度プログラムを実行して、今度は、-25を入力してみましょう。年齢がマイナスの人間などいるはずがありません。ところが、現状のgetFee関数には、エラーを知らせる機能がないので、そのまま先に処理が進んで「料金は、500円です。」と表示されました。これは、おかしなことです。

実行結果

```
年齢を入力してください：-25
料金は、500円です。
```

-25と入力して［Enter］キーを押す

年齢がマイナスの数字だなんて
あるわけないのに……

その当たり前を、
ちゃんと教えておいてくれなくちゃ

この問題を解決するには、いくつかの方法が考えられますが、ここでは、getFee関数の戻り値でエラーを知らせることにします。適切に処理される年齢を0歳〜150歳とすれば、それ以外の値が引数ageに指定されたときに、エラーを意味する戻り値として-1を返すことにします。マイナスは、料金としてあり得ない値なので、エラーであることがわかりやすいからです。

リスト9-2は、エラーを知らせるバージョンのgetFee関数と、それを呼び出すmain関数です。getFee関数のif (age < 0 || age > 150) は、「もしも年齢が0歳未満または150歳より大きいなら」という意味です。この条件が真のときは、戻り値を-1にします。main関数では、getFee関数の戻り値が-1なら「エラーです！」というメッセージを画面に表示します。

リスト9-2 年齢に応じた料金を返すgetFree関数：その2（list9_2.cpp）

```
#include <iostream>
using namespace std;

// 年齢に応じた料金を返すgetFee関数
int getFee(int age) {
  int fee;

  if (age < 0 || age > 150) {
    fee = -1;
  }
  else if (age < 20) {
    fee = 500;
  }
  else {
    fee = 1000;
  }

  return fee;
}

// getFee関数を呼び出すmain関数
int main() {
  int age, fee;
```

```
    cout << "年齢を入力してください：";
    cin >> age;
    fee = getFee(age);
    if (fee == -1) {
      cout << "エラーです！" << endl;
    }
    else {
      cout << "料金は、" << fee << "円です。" << endl;
    }

    return 0;
}
```

プログラムの実行結果の例を以下に示します。-25を入力すると「エラーです！」と表示されました。getFee関数が-1という戻り値で、main関数にエラーを知らせたからです。

実行結果

```
年齢を入力してください：-25    -25と入力して［Enter］キーを押す
エラーです！
```

戻り値でエラーの種類を知らせる

先ほどのgetFee関数では、年齢の範囲が0歳〜150歳にないことをエラーにしました。これを、年齢がマイナスであるエラーと、年齢が大きすぎるエラーに分けて知らせるには、どうしたらよいでしょう。それぞれで、戻り値の値を変えればよいのです。

リスト9-3は、先ほどのリスト9-2を改造したプログラムです。getFee関数では、引数ageがマイナスなら戻り値feeに-1を設定し（❶）、引数ageが150より大きいなら戻り値feeに-2を設定（❷）しています。main関数では、getFee関数の戻り値が-1なら「マイナスの年齢が指定されました！」（❸）、戻り値が-2なら「年齢が大き過ぎます！」（❹）というメッセージを画面に表示します。

リスト9-3　年齢に応じた料金を返すgetFree関数：その3（list9_3.cpp）

```
#include <iostream>
using namespace std;

// 年齢に応じた料金を返すgetFee関数
int getFee(int age) {
  int fee;

  if (age < 0) {                ❶
    fee = -1;
  }
  else if (age > 150) {         ❷
    fee = -2;
  }
  else if (age < 20) {
    fee = 500;
  }
  else {
    fee = 1000;
  }

  return fee;
}

// getFee関数を呼び出すmain関数
int main() {
  int age, fee;

  cout << "年齢を入力してください：";
  cin >> age;
  fee = getFee(age);
  if (fee == -1) {
    cout << "マイナスの年齢が指定されました！" << endl;   ❸
  }
  else if (fee == -2) {
    cout << "年齢が大き過ぎます！" << endl;   ❹
  }
  else {
    cout << "料金は、" << fee << "円です。" << endl;
  }

  return 0;
}
```

プログラムの実行結果の例を以下に示します。-25を入力すると「マイナスの年齢が指定されました！」と表示されました。200を入力すると「年齢が大き過ぎます！」と表示されました。getFee関数が-1および-2という戻り値で、main関数にエラーの種類を知らせたからです。

実行結果

```
年齢を入力してください：-25
マイナスの年齢が指定されました！
```

-25と入力して［Enter］キーを押す

実行結果

```
年齢を入力してください：200
年齢が大き過ぎます！
```

200と入力して［Enter］キーを押す

Column

プログラムをテストするポイント

コンピュータの動作は、外部からデータを入力して、内部で演算して、結果を外部に出力することです。したがって、プログラムのテストとは、テスト用のデータを入力して、その出力結果を確認することです。テスト用のデータを選ぶポイントは、2つあります。

- 正常系と異常系から代表的なデータを選ぶこと
- 正常系と異常系の境界のデータを選ぶこと

正常系とは、適切な処理が行われるデータです。異常系とは、エラーになるデータです。

年齢に応じた料金を返すプログラムでは、年齢が0歳未満の異常系、年齢が0歳以上19歳未満の正常系（料金500円）、年齢が20歳以上150歳以下の正常系（1000円）、および年齢が150歳より大きい異常系があります。それぞれの範囲から代表的なデータとして、たとえば、-25、15、25、200を選びます。

正常系と異常系の境界のデータを選ぶのは、そこに間違いがある場合が多いからです。たとえば、人間の年齢は0歳以上ですが、これを1

歳以上だと勘違いしてプログラムが作られているかもしれません。年齢に応じた料金を返すプログラムでは、-1、0、19、20、150、151が、境界のデータです。
本書では、紙面の都合で、わずかなテストデータだけでプログラムの実行結果を確認していますが、実用的なプログラムのテストでは、正常系と異常系の代表的なデータと、さらに、正常系と異常系の境界のデータを使ってください。

先ほどのリスト9-3では、getFee関数がエラーの種類を知らせる-1と-2のそれぞれに応じて、main関数でエラーメッセージを表示していました。

これを面倒だと感じるなら、リスト9-4のようにmain関数を書き換えるとよいでしょう。ここでは、getFee関数の戻り値がマイナスなら、「エラーです！」というメッセージを表示しています。getFee関数は、変更していません。

リスト9-4　エラーの種類に関わらずmain関数で同じエラー処理を行う（list9_4.cpp）

```
#include <iostream>
using namespace std;

// 年齢に応じた料金を返すgetFee関数
int getFee(int age) {
  int fee;

  if (age < 0) {
    fee = -1;
  }
  else if (age > 150) {
    fee = -2;
  }
  else if (age < 20) {
    fee = 500;
  }
  else {
    fee = 1000;
  }

  return fee;
}
```

```
// getFee関数を呼び出すmain関数
int main() {
  int age, fee;

  cout << "年齢を入力してください：";
  cin >> age;
  fee = getFee(age);
  if (fee < 0) {
    cout << "エラーです！" << endl;
  }
  else {
    cout << "料金は、" << fee << "円です。" << endl;
  }

  return 0;
}
```

プログラムの実行結果の例を以下に示します。-25を入力しても、200を入力しても「エラーです！」と表示されました。getFee関数は、-1および-2という戻り値を返していますが、main関数では、それらをif (fee < 0) { ……… }の部分でまとめて処理しているからです。

実行結果

```
年齢を入力してください：-25
エラーです！
```

-25と入力して［Enter］キーを押す

実行結果

```
年齢を入力してください：200
エラーです！
```

200と入力して［Enter］キーを押す

POINT

エラー処理のまとめ

- ✔ 戻り値でエラーを知らせる
- ✔ 正常な処理結果としてプラスの値を返す関数なら、マイナスの値を返してエラーを知らせることができる
- ✔ マイナスの値を変えることで、エラーの種類を知らせることができる

9-2 ファイル処理

テキストファイルとバイナリファイル

ファイルには、様々な種類がありますが、テキストファイルとバイナリファイルに大きく分類できます。**テキストファイル**は、人間が読める文字だけが格納されたファイルです。テキスト（text）とは、「文書」という意味です。**バイナリファイル**は、文字以外のデータが格納されたファイルです。

たとえば、C言語のソースファイルやヘッダファイルは、テキストファイルです。コンパイルによって生成される実行可能ファイルは、バイナリファイルです。

バイナリ（binary）は、「2進数の」という意味です。コンピュータの内部では、2進数でデータが取り扱われているので、2進数のデータが格納されたファイルをバイナリファイルと呼ぶのです。テキストファイルも、2進数のデータが格納されていることは同じなので、バイナリファイルの一種なのですが、すべてのデータが文字を意味するものなので、特別扱いしてテキストファイルと呼ぶのです。

テキストファイルの例

```
#include <iostream>
using namespace std;

int main() {
  cout << "hello, world" << endl;
  return 0;
}
```

バイナリファイルの例

```
75 17 8B 45 A8 C6 00 2D 8B 4D A8 83 C1 01 89 4D
A8 8B 4D 10 E8 87 E4 FF FF EB 08 8B 4D 10 E8 7D
E4 FF FF 8B 55 14 52 8B 45 10 50 E8 50 C1 FF FF
83 C4 08 0F B6 C8 85 C9 74 22 8B 4D 10 E8 2E E4
FF FF 0F BE D0 B8 01 00 00 00 6B C8 00 0F BE 44
0D E0 3B D0 75 06 C6 45 AF 01 EB BF 0F B6 4D AF
85 C9 74 0F 8B 55 A8 C6 02 30 8B 45 A8 83 C0 01
89 45 A8 EB 0C C6 45 AF 01 8B 4D 10 E8 1F E4 FF
FF 8B 4D 14 51 8B 55 10 52 E8 F2 C0 FF FF 83 C4
08 0F B6 C0 85 C0 74 49 8B 4D 10 E8 D0 E3 FF FF
0F B6 C8 51 8D 55 E0 52 E8 13 C1 FF FF 83 C4 08
89 45 9C 83 7D 9C 0A 73 28 83 7D 98 08 7D 20 8B
```

※データを16進数で示しています。

C++のファイル処理の特徴

C++には、ファイル処理を行うために、いくつかのクラスと関数が用意されています。これらを使えば、ファイルにデータを書き込んだり、ファイルからデータを読み出したりするプログラムを、効率的に作成できます。

どのようなクラスと関数があるのかは、後でサンプルプログラムを作るときに説明しますが、テキストファイルとバイナリファイルでは、ファイル処理の方法に違いがあることに注意してください。たとえば、テキストファイルには、改行で行を区切るという考え方がありますが、バイナリファイルには、改行という考え方はありません。

さらに注意してほしいのは、ファイル処理にはエラーが付きものだということです。たとえば、ファイル名のスペルを間違うと、目的のファイルが存在しないので、エラーになります。したがって、ファイル処理を行うプログラムには、エラー処理を記述する必要があります。この後で作成するサンプルプログラムで使っているクラスと関数は、どれも戻り値でエラーを知らせます。

どのようなファイル処理にも共通する、決まりきった手順（以下の❶～❸）があります。

❶ ファイルのオープン：ファイルという機能を提供しているOS（プログラムの実行環境であるWindows、macOS、Linuxなど）から、ファイルを使う許可を得る。
❷ 書き込みや読み出し：目的に応じて必要なだけ、ファイルにデータの書き込みや読み出しを行う。
❸ ファイルのクローズ：OSにファイルを使い終わったことを伝える。

テキストファイルへ書き込む

リスト9-5は、myFile.txtというファイル名のテキストファイルに「hello, world」および「皆さん、こんにちは」という2行の文字列を書き込むプログラムです。

リスト9-5 テキストファイルへ書き込むプログラム（list9_5.cpp）

```
#include <iostream>
#include <fstream> ――❶
using namespace std;

int main() {
  // 出力用のテキストファイルをオープンする
  ofstream fout("myFile.txt"); ――❷

  // ファイルがオープンできたかどうかチェックする
  if (!fout.is_open()) {
    // エラー処理
    cout << "ファイルをオープンできません！"; ――❸

    // プログラムをエラー終了する ――❹
    return 1;
  }

  // ファイルに文字列を書き込む
  fout << "hello, world" << endl; ─┐
  fout << "皆さん、こんにちは" << endl; ─┘❺

  // ファイルをクローズする
  fout.close(); ――❻
  cout << "ファイルに書き込みました！"; ――❼

  // プログラムを正常終了する
  return 0;
}
```

ファイル処理の最初のサンプルプログラムなので、詳しく内容を説明しましょう。ファイル処理を行うためのクラスと関数を使うプログラムでは、#include <fstream> を記述して、fstreamというヘッダファイルをインクルードする必要があります（❶)。fstreamは、file stream（ファイルのデータの流れ）という意味です。

テキストファイルでもバイナリファイルでも、ファイルへの書き込みには、ofstreamクラスを使います。ofstreamは、output file stream（出力用のファイルのデータの流れ）という意味です。ofstream fout("myFile.txt"); の部分で、ofstreamクラスのオブジェクトfoutを生成し、コンストラクタにmyFile.txt

というファイル名を渡しています（❷）。これによって、myFile.txtというテキストファイルが書き込み用にオープンされます。

テキストファイルがデフォルトなので、テキストファイルであることを指定する必要はありません。バイナリファイルの場合は、専用の指定が必要になります（後で説明します）。

ファイルがオープンできたかどうかは、ofstreamクラスのメンバ関数is_openの戻り値で確認できます。is_openは、「オープンできていますか」という意味です。メンバ関数is_openの戻り値がtrueならオープンが成功していて、falseならオープンが失敗しています。

if (!fout.is_open()) { ……… } のif文のブロックの中にあるのは、オープンが失敗したときに実行されるエラー処理です。ここでは、「ファイルをオープンできません！」というエラーメッセージを画面に表示し（❸）、return 1; で1という戻り値を返してmain関数を終了しています（❹）。main関数を終了すると、プログラムが終了します。main関数の戻り値は、OSに知らされます。

一般的に、プログラムが正常終了した場合は0を返し、異常終了した場合は0以外の数値を返して、OSにエラーを知らせます。ここでは、適当に1という数値にしています。

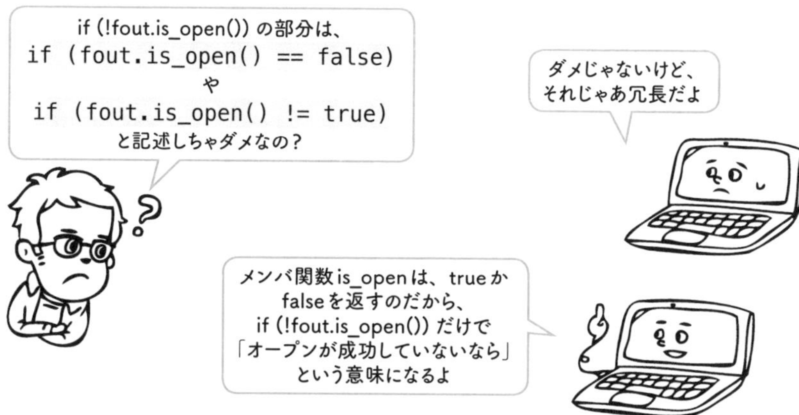

ofstreamクラスでは、<< 演算子がオーバーロードされています。そのため、「fout << 文字列」という表現で、テキストファイルに文字列を書き込めます。

これは、「cout << 文字列」という表現で、画面に文字列を書き込めることと同様です。ofstreamクラスのオブジェクトの名前をfout（file output）にしたのは、cout（console output）という名前を真似したからです。

「hello, world」および「皆さん、こんにちは」という2行の文字列を書き込んだら（❺）、fout.close(); でファイルをクローズします（❻）。このcloseは、ofstreamクラスのメンバ関数です。

プログラムの最後で、「ファイルに書き込みました！」というメッセージを画面に表示し（❼）、return 0; でプログラムが正常終了したことを、OSに知らせています。

プログラムの実行結果の例を以下に示します。「ファイルに書き込みました！」と表示されたので、プログラムは正常終了しています。

実行結果

```
ファイルに書き込みました！
```

myFile.txtファイルは、プログラムを実行したディレクトリにあります。テキストエディタを使って、myFile.txtファイルを開いてみましょう。2行の文字列が書き込まれていることがわかります。

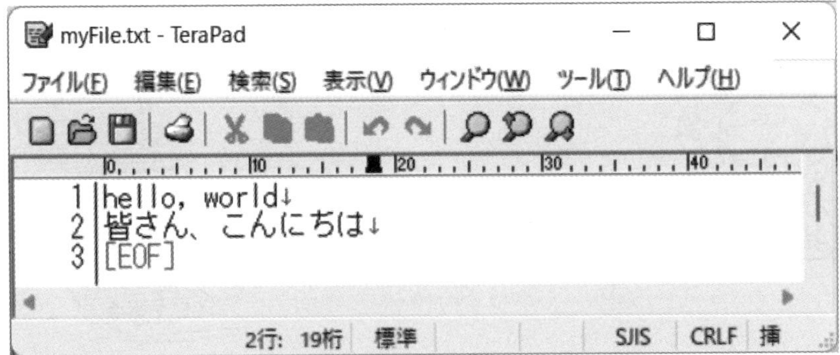

myFile.txtファイルには2行の文字列が書き込まれている

テキストファイルから読み出す

リスト9-6は、myFile.txtというファイル名のテキストファイルから、すべての文字列を読み出して画面に表示するプログラムです。

リスト9-6　テキストファイルから読み出すプログラム（list9_6.cpp）

```
#include <iostream>
#include <fstream>
#include <string>
using namespace std;

int main() {
  string s;

  // 入力用のテキストファイルをオープンする
  ifstream fin("myFile.txt"); ――❶

  // ファイルがオープンできたかどうかチェックする
  if (!fin.is_open()) {          ┐
    // エラー処理                 │
    cout << "ファイルをオープンできません！"; │
                                 ├❷
    // プログラムをエラー終了する   │
    return 1;                    │
  }                              ┘

 // ファイルから1行ずつ読み出す
  while (getline(fin, s)) {      ┐
    // 読み出した1行を画面に表示する ├❸
    cout << s << endl; ――❹       │
  }                              ┘

  // ファイルをクローズする
  fin.close(); ――❺

  // プログラムを正常終了する
  return 0; ――❻
}
```

テキストファイルでもバイナリファイルでも、ファイルからの読み出しには、ifstreamクラスを使います。ifstreamは、input file stream（入力用のファイルのデータの流れ）という意味です。ifstream fin("myFile.txt"); の部分で、ifstreamクラスのオブジェクトfin（file inputという意味です）を生成し、コンストラクタにmyFile.txtというファイル名を渡しています（❶）。これによって、myFile.txtというテキストファイルが読み出し用にオープンされます。

テキストファイルがデフォルトなので、テキストファイルであることを指定する必要はありません。バイナリファイルの場合は、専用の指定が必要になります（これも後で説明します）。

ファイルがオープンできたかどうかチェックする方法は、テキストファイルに書き込むプログラム（リスト9-5）と同様です（❷）。

テキストファイルから1行ずつデータを読み出すには、getline関数を使います。getlineは、「1行を得る」という意味です。getline関数の1つ目の引数にifstreamクラスのオブジェクト（ここではfin）を指定し、2つ目の引数に読み出したデータを格納するstring型の変数（ここではs）を指定します（❸）。

while文を使って繰り返しgetline関数を呼び出すと、テキストファイルの先頭から順番に1行ずつ文字列が読み出されます。getline関数の戻り値は、文字列を読み出せたならtrueで、ファイルの末尾に達して文字列を読み出せなかったらfalseです。したがって、while (getline(fin, s)) { ……… } というwhile文のブロックで、ファイルの先頭から末尾までの文字列を順番に読み出せます。while文のブロックの中では、読み出した文字列を画面に表示しています（❹）。

すべての文字列の読み出しが終わったら、fin.close(); でファイルをクローズします（❺）。closeは、ifstreamクラスのメンバ関数です。プログラムの最後で、return 0; でプログラムが正常終了したことを、OSに知らせています（❻）。これらの処理も、テキストファイルに書き込むプログラム（リスト9-5）と同様です。

プログラムの実行結果の例を以下に示します。リスト9-5のプログラムでmyFile.txtに「hello, world」および「皆さん、こんにちは」という2行の文字列を書き込んだので、それらが画面に表示されています。

実行結果

```
hello, world
皆さん、こんにちは
```

バイナリファイルへ書き込む

今度は、バイナリファイルに読み書きを行うプログラムを作ってみましょう。リスト9-7は、myFile.binというファイル名のバイナリファイルに1〜10の数値（1〜10であることに意味はありません）を書き込むプログラムです。

ファイル名の拡張子の .bin は、binaryという意味です。1〜10の数値は、それぞれを1バイト（2進数で8桁の大きさ）のデータとして書き込みます。1バイトを格納するデータ型は、char型です。プログラムでは、データを10進数で表記していますが、ファイルには2進数で書き込まれます。ファイルに限らず、コンピュータの内部では、すべてのデータが2進数で取り扱われます。

リスト9-7　バイナリファイルへ書き込むプログラム（list9_7.cpp）

```
#include <iostream>
#include <fstream>
using namespace std;

int main() {
  // 出力用のバイナリファイルをオープンする
  ofstream fout("myFile.bin", ios::out | ios::binary); ←❶

  // ファイルがオープンできたかどうかチェックする
  if (!fout.is_open()) {
    // エラー処理
    cout << "ファイルをオープンできません！";

    // プログラムをエラー終了する
    return 1;
  }
```

```
    // ファイルに1～10の数値を1バイトずつ書き込む
    for (char data = 1; data <= 10; data++) {    ❷
      fout.put(data);
    }

    // ファイルをクローズする
    fout.close();
    cout << "ファイルに書き込みました！";

    // プログラムを正常終了する
    return 0;
}
```

テキストファイルに書き込むプログラム（リスト9-5）との違いに重点を置いて、リスト9-7の内容を説明しましょう。

ofstream fout("myFile.bin", ios::out | ios::binary); の部分（❶）で、ofstreamクラスのオブジェクトfoutを生成し、コンストラクタにmyFile.binというファイル名を渡しています。ここまでは、テキストファイルに書き込むプログラムと同様ですが、コンストラクタの2つ目の引数としてios::out | ios::binaryを指定していることが異なります。

ios::outは、出力（ファイルへの書き込み）を意味し、ios::binaryは、バイナリファイルであることを意味しています。|は、これらの設定を重ね合わせることを意味しています。これによって、myFile.binというバイナリファイルが書き込み用にオープンされます。

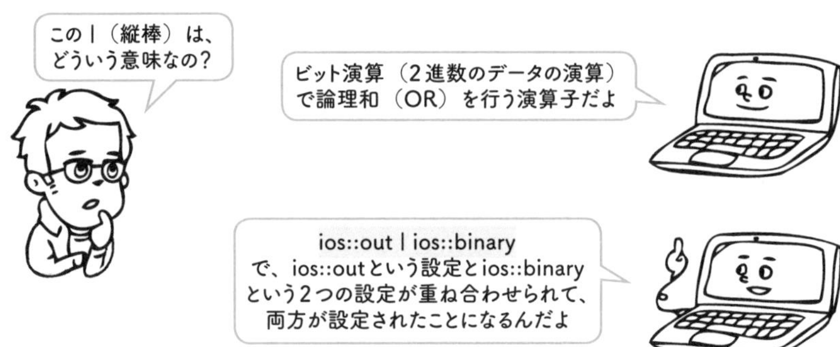
この |（縦棒）は、どういう意味なの？
ビット演算（2進数のデータの演算）で論理和（OR）を行う演算子だよ
ios::out | ios::binary
で、ios::outという設定とios::binaryという2つの設定が重ね合わせられて、両方が設定されたことになるんだよ

ofstreamクラスのメンバ関数putで、ファイルに1バイトずつデータを書き込みます。ここでは、for文のブロックの繰り返し処理で、char型の変数dataの値を1～10まで1ずつ変化させ、fout.put(data); の部分で変数dataの値をファイルに書き込んでいます（❷）。

プログラムのその他の部分は、テキストファイルに書き込むプログラムと同様です。プログラムの実行結果の例を以下に示します。「ファイルに書き込みました！」と表示されたので、プログラムは正常終了しています。

実行結果

```
ファイルに書き込みました！
```

myFile.binファイルは、プログラムを実行したディレクトリにあります。テキストエディタを使って、myFile.binファイルを開いてみましょう。1～10の数値には文字が割り当てられていないので、意味不明な内容が表示されます。

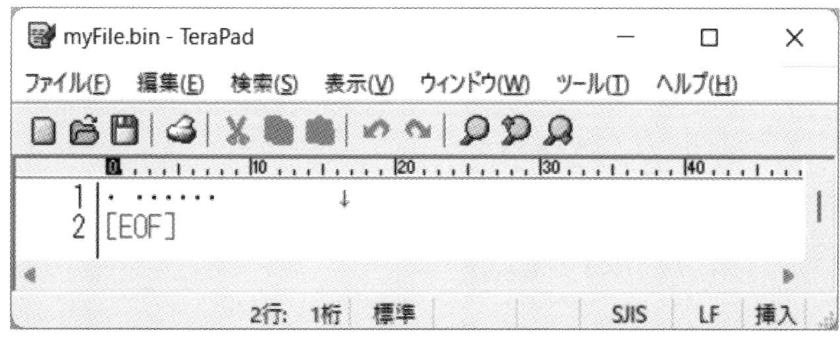

テキストエディタでmyFile.binファイルを開いたところ

このように、バイナリファイルは、テキストエディタで内容を確認できません。myFile.binファイルに1～10の数値が書き込まれていることは、すぐ後でバイナリファイルから読み出すプログラムを作って確認します。

バイナリファイルから読み出す

リスト9-8は、myFile.binというファイル名のバイナリファイルから、すべてのデータを1バイトずつ読み出して画面に表示するプログラムです。わかりやすいように、1バイトずつ [と] で囲んで表示します。

リスト9-8 バイナリファイルから読み出すプログラム（list9_8.cpp）

```
#include <iostream>
#include <fstream>
using namespace std;

int main() {
  char data;

  // 入力用のバイナリファイルをオープンする
  ifstream fin("myFile.bin", ios::in | ios::binary);   ❶

  // ファイルがオープンできたかどうかチェックする
  if (!fin.is_open()) {
    // エラー処理
    cout << "ファイルをオープンできません！";

    // プログラムをエラー終了する
    return 1;
  }

 // ファイルから1バイトずつ読み出す
  while (fin.get(data)) {                              ❷
    // 読み出した1バイトを画面に表示する
    cout << "[" << (int)data << "]";                   ❸
  }
  cout << endl;

  // ファイルをクローズする
  fin.close();

  // プログラムを正常終了する
  return 0;
}
```

テキストファイルから読み出すプログラム（リスト9-6）との違いに重点を置いて、リスト9-8の内容を説明しましょう。

ifstream fin("myFile.bin", ios::in | ios::binary); の部分（❶）で、ifstreamクラスのオブジェクトfinを生成し、コンストラクタにmyFile.binというファイル名を渡しています。ここまでは、テキストファイルから読み出すプログラムと同様ですが、コンストラクタの2つ目の引数としてios::in | ios::binaryを指定していることが異なります。

ios::inは、入力（ファイルからの読み出し）を意味し、ios::binaryは、バイナリファイルであることを意味し、|で両者が重ね合わせられます。これによって、myFile.binというバイナリファイルが読み出し用にオープンされます。

バイナリファイルから1バイトずつデータを読み出すには、ifstreamクラスのメンバ関数getを使います。while文を使って繰り返しメンバ関数getを呼び出すと、バイナリファイルの先頭から順番に1バイトずつデータが読み出されます。

メンバ関数getの戻り値は、データを読み出せたならtrueで、ファイルの末尾に達してデータを読み出せなかったらfalseです。したがって、while (fin.get(data)) { ……… } というwhile文のブロックで、ファイルの先頭から末尾まで順番にデータを読み出せます（❷）。

while文のブロックの中では、読み出したデータを [と] で囲んで画面に表示しています。変数dataの前に (int) を付けてint型にキャストしているのは、char型では文字として表示されてしまうからです（myFile.binをテキストエディタに読み込んだときと同様に意味不明の表示になります）。ここでは、数値を表示したいので、このキャストが必要です（❸）。

プログラムのその他の部分は、テキストファイルから読み出すプログラムと同様です。プログラムの実行結果の例を以下に示します。[と] で囲まれて1～10の数値が表示されました。これで、myFile.binに1バイトずつ1～10の数値が格納されていることを確認できました。

実行結果

```
[1][2][3][4][5][6][7][8][9][10]
```

POINT

ofstreamクラスとifstreamクラスの機能のまとめ

✔ ofstreamクラス
コンストラクタ……ファイルをオープンする
is_open関数……オープンできたかどうかチェックする
<< 演算子…………ファイルに文字列を書き込む
put関数……………ファイルに1バイトずつ書き込む
get関数……………ファイルから1バイトずつ読み出す
close関数…………ファイルをクローズする

✔ ifstreamクラス
コンストラクタ……ファイルをオープンする
is_open関数……オープンできたかどうかチェックする
close関数…………ファイルをクローズする
※ファイルから1行ずつ読み出すときは、ifstreamクラスのインスタンスを引数に指定してgetline関数を使う

9 3 ダンププログラムの作成

コマンドライン引数を取得する

この章のテーマであるエラー処理とファイル処理のまとめとして、ダンププログラムを作ってみましょう。ダンプ（dump＝内容を打ち出す）とは、ファイルの内容を1バイトずつ16進数で画面に表示することです。これは、先ほどリスト9-8に示したバイナリファイルから読み出すプログラムを改造することで作成できます。

このダンププログラムは、myDump.exeという実行可能ファイル名にします。プログラムの起動時にコマンドプロンプトで、「myDump ファイル名」のようにダンプするファイル名を指定できたら便利でしょう。これを実現するには、

```
int main(int argc, char *argv[])
```

というプロトタイプのmain関数を使います。

「myDump.exe ファイル名」と入力しなくてもいいの？

Windowsの場合、プログラムの起動時には、実行可能ファイルの拡張子の .exe を省略できるんだよ
そうした方が、入力する文字が少なくて便利でしょう！実用的なプログラムを使うときには、.exeを省略することが多いよ

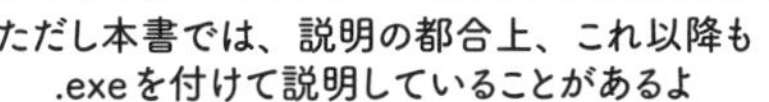

ただし本書では、説明の都合上、これ以降も.exeを付けて説明していることがあるよ

このmain関数の引数には、コマンドライン引数の数と、引数の値が設定されます。たとえば、list9_9.exeというプログラムを作り（すぐ後で実際に作り

ます)、コマンドプロンプトで、

```
list9_9.exe apple banana orange
```

と入力して「Enter」キーを押し、プログラムを起動したとしましょう。この場合は、プログラム名を含めた

```
list9_9.exe  apple  banana  orange
```

という4つの文字列がコマンドライン引数です。

main関数の引数のargcは、argument count(引数の数)という意味です。ここでは、argcにコマンドライン引数の数の4が設定されます。argvは、argument vector(引数の配列)という意味です。ここでは、次のように設定されます。

- argv[0] に list9_9.exe
- argv[1] に apple
- argv[2] に banana
- argv[3] に orange

char *argv[] は、argvがchar型のポインタの配列であることを示しています。本書では、文字列を主にstring型で取り扱っていますが、文字列をchar型のポインタとして取り扱うこともできるのです。char型のポインタが文字列なので、char型のポインタの配列は文字列の配列です。文字列の配列のそれぞれの要素に、「list9_9.exe」「apple」「banana」「orange」という文字列が設定されるのです。

ここまでの説明を実際に確認してみましょう。リスト9-9は、コマンドライン引数の内容を画面に表示するプログラムです。argcの値を画面に表示してから、for文を使った繰り返し処理で、コマンドライン引数の値(文字列)を1つずつ画面に表示しています。

リスト9-9 コマンドライン引数を画面に表示するプログラム（list9_9.cpp）

```
#include <iostream>
using namespace std;

int main(int argc, char *argv[]) {
  cout << "argc = " << argc << endl;
  for (int i = 0; i < argc; i++) {
    cout << "argv[" << i << "] = " << argv[i] << endl;
  }

  return 0;
}
```

プログラムの実行結果の例を以下に示します。

実行結果

```
C:¥samples>list9_9.exe apple banana orange
argc = 4
argv[0] = list9_9.exe
argv[1] = apple
argv[2] = banana
argv[3] = orange
```

list9_9.exe apple banana orange と入力して［Enter］キーを押す

今度は、コマンドプロンプトで「list9_9.exe 123 4.56 hello」と入力してプログラムを実行してみましょう。実行結果を以下に示します。

実行結果

```
C:¥samples>list9_9.exe 123 4.56 hello
argc = 4
argv[0] = list9_9.exe
argv[1] = 123
argv[2] = 4.56
argv[3] = hello
```

list9_9.exe 123 4.56 hello と入力して［Enter］キーを押す

123という整数、4.56という実数、helloという文字列、様々なデータ型のデータを取得できているように思えますが、そうではありません。コマンドライン引数は、すべて文字列です。"123" という文字列と、"4.56" という文字列と、"hello" という文字列が取得されたのです。

"123"という文字列を整数に変換したり、
"4.56"という文字列を実数に変換したりするには、
どうしたらいいの？

int a = atoi("123");
で整数に
double b =atof("4.56");
で実数に変換できるよ

atoiは、ascii to integer（アスキーコードの文字列を整数に変換）という意味で、atofは、ASCII to Floating Point Number（アスキーコードの文字列を浮動小数点数形式の実数に変換）という意味だよ

2進数と16進数

ダンププログラムは、ファイルの内容を1バイトずつ16進数で画面に表示します。ダンププログラムを作る前に、16進数の説明をしておきましょう。

私たち人間は、0〜9の10種類の数字を使った**10進数**を使っています。コンピュータの内部では、0と1の2種類の数字を使った**2進数**を使っています。

以下は、0〜15の10進数を、8桁の2進数で表したものです。コンピュータの内部では、8桁の2進数をひとまとまりのデータにしていて、これを1**バイト**と呼びます。1バイト＝2進数の8桁です。1バイトは、C++のchar型のデータに相当します。

表9-1　0～15の10進数と8桁の2進数

10進数	2進数	10進数	2進数
0	00000000	8	00001000
1	00000001	9	00001001
2	00000010	10	00001010
3	00000011	11	00001011
4	00000100	12	00001100
5	00000101	13	00001101
6	00000110	14	00001110
7	00000111	15	00001111

2進数は、0と1だけであり桁数が多いので、わかりにくいものです。そこで、2進数の代用表現として、**16進数**が使われます。2進数の4桁がピッタリ16進数の1桁になるので、相互に変換が容易だからです。ダンププログラムが16進数を使うのは、本来ならコンピュータの内部の2進数のデータをそのまま表示したいけれども、それではわかりにくいからです。

16進数では、0、1、2、3、4、5、6、7、8、9、A、B、C、D、E、Fという16種類の数字を使います。A、B、C、D、E、Fも数字です。1バイト（8桁）の2進数は、2桁の16進数で表せます。以下は、00000000～11111111の2進数を16進数で表したものです（一部を省略しています）。

表9-2　8桁の2進数と2桁の16進数

2進数	16進数	2進数	16進数	2進数	16進数
00000000	00	00001000	08	00010000	10
00000001	01	00001001	09	00010001	11
00000010	02	00001010	0A	00010010	12
00000011	03	00001011	0B	:	:
00000100	04	00001100	0C	11111100	FC
00000101	05	00001101	0D	11111101	FD
00000110	06	00001110	0E	11111110	FE
00000111	07	00001111	0F	11111111	FF

char型（1バイト）の変数dataの値を2桁の16進数で画面に表示するには、書式設定を行う入出力マニピュレータを使って以下のようにします。

```
cout << setw(2) << setfill('0') << hex << uppercase <<
((int)data & 0xff);
```

setw(2) は、2桁であることを設定します。setfill('0') は、上位桁を0で埋めます。hexは、16進数にします。uppercaseは、16進数のA〜Fを大文字にします。setwとsetfillを使うには、#include <iomanip> を記述してヘッダファイルiomanipをインクルードする必要があります。((int)data & 0xff) の部分は、int型にキャストした変数dataの値の下位1バイトを取り出すという意味です。

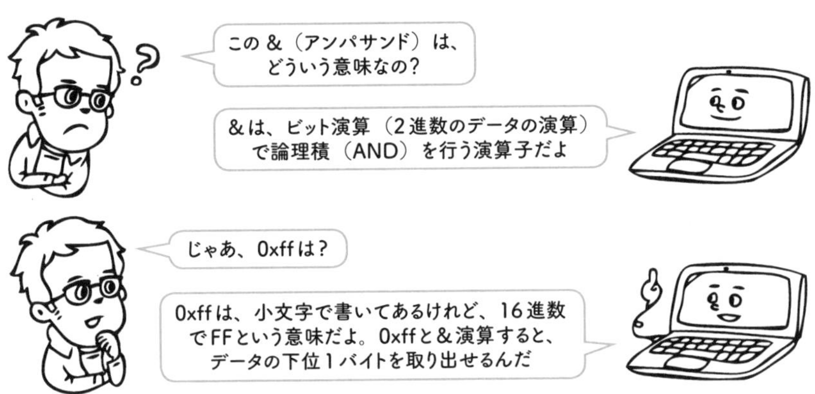

この &（アンパサンド）は、どういう意味なの？
&は、ビット演算（2進数のデータの演算）で論理積（AND）を行う演算子だよ
じゃあ、0xffは？
0xffは、小文字で書いてあるけれど、16進数でFFという意味だよ。0xffと&演算すると、データの下位1バイトを取り出せるんだ

リスト9-10は、char型の変数dataの値を10進数で0〜15に変化させ、それぞれを2桁の16進数で表示するプログラムです。10進数の0〜15は、8桁の2進数の00000000〜00001111になり、2桁の16進数の00〜0Fになります。ここでは、わかりやすいように、個々のデータをスペースで区切っています。

リスト9-10　10進数の0〜15を2桁の16進数で表示するプログラム（list9_10.cpp）

```
#include <iostream>
#include <iomanip>
using namespace std;

int main(int argc, char *argv[]) {
  for (char data = 0; data <= 15; data++) {
    cout << setw(2) << setfill('0') << hex << uppercase
    << ((int)data & 0xff) << ' ';
  }
  cout << endl;

  return 0;
}
```

プログラムの実行結果を以下に示します。10進数の0〜15が、2桁の16進数では00〜0Fになることを確認できました。

実行結果

```
00 01 02 03 04 05 06 07 08 09 0A 0B 0C 0D 0E 0F
```

ダンププログラムを作る

それでは、ダンププログラムmyDump.exeを作ってみましょう。リスト9-11に示したプログラムをmyDump.cppというファイル名で保存してください。このプログラムは、コマンドライン引数で指定されたファイルをダンプします。

リスト9-11 ダンププログラム（myDump.cpp）

```
#include <iostream>
#include <fstream>
#include <iomanip>
using namespace std;

int main(int argc, char *argv[]) {
  char data;  // ファイルから読み出したデータ
  int num;    // ファイルから読み出したデータ数

  // ファイル名が指定されていることをチェックする
  if (argc != 2) {
    // 使い方を示す
    cerr << "使い方：myDump ファイル名" << endl;

    // プログラムをエラー終了する
    return 1;
  }

  // 入力用のバイナリファイルをオープンする
  ifstream fin(argv[1], ios::in | ios::binary);

  // ファイルがオープンできたかどうかチェックする
  if (!fin.is_open()) {
    // エラー処理
    cerr << "ファイルをオープンできません！";

    // プログラムをエラー終了する
    return 2;
  }

  // ファイルから1バイトずつ読み出す
  num = 0;
  while (fin.get(data)) {
    cout << setw(2) << setfill('0') << hex <<
    uppercase << ((int)data & 0xff) << ' ';

    // データを16個表示するごとに改行する
    num++;
    if (num % 16 == 0) {
      cout << endl;
    }
  }
```

```
    cout << endl;

    // ファイルをクローズする
    fin.close();

    // プログラムを正常終了する
    return 0; ⑤
}
```

main関数の引数argcの値が2でない場合は、コマンドライン引数でファイルが指定されなかったと判断し、エラーメッセージを表示して、return 1; でエラー終了します（❶）。

main関数の引数argv[1]に設定されたファイルをオープンできなかった場合は、エラーメッセージを表示して、return 2; でエラー終了します（❷）。

ファイルをオープンできた場合は、データを1バイトずつ順番に読み出して画面に表示します。わかりやすいように、データをスペースで区切り、16個表示するたびに改行しています（❸）。

❹のif (num % 16 == 0) { cout << endl; } は、「ファイルから読み出したデータ数が16で割り切れたら改行する」という意味です。16で割り切れるのは、16の倍数なので、データを16個表示するたびに改行できます。

ファイルのダンプが終わったら、return 0; で正常終了します（❺）。

エラーメッセージをcoutではなく**cerr**で出力していることに注目してください。cerrは、console errorという意味です。WindowsやLinuxなどでは、画面への表示を標準出力と標準エラー出力に分けています。プログラムの正常な表示は標準出力に出力し、プログラムのエラーに関する表示は標準エラー出力に出力することで、両者を区別するのです。C++では、coutへの出力が標準出力への出力になり、cerrへの出力が標準エラー出力への出力になります。なお、cinからの入力（キーボード入力）を、**標準入力**（ひょうじゅんにゅうりょく）と呼びます。

注意 これ以降、macOSでダンププログラムを実行する場合、本書に記載している方法だとうまく動作しないことがあります。この部分のmacOSでの実行方法については、本書の付属データとして提供するPDFファイル内の記述をご覧ください。

これまでのプログラムでは、どうして
coutとcerrを使い分けていなかったの？

・標準出力：プログラムの正常な表示
・標準エラー出力：プログラムのエラーに関する表示

プログラムの説明を短くするためだよ

コマンドプロンプトで「myDump list9_1.exe」を実行した結果を以下に示します。list9_1.exeは、この章で作成した最初のサンプルプログラムの実行可能ファイル（バイナリファイル）です。これは、coutによる標準出力への出力です。

実行結果

```
C:¥samples>myDump list9_1.exe
4D 5A 90 00 03 00 00 00 04 00 00 00 FF FF 00 00
B8 00 00 00 00 00 00 00 40 00 00 00 00 00 00 00
00 00 00 00 00 00 00 00 00 00 00 00 00 00 00 00
………（中　略）………
74 33 63 69 6E 00 5F 5F 69 6D 70 5F 5F 66 77 72
69 74 65 00
```

コマンドプロンプトで「myDump」を実行した結果を以下に示します。ダンプするファイルを指定してないので、エラーメッセージが表示されます。これは、cerrによる標準エラー出力への出力です。

実行結果

```
C:¥samples>myDump    ← myDumpと入力して［Enter］キーを押す
使い方：myDump ファイル名
```

コマンドプロンプトで「myDump abc.txt」を実行した結果を以下に示します。abc.txtというファイルは存在しないので、エラーメッセージが表示されます。これも、cerrによる標準エラー出力への出力です。

実行結果

```
C:¥samples>myDump abc.txt
ファイルをオープンできません！
```

myDump abc.txtと入力して［Enter］キーを押す

標準出力と標準エラー出力の違い

先ほどの実行結果の例では、標準出力と標準エラー出力に違いがないように思われるでしょう。ただし、リダイレクトを行えば、両者の違いがわかります。Windowsでは、コマンドプロンプトで（macOSやLinuxではターミナルや端末で）>を使うことで、プログラムの標準出力への出力（画面への表示）をテキストファイルに書き込むことができるようになっています。この機能を**リダイレクト**と呼びます。出力先の方向を画面からファイルに変えるので、リダイレクト（redirect＝方向を変える）です。

たとえば、コマンドプロンプトで「myDump list9_1.exe > myTest.txt」を実行すると、先ほど画面に表示されたlist9_1.exeのダンプ結果がmyTest.txtというテキストファイルに書き込まれ、画面には何も表示されません。

実行結果

```
C:¥samples>myDump list9_1.exe > myTest.txt
```

myDump list9_1.exe > myTest.txtと入力して［Enter］キーを押す

コマンドプロンプトで「myDump > myTest.txt」を実行すると、先ほどと同じ「使い方：myDump ファイル名」というエラーメッセージが表示されます。標準エラー出力は、リダイレクトされないようになっているからです。

実行結果

```
C:¥samples>myDump > myTest.txt
使い方：myDump ファイル名
```

myDump > myTest.txtと入力して［Enter］キーを押す

コマンドプロンプトで「myDump abc.txt > myTest.txt」も実行してみましょう。「ファイルをオープンできません！」というエラーメッセージが表示されます。標準エラー出力は、リダイレクトされないようになっているからです。

実行結果

```
C:¥samples>myDump abc.txt > myTest.txt
ファイルをオープンできません！
```

myDump abc.txt > myTest.txtと入力して［Enter］キーを押す

標準出力と標準エラー出力には、リダイレクトできるかどうかの違いがあります。標準出力がリダイレクトできるのは、プログラムの実行結果の画面表示を、そのままテキストファイルに書き込めれば便利だからです。標準エラー出力がリダイレクトできないのは、エラーが発生したことを見逃さないようにするためです。もしも、標準エラー出力がリダイレクトできたら、エラーが発生しても、画面に何も表示されないことになってしまいます。

実用的なダンププログラムを作れたので、ちょっとプログラミングに自信が持てたよ！

このダンププログラムを自分のアイディアで改良すれば、ますます自信が深まるよ。ぜひやってごらん！

POINT

char型のポインタの配列

- 文字は、char型の変数に格納する
  例：char c = 'A';
- したがって、文字列（文字の配列）は、char型の配列に格納できる
  例：char s[] = "ABC";
- 文字列は、char型のポインタにも格納できる
  例：char *p = "ABC";
- したがって、文字列の配列は、char型のポインタの配列に格納できる
  例：char *strP[] = { "ABC", "DEF", "GHI" };

Check Test

Q1 (1)～(3)に該当するものをア～ウから選んでください。

(1) コマンドライン引数の数が設定されるmain関数の引数名
(2) コマンドライン引数の文字列が設定されるmain関数の引数名
(3) プログラムが正常終了したときのmain関数の戻り値

ア 0　イ argv　ウ argc

Q2 (1)～(4)でオープンされるファイルをア～エから選んでください。

(1) ifstream fin("ファイル名");
(2) ifstream fin("ファイル名", ios::in | ios::binary);
(3) ofstream fout("ファイル名", ios::out | ios::binary);
(4) ofstream fout("ファイル名");

ア 出力用テキストファイル　イ 入力用テキストファイル
ウ 出力用バイナリファイル　エ 入力用バイナリファイル

Q3 (1)～(4)に該当するものをア～ウから選んでください。

(1) 大文字の書式指定　(2) 桁数の書式指定
(3) 16進数の書式指定　(4) 上位桁を埋める文字の書式指定

ア hex　イ setw　ウ setfill
エ uppercase

Q4 (1)～(3)に該当するものをア～ウから選んでください。

(1) 標準出力を意味するオブジェクト
(2) 標準エラー出力を意味するオブジェクト
(3) 標準入力を意味するオブジェクト

ア cin　イ cerr　ウ cout

第10章

テンプレートとSTL

この章では、まず、関数とクラスを任意のデータ型で使えるテンプレートを学びます。次に、コンテナの機能を提供するSTLを、最後に、アルゴリズムを提供するSTLを学びます。

この章で学ぶこと

1 _ 関数テンプレート

2 _ クラステンプレート

3 _ STL

Introduction

10 1 関数テンプレートとクラステンプレート

関数テンプレート

少しだけ復習をしておきましょう。第7章で説明しましたが、C++には関数のオーバーロード（多重定義）という機能があり、引数の数またはデータ型が異なれば、同じ名前の関数を複数定義できます。

リスト10-1は、2つの引数の小さい方を返すgetMin関数（C++には、あらかじめmin関数が用意されているので、それとダブらないようにgetMinという名前にしました）と、それを使うmain関数です。ここでは、int型の引数のgetMin関数と、double型の引数のgetMin関数を、オーバーロードしています。

リスト10-1 小さい方の値を返すgetMin関数をオーバーロードする（list10_1.cpp）

```
#include <iostream>
using namespace std;

// int型を引数とするgetMin関数
int getMin(int a, int b) {
  return a < b ? a : b;
}

// double型を引数とするgetMin関数
double getMin(double a, double b) {
  return a < b ? a : b;
}
```

```
  // main関数
  int main() {
    // int型のgetMin関数を呼び出す
    int a, b, c;
    a = 123;
    b = 456;
    c = getMin(a, b);
    cout << c << endl;

    // double型のgetMin関数を呼び出す
    double x, y, z;
    x = 1.23;
    y = 4.56;
    z = getMin(x, y);
    cout << z << endl;

    return 0;
  }
```

プログラムの実行結果の例を以下に示します。int型のgetMin関数とdouble型のgetMin関数は、どちらも正しく動作しています。

ただし、プログラムのソースコードには、冗長な部分があります。int型のgetMin関数とdouble型のgetMin関数は、引数と戻り値のデータ型が違うだけで、まったく同じ処理内容だからです。どちらも処理が1行だけの短い関数なので、あまり冗長だと感じないかもしれませんが、もしも処理が100行ぐらいある関数だったら、きっと冗長だと感じるはずです。

実行結果

```
123
1.23
```

このような場合には、**関数テンプレート**（かんすう）という機能を使うことで、2つのgetMin関数を1つにまとめて記述できます。テンプレート（template）とは、「型板」という意味です。リスト10-2は、関数テンプレートで定義されたgetMin関数と、それを使うmain関数です。

リスト10-2 getMin関数を関数テンプレートとして定義する（list10_2.cpp）

```
#include <iostream>
using namespace std;

// 関数テンプレートで定義したgetMin関数
template <class T> T getMin(T a, T b) { ――❶
  return a < b ? a : b;
}

// main関数
int main() {
  // int型のgetMin関数を呼び出す
  int a, b, c;
  a = 123;
  b = 456;
  c = getMin(a, b); ――❷
  cout << c << endl;

  // double型のgetMin関数を呼び出す
  double x, y, z;
  x = 1.23;
  y = 4.56;
  z = getMin(x, y); ――❸
  cout << z << endl;

  return 0;
}
```

❶の冒頭にあるtemplate <class T>は、これが関数テンプレートの定義であり、引数や戻り値に指定されたプレースホルダのTが、様々なデータ型に置き換えられることを意味しています。**プレースホルダ**（placeholder）は、「置き換えられるもの」という意味です。Tの部分は、Tではない文字でも文字列でも、大文字でも小文字でも構いません。ここでは、「データ型」のことを英語でtypeと呼ぶので、その頭文字を取ってTにしました。大文字にしたのは、目立つようにという意図からです。

❶の後半にあるT getMin(T a, T b)は、戻り値のデータ型がTで、引数aとbのデータ型がTであることを示しています。このTの部分には、T getMin(T a, T b)を使う側のプログラム（ここではmain関数）で、任意のデータ型を指定

します。

main関数の内容は、先ほどのリスト10-1と同じです。関数テンプレートを定義する側には、特殊な設定が必要ですが、関数テンプレートを使う側には何ら設定はいらないのです。

❷のc = getMin(a, b); の部分では、変数a、b、cのデータ型がint型なので、T getMin(T a, T b) のTがintに置き換わって、int getMin(int a, int b) が呼び出されます。❸のz = getMin(x, y); の部分では、変数x、y、zのデータ型がdouble型なので、T getMin(T a, T b) のTがdoubleに置き換わって、double getMin(double a, double b) が呼び出されます。

リスト10-2の実行結果は、リスト10-1と同じです。関数テンプレートを使うことで、同じ機能のプログラムを、より短く記述できたことに注目してください。T getMin(T a, T b) は、int型とdouble型だけでなく、char型でもfloat型でも使えます。様々なデータ型で使える関数なので、関数テンプレートで定義された関数を**汎用関数**（はんようかんすう）と呼びます。

Column

関数のオーバーロードvs関数テンプレート

関数のオーバーロードを使うのか、それとも関数テンプレートを使った方がいいのかは、状況次第です。関数テンプレートが使えるのは、データ型だけが異なって、処理内容が同じ場合だけです。処理内容に違いがあるなら、関数のオーバーロードを使うことになります。
後で説明しますが、関数テンプレートと関数のオーバーロードの両方を使うこともできます。

複数のプレースホルダを使った関数テンプレート

配列の要素の最小値を返すgetMin関数を関数テンプレートで定義するには、どうしたらよいでしょう。

```
template <class T> T getMin(T a[], T length)
```

という定義にすると、配列a[]と配列の要素数lengthが同じデータ型になってしまいます。char getMin(char a[], int length) のように、異なるデータ型で使いたいこともあるはずです。このような場合には、プレースホルダを2つ使って、

```
template <class T1, class T2> T1 getMin(T1 a[], T2 length)
```

という定義にすればよいのです。

リスト10-3は、先ほどのリスト10-2に配列の要素の最小値を返すgetMin関数を追加したものです。ここでは、

- template <class T> T getMin(T a, T b)
- template <class T1, class T2> T1 getMin(T1 a[], T2 length)

という2つの関数テンプレートをオーバーロードしています（❶）。このように、1つのプログラムの中で、関数テンプレートとオーバーロードの両方を使うこともできます。

getMin関数の処理の中にある、❷のT1 ans = a[0]; と❸のT2 i = 1; にも注目してください。ここでは、ローカル変数のデータ型で、T1とT2というプレースホルダを使っています。プレースホルダは、関数の戻り値と引数のデータ型だけでなく、ローカル変数のデータ型にも使えるのです。

getMin関数を使うmain関数には、char型の配列の最小値を求める処理と、float型の配列の最小値を求める処理を追加しています。

リスト10-3 配列の要素の最小値を返すgetMin関数を関数テンプレートで定義する（list10_3.cpp）

```
#include <iostream>
using namespace std;

// 関数テンプレートで定義したgetMin関数
template <class T> T getMin(T a, T b) { ――❶
  return a < b ? a : b;
}

// 関数テンプレートで定義したgetMin関数（配列の要素の最小値を返す）
template <class T1, class T2> T1 getMin(T1 a[], T2
length) { ――❶
  T1 ans = a[0]; ――❷
  for (T2 i = 1; i < length; i++) { ――❸
    if (ans > a[i]) {
      ans = a[i];
    }
  }
  return ans;
}

// main関数
int main() {
  // int型のgetMin関数を呼び出す
  int a, b, c;
  a = 123;
  b = 456;
  c = getMin(a, b);
  cout << c << endl;

  // double型のgetMin関数を呼び出す
  double x, y, z;
  x = 1.23;
  y = 4.56;
  z = getMin(x, y);
  cout << z << endl;
```

```
  // char型のgetMin関数（配列用）を呼び出す
  char cArray[] = { 'c', 'b', 'f', 'a', 'e' };
  int cLength = 5;
  char cAns = getMin(cArray, cLength);
  cout << cAns << endl;

  // float型のgetMin関数（配列用）を呼び出す
  float fArray[] = { 2.22F, 3.33F, 1.11F, 5.55F, 4.44F };
  int fLength = 5;
  float fAns = getMin(fArray, fLength);
  cout << fAns << endl;

  return 0;
}
```

2.22Fや3.33Fの末尾にあるFは、どういう意味？

数値がfloat型であることを示す接尾辞だよ

Column

小数点のある数値のデフォルトの型

2.22や3.33のような小数点のある数値は、デフォルトでdouble型とみなされます。このため、float型にしたい場合は、末尾にFを付けます。

プログラムの実行結果の例を以下に示します。どのgetMin関数も、適切に動作して、それぞれの最小値を返しています。

実行結果

```
123
1.23
a
1.11
```

クラステンプレート

クラスの定義でも、関数テンプレートと同様に、任意のデータ型に置き換えられるプレースホルダを使うことができます。このようなクラスの定義を、**クラステンプレート**と呼びます。クラステンプレートで定義すると、様々なデータ型で使えるクラスになるので、これを**汎用クラス**（はんよう）と呼びます。

リスト10-4は、三角形を表すMyTriangleクラスをクラステンプレートで定義したものと、MyTriangleクラスを使うmain関数です。MyTriangleクラスには、底辺を格納するメンバ変数bottom、高さを格納するメンバ変数height、コンストラクタMyTriangle、および面積を返すメンバ関数getAreaがあります。

関数テンプレートと同様に、❶のtemplate <class T>は、これがクラステンプレートの定義であり、プレースホルダのTが、様々なデータ型に置き換えられることを意味しています。

関数テンプレートを使うプログラムには、特殊な設定はいりませんでしたが、クラステンプレートを使うプログラム（ここではmain関数）では、❷のMyTriangle<int> iObj(10, 20); のように、クラスのインスタンスを生成するときに、クラス名の後に < と > で囲んでデータ型を指定する必要があります。

このデータ型は、プレースホルダTと置き換わります。MyTriangle<int> iObj(10, 20); では、Tをint型に置き換えたMyTriangleクラスのインスタンスが生成されます。❸のMyTriangle<double> dObj(30.0, 40.0); では、Tをdouble型に置き換えたMyTriangleクラスのインスタンスが生成されます。

リスト 10-4 MyTriangleクラスをクラステンプレートで定義する（list10_4.cpp）

```
#include <iostream>
using namespace std;

// MyTriangleクラスの定義と実装
template <class T> class MyTriangle { ――❶
  private:
    T bottom;     // 底辺
    T height;     // 高さ
  public:
    // コンストラクタ
    MyTriangle(T bottom, T height) {
      this->bottom = bottom;
      this->height = height;
    }

    // 面積を返すメンバ関数
    T getArea() {
      return this->bottom * this->height / 2;
    }
};

// main関数
int main() {
  // int型でMyTriangleクラスを使う
  MyTriangle<int> iObj(10, 20); ――❷
  cout << "int型の三角形の面積：" << iObj.getArea() << endl;

  // double型でMyTriangleクラスを使う
  MyTriangle<double> dObj(30.0, 40.0); ――❸
  cout << "double型の三角形の面積：" << dObj.getArea() << endl;

  return 0;
}
```

プログラムの実行結果の例を以下に示します。int型のMyTriangleクラスのインスタンスも、double型のMyTriangleクラスのインスタンスも、適切に動作して、それぞれの面積を返しています。

実行結果

```
int型の三角形の面積：100
double型の三角形の面積：600
```

クラステンプレートでも、こんな風に
複数のプレースホルダを使うことができるの？
template <class T1, class T2>

もちろん、できるよ。
その場合のmain関数では、＜と＞の中に
カンマで区切って複数のデータ型を指定するんだよ
MyClass<double, int> obj(1.23, 10);

POINT

関数テンプレートとクラステンプレートの構文

✔ 関数テンプレート（Tはプレースホルダ）

```
template <class T> T 関数名(T 引数名) {
  Tをデータ型とした変数を使った処理;
}
```

✔ クラステンプレート（Tはプレースホルダ）

```
template <class T> class クラス名 {
  private:
    T メンバ変数名;
  public:
    T メンバ関数名(T 引数名) {
      Tをデータ型とした変数を使った処理;
    }
}
```

10 2 コンテナの機能を提供するSTL

STLのコンテナの種類

C++には、あらかじめ便利な関数テンプレートやクラステンプレートが数多く用意されています。それらをSTL（エスティーエル）(Standard Template Library = 標準テンプレートライブラリ）と呼びます。この節では、コンテナの機能を提供する主なSTLのクラスを紹介し、次の節では、アルゴリズムを提供する主なSTLの関数を紹介します。

コンテナとは、複数のデータの入れ物のことです。C++では、複数のデータを配列に格納します。コンテナは、配列をメンバ変数として持ち、その配列を操作する様々な処理をメンバ関数として持つクラスです。自分で配列を宣言して、その処理を自分で記述するより、あらかじめ用意されているコンテナを使った方が効率的です。

主なコンテナの種類と、それぞれの機能を提供するクラスの名前を以下に示します。これらのクラスを使うときには、それぞれ専用のヘッダファイルのインクルードが必要です。これらのクラスは、クラステンプレートで定義された汎用クラスです。したがって、任意のデータ型を指定して使えます。

表10-1　主なコンテナの種類とそれぞれの機能を提供するクラス名

コンテナの種類	STLの汎用クラス	ヘッダファイル
ベクトル	vector	<vector>
マップ	map	<map>
キュー	queue	<queue>
スタック	stack	<stack>

ベクトル（vector）は、可変長配列です。通常の配列の要素数は、int a[10];

と宣言すれば10個に固定されますが、ベクトルは、後から要素数を自動的に増やすことができます。ベクトルと聞くと、数学のベクトルを思い浮かべるかもしれませんが、このベクトルは配列と同意語です。通常の配列と区別するために、ベクトルと呼ぶのです。通常の配列と同様に、ベクトルも、配列の要素番号を指定して読み書きできます。

マップ（map）は、「地図」という意味ではなく、「対応付ける（マッピングする）」という意味です。たとえば、商品番号と商品名のような2つの値を対応付けて格納します。商品番号から商品名を得るなら、商品番号をキーと呼び、商品名を値と呼びます。通常の配列は、要素番号を指定して値を読み書きしますが、マップは、キーを指定して値を読み書きします。

キューとスタックは、すぐに処理しないデータを一時的に格納しておくバッファ（buffer＝緩衝記憶領域）です。

キュー（queue）は、「待ち行列」という意味です。切符を買う窓口に並んだ人の列のように、最初にキューに格納されたデータが、最初に取り出されます。これを**FIFO**（First In First Out ＝ 先入れ先出し）と呼びます。

スタック（stack）は、「干し草を積んだ山」という意味です。スタックに最後に積んだ（格納した）データが、最初に取り出されます。これを**LIFO**（Last In First Out ＝ 後入れ先出し）と呼びます。

キューとスタックは、要素番号を指定せずに読み書きします。なぜなら、要素を読み書きする順序が、FIFO形式とLIFO形式に決まっているからです。

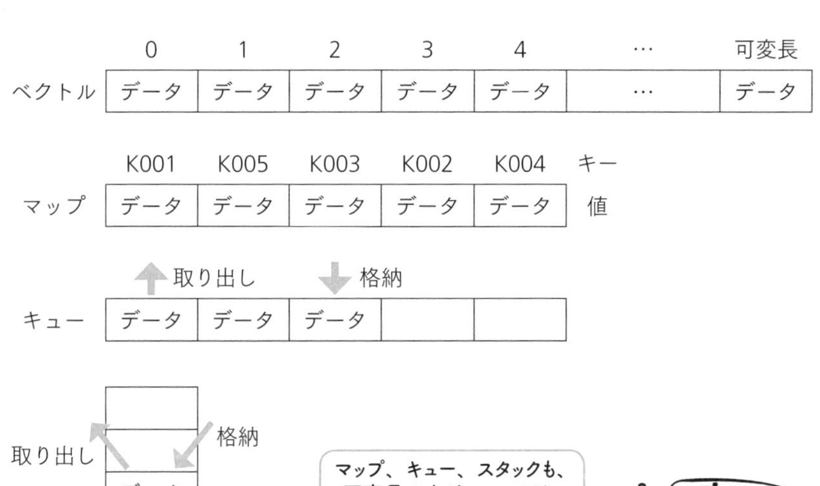

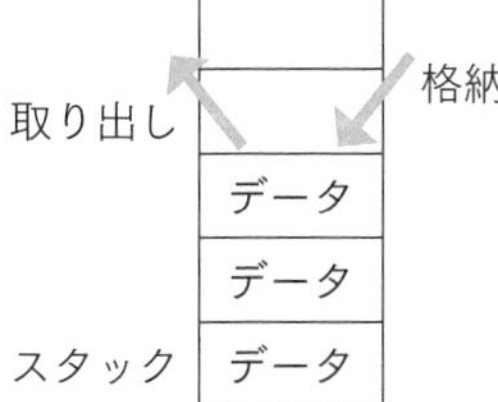

ベクトル

ベクトルは、可変長配列を提供するコンテナです。ベクトルが必要になるのは、プログラムを記述するときに配列の要素数を決められない場面です。

たとえば、キーボードから任意の行数の文字列を入力して、それを記憶するプログラムを作るとしましょう。通常の配列でstring s[10]; と宣言したら、プログラムの実行時に最大で10行の文字列しか記憶できません。ベクトルを使えば、プログラムの実行時に任意の行数の文字列を記憶できます。実行時のことを動的（どうてき）と呼ぶことがあります。ベクトルは、**動的配列**（どうてきはいれつ）（動的に要素数を増やせる配列）であるともいえます。

リスト10-5は、キー入力した文字列をベクトルに格納するプログラムです。任意の行数の文字列を入力して、最後にピリオド2個（ ".." ）を入力すると、入力が終了して、すべての文字列が表示されます。このピリオド2個は、入力の終了の印として適当に決めたものです（後で示すマップのプログラムでも同様）。

リスト10-5　ベクトルに任意の行数の文字列を記憶する（list10_5.cpp）

```
#include <iostream>
#include <string>
#include <vector>
using namespace std;

int main() {
  // ベクトルを作成する
  vector<string> v; ―❶

  // 任意の行数の文字列を入力する
  string s;
  do {
    cout << "文字列の入力：";
    cin >> s;
    v.push_back(s); ―❸
  } while(s != ".."); ―❷ (do～while)

  // ベクトルの末尾の要素（".."）を削除する
  v.pop_back(); ―❹

  // ベクトルに格納された文字列を表示する
  int length = v.size();
  for (int i = 0; i < length; i++) {
    cout << "ベクトルの内容：" << v[i] << endl; ―❺ (for)
  }

  return 0;
}
```

まず、❶のvector<string> v; で、プレースホルダにstring型を指定してベクトルvを作成します。次に、❷のdo～while文の繰り返しでキー入力を行い、任意の行数の文字列をベクトルvに格納します。❸のv.push_back(s); は、メンバ関数push_backで、ベクトルvの末尾に要素を格納するという意味です。".." を入力すると、繰り返しが終了します。この ".." もベクトルに格納されるので、繰り返しの後にあるv.pop_back(); で（❹）、ベクトルの末尾の要素を削除しています。

最後に、for文の繰り返しで、ベクトルvの内容を画面に表示します（❺）。v.size(); で、ベクトルvに格納されている要素数を取得できます。配列と同様に、v[i] という表現で、ベクトルvのi番目の要素を取得できます。これは、[ ] という演算子が、vectorクラスでオーバーロードされているからです。[ ] は、演算子の一種です。

プログラムの実行結果の例を以下に示します。ここでは、5行の文字列をベクトルvに格納し、その内容を画面に表示しました。

実行結果

```
文字列の入力：apple
文字列の入力：orange
文字列の入力：melon
文字列の入力：banana
文字列の入力：lemon
文字列の入力：..
ベクトルの内容：apple
ベクトルの内容：orange
ベクトルの内容：melon
ベクトルの内容：banana
ベクトルの内容：lemon
```

appleと入力して［Enter］キーを押す
orangeと入力して［Enter］キーを押す
melonと入力して［Enter］キーを押す
bananaと入力して［Enter］キーを押す
lemonと入力して［Enter］キーを押す
..と入力して［Enter］キーを押す

マップ

マップは、2つの値を対応付けて格納するコンテナです。リスト10-6は、「K001、apple」「K005、orange」「K003、melon」「K002、banana」「K004、lemon」という商品番号と商品名をマップに格納し、キー入力で商品番号を指定すると、それに対応付けられた商品名を表示するプログラムです。商品番号にピリオド2個（".."）を入力すると、プログラムが終了します。

リスト10-6 マップに商品番号と商品名を対応付けて格納する(list10_6.cpp)

```
#include <iostream>
#include <string>
#include <map>
using namespace std;

int main() {
  // マップを作成する
  map<string, string> m; ―― ❶

  // マップにキーと値を格納する
  m.insert(make_pair("K001", "apple"));  ┐
  m.insert(make_pair("K005", "orange")); │
  m.insert(make_pair("K003", "melon"));  ├ ❷
  m.insert(make_pair("K002", "banana")); │
  m.insert(make_pair("K004", "lemon"));  ┘

  // キーに対応する値を表示する
  string num;
  do {                                                       ┐
    cout << "商品番号：";                                    │
    cin >> num;                                              │
    if (m.count(num) != 0) {                                 ├ ❸
      cout << "対応する商品名：" << m[num] << endl; ― ❹      │
    }                                                        │
  } while(num != "..");                                      ┘

  return 0;
}
```

まず、❶のmap<string, string> m; で、2つのプレースホルダにstring型を指定してマップmを作成します。マップのプレースホルダは2つあり、前側がキーのデータ型で、後側が値のデータ型です。ここでは、キーとなる商品番号も、値となる商品名も、string型の文字列です。

次に、❷のm.insert(make_pair("K001", "apple")); やm.insert(make_pair("K005", "orange")); で、マップに商品番号と商品名のペアを格納します。make_pair関数は、マップに格納するキーと値のペアを作ります。mapのメンバ関数insertは、make_pair関数で作られたペアをマップに格納します。

最後に、❸のdo〜while文の繰り返しで、商品番号をキー入力し、それに対応する商品名を画面に表示します。mapのメンバ関数countは、引数に指定されたキーに対応する値がマップの中に何個あるかを返します。したがって、❹のif (m.count(num) != 0) { ……… } のブロックは、キーに対応する値が存在するときに実行されます。

マップmの要素をm[num] という形式で読み出せることに注目してください。ここでは、numのデータ型がstring型なので、たとえばnumが "K001" なら、m["K001"] という形式で読み出していることになります。このように、配列の [ ] の中に文字列を指定できるのは、[ ] という演算子が、mapクラスでオーバーロードされているからです。このような配列を**連想配列**(れんそうはいれつ)や**連想コンテナ**と呼びます。[ ] の中に指定された文字列から連想されるデータを読み出しているようだからです。

プログラムの実行結果の例を以下に示します。K001を入力すると、それに対応付けられたappleが表示されました。K003を入力すると、それに対応するmelonが表示されました。K004を入力すると、それに対応するlemonが表示されました。

実行結果

```
商品番号：K001        ← K001 と入力して［Enter］キーを押す
対応する商品名：apple
商品番号：K003        ← K003 と入力して［Enter］キーを押す
対応する商品名：melon
商品番号：K004        ← K004 と入力して［Enter］キーを押す
対応する商品名：lemon
商品番号：..          ← .. と入力して［Enter］キーを押す
```

このように、マップの特徴は、配列の要素番号ではなく、キーを指定して値を読み出せることです。

キューとスタック

キューと**スタック**は、すぐに処理しないデータを一時的に格納しておくコンテナです。両者の違いは、キューがFIFO形式で、スタックがLIFO形式であることです。リスト10-7は、キューとスタックの違いを確認するプログラムです。

リスト10-7 キューとスタックの違いを確認するプログラム（list10_7.cpp）

```
#include <iostream>
#include <string>
#include <queue>
#include <stack>
using namespace std;

int main() {
  // キューを作成する
  queue<string> q;  ❶

  // キューにデータを格納する
  q.push("データ1");
  q.push("データ2");  ❷
  q.push("データ3");

  // キューからデータを取り出す
  cout << "***** キュー *****" << endl;
  while (!q.empty()) {
    cout << q.front() << endl;  ❸
    q.pop();
  }

  // スタックを作成する
  stack<string> s;  ❹

  // スタックにデータを格納する
  s.push("データ1");
  s.push("データ2");  ❺
  s.push("データ3");

  // スタックからデータを取り出す
  cout << "***** スタック *****" << endl;
  while (!s.empty()) {
    cout << s.top() << endl;  ❻
    s.pop();
  }

  return 0;
}
```

プログラムの前半部では、まず、❶のqueue<string> q; で文字列を格納するキューqを作成し、メンバ関数pushで「データ1」「データ2」「データ3」の順にデータを格納します（❷）。次に、while文の繰り返しで、キューのすべてのデータを取り出して画面に表示します（❸）。

メンバ関数emptyは、キューが空ならtrueを返します。while (!q.empty()) { ……… }のブロックは、キューqにデータがある限り繰り返されます。このブロックの中では、メンバ関数frontで先頭のデータの値を取得し、メンバ関数popで先頭のデータを削除しています。これを繰り返すことによって、キューqからすべてのデータが取りされます。

プログラムの後半部では、まず、❹のstack<string> s; で文字列を格納するスタックsを作成し、メンバ関数pushで「データ1」「データ2」「データ3」の順にデータを格納します（❺）。次に、while文の繰り返しで、スタックのすべてのデータを取り出して画面に表示します（❻）。

queueクラスと同様にstackクラスのメンバ関数emptyは、スタックが空ならtrueを返します。while (!s.empty()) { …… }のブロックは、スタックsにデータがある限り繰り返されます。このブロックの中では、メンバ関数topで最上部のデータの値を取得し、メンバ関数popで最上部のデータを削除しています。これを繰り返すことによって、スタックsからすべてのデータが取り出されます。

プログラムの実行結果の例を以下に示します。キューでは、「データ1」「データ2」「データ3」の順に格納されたデータが、「データ1」「データ2」「データ3」の順に取り出されました。FIFO形式だからです。スタックでは、「データ1」「データ2」「データ3」の順に格納されたデータが、「データ3」「データ2」「データ1」の順に取り出されました。LIFO形式だからです。

実行結果

```
***** キュー *****
データ1
データ2
データ3
***** スタック *****
データ3
データ2
データ1
```

LIFO形式のスタックでは、
データの格納と取り出しの
順序が変わるんだね

その通り! スタックは、
データを入れ替えるために
使われるんだよ

POINT

STLの主なコンテナの種類と特徴

- ✔ ベクトル………可変長配列を提供する
- ✔ マップ…………キーと値を対応付けて格納する
- ✔ キュー…………FIFO形式のバッファを提供する
- ✔ スタック………LIFO形式のバッファを提供する

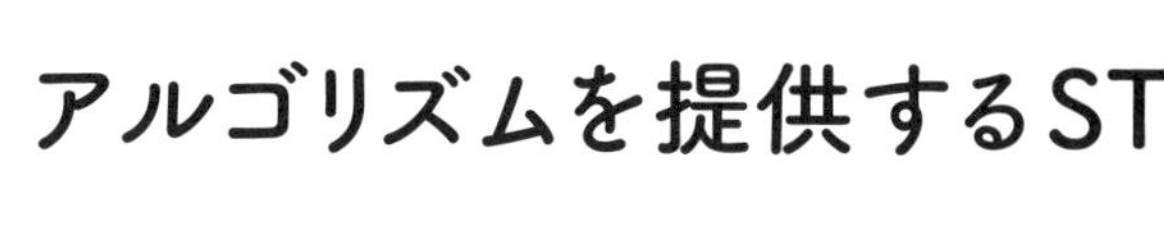

10-3 アルゴリズムを提供するSTL

STLのアルゴリズムの種類

アルゴリズムとは、与えられた問題を解くための手順のことです。STLには、vectorやmapなどのコンテナに対して利用できる様々なアルゴリズムが用意されています。

主なアルゴリズムの種類と、その機能を提供する関数の名前を表10-2に示します。これらの関数を使うときには、<algorithm>というヘッダファイルのインクルードが必要です。これらの関数は、関数テンプレートで定義された汎用関数です。したがって、データ型の部分に任意のコンテナを指定して使えます。

表10-2　主なアルゴリズムと汎用関数

アルゴリズム	汎用関数
整列する	void sort(IT begin, IT end)
探索する	IT find(IT begin, IT end, CT data)
要素数を得る	int count(IT begin, IT end, CT data)
逆順にする	void reverse(IT begin, IT end)
置き換える	void replace(IT begin, IT end, CT oldData, CT newData)

※プレースホルダITは、イテレータであることを示す。
※プレースホルダCTは、コンテナに格納するデータ型であることを示す。

汎用関数の引数には、IT beginとIT endがあります。ここには、コンテナの中にある要素の範囲を指定します。すべての要素を対象として処理を行う場合には、IT beginにコンテナの先頭を、IT endにコンテナの末尾の次を指定します。具体的な方法は、後でサンプルプログラムを作るときに説明します。

プレースホルダのITの部分には、イテレータを指定します。**イテレータ**とは、コンテナ用のポインタに相当するものです。プレースホルダのCTの部分には、コンテナに格納する要素のデータ型を指定します。これらの具体例も、後でサンプルプログラムを作るときに説明します。

整列のアルゴリズム

リスト10-8は、int型のベクトルvを昇順（小さい順）に整列するプログラムです。

❶のsort(v.begin(), v.end()); の部分に注目してください。sort関数の引数に指定したv.begin()はベクトルvの先頭のイテレータを返し、v.end()は末尾の次のイテレータを返します。イテレータは、コンテナ用のポインタに相当するものなので、これでベクトルvのすべての要素を対象として、整列の処理が行われます。イテレータ（iterator）とは、「反復するもの」という意味です。イテレータは、コンテナの先頭から末尾までの要素を、1つずつ指し示すことを反復（繰り返し）するのです。

リスト10-8 ベクトルの内容を昇順に整列する（list10_8.cpp）

```
#include <iostream>
#include <vector>
#include <algorithm>
using namespace std;

int main() {
  // ベクトルを作成する
  vector<int> v;

  // ベクトルにデータを格納する
  v.push_back(5);
  v.push_back(3);
  v.push_back(1);
  v.push_back(4);
  v.push_back(2);
```

```
    // 整列前のベクトルの内容を表示する
    int length = v.size();
    cout << "整列前：";
    for (int i = 0; i < length; i++) {
      cout << "[" << v[i] << "]";
    }
    cout << endl;

    // ベクトルを昇順に整列する
    sort(v.begin(), v.end()); ❶

    // 整列後のベクトルの内容を表示する
    cout << "整列後：";
    for (int i = 0; i < length; i++) {
      cout << "[" << v[i] << "]";
    }
    cout << endl;

    return 0;
}
```

プログラムの実行結果の例を以下に示します。整列する前のベクトルvの内容と、整列した後のベクトルvの内容が表示されるので、sort関数で昇順に整列されたことがわかります。

実行結果

```
整列前：[5][3][1][4][2]
整列後：[1][2][3][4][5]
```

ベクトルを降順（大きい順）に整列するには、どうしたらいいの？

リスト10-8の
sort(v.begin(), v.end());
を、
sort(v.rbegin(), v.rend());
に変えるだけでいいんだ
頭にr（reverseという意味）が付いたrbegin関数とrend関数は、末尾から先頭にコンテナをたどる逆イテレータを返すんだよ

探索のアルゴリズム

リスト10-9は、string型のベクトルvの中から、キー入力されたデータsを探索するプログラムです。

❶のvector<string>::iterator it = find(v.begin(), v.end(), s); は、ベクトルvのすべての要素を対象として、データsを探索し、その結果を変数itに格納します。find関数は、戻り値として、見つかったデータのイテレータを返します。ここでは、string型のベクトルのイテレータが返されるので、変数itのデータ型をvector<string>::iteratorにします。

もしも、データsが見つからなかった場合は、find関数の戻り値がv.end()と同じ値（末尾の次のイテレータ）になります。このことから、データsが見つかったかどうかを判断できます。

見つかった場合は、*it で見つかった値を取得して画面に表示します（❷）。通常のポインタと同様に、先頭にアスタリスク（ * ）を付けることで、イテレータが指し示すデータの値を取得できます。見つからない場合は、「見つかりません！」と画面に表示します（❸）。

リスト10-9　キー入力したデータをベクトルから探索する（list10_9.cpp）

```
#include <iostream>
#include <string>
#include <vector>
#include <algorithm>
using namespace std;

int main() {
  // ベクトルを作成する
  vector<string> v;

  // ベクトルにデータを格納する
  v.push_back("apple");
  v.push_back("orange");
  v.push_back("melon");
  v.push_back("banana");
  v.push_back("lemon");
```

```
  // 探索するデータをキー入力する
  string s;
  cout << "探索するデータ：";
  cin >> s;

  // ベクトルからデータを探索する
  vector<string>::iterator it = find(v.begin(), v.end(), 
  s); ―❶
  if (it != v.end()) {
    cout << *it << "が見つかりました！" << endl;  ―❷
  }
  else {
    cout << "見つかりません！" << endl;  ―❸
  }

  return 0;
}
```

プログラムの実行結果の例を以下に示します。melonは、ベクトルvの中にあるので見つかります。grapeは、ベクトルvの中にないので見つかりません。これらは、find関数の戻り値で判断されています。

実行結果

```
探索するデータ：melon  ― melonと入力して［Enter］キーを押す
melonが見つかりました！
```

実行結果

```
探索するデータ：grape  ― grapeと入力して［Enter］キーを押す
見つかりません！
```

その他のアルゴリズム

リスト10-10は、コンテナの中にある特定の値の要素の要素数を返すcount関数、コンテナの要素を逆順に並び替えるreverse関数、およびコンテナの要素を置き換えるreplace関数を使ったサンプルプログラムです。ここでは、int型のベクトルを処理の対象にしています。ベクトルの内容を表示する処理は、何度も必要なので、showVector関数にまとめてあります。

❶のint num = count(v.begin(), v.end(), 111); で、ベクトルvの中から111と同じ値の要素数を求めています。❷のreverse(v.begin(), v.end()); で、ベクトルvの内容を逆順にしています。❸のreplace(v.begin(), v.end(), 111, 222); で、ベクトルvの中にある111を222に置き換えています。

リスト 10-10　count関数、reverse関数、replace関数のサンプルプログラム（list10_10.cpp）

```
#include <iostream>
#include <string>
#include <vector>
#include <algorithm>
using namespace std;

// ベクトルの内容を表示する関数
void showVector(string title, const vector<int> &v) {
  cout << title << endl;
  cout << "ベクトルの内容：";
  int length = v.size();
  for (int i = 0; i < length; i++) {
    cout << "[" << v[i] << "] ";
  }
  cout << endl;
}

// main関数
int main() {
  // ベクトルを作成する
  vector<int> v;
```

```
    // ベクトルにデータを格納する
    v.push_back(111);
    v.push_back(111);
    v.push_back(111);
    v.push_back(222);
    v.push_back(222);
    showVector("***** 初期状態 *****", v);

    // count関数で要素数を得る
    int num = count(v.begin(), v.end(), 111);  ❶
    cout << "***** 111のデータ数 *****" << endl;
    cout << num << endl;

    // reverse関数で逆順にする
    reverse(v.begin(), v.end());  ❷
    showVector("***** 逆順にする *****", v);

    // replace関数で置き換える
    replace(v.begin(), v.end(), 111, 222);  ❸
    showVector("***** 置き換える *****", v);

    return 0;
}
```

プログラムの実行結果の例を以下に示します。初期状態で「111」「111」「111」「222」「222」という内容なので、count関数で得た111の要素数は3個です。reverse関数で逆順にすると、「222」「222」「111」「111」「111」になります。replace関数で111を222に置き換えると、「222」「222」「222」「222」「222」になります。

実行結果

```
***** 初期状態 *****
ベクトルの内容：[111] [111] [111] [222] [222]
***** 111の要素数 *****
3
***** 逆順にする *****
ベクトルの内容：[222] [222] [111] [111] [111]
***** 置き換える *****
ベクトルの内容：[222] [222] [222] [222] [222]
```

第10章 テンプレートとSTL

さあ、これで、本書の学習は、
すべて終了だよ
やったあ!

POINT

STLの主な汎用関数の種類と機能

- sort関数…………コンテナの要素を整列する
- find関数…………コンテナから指定した要素を探索する
- count関数………コンテナから指定した値を持つ要素の要素数を返す
- reverse関数……コンテナの要素を逆順に並び替える
- replace関数……コンテナの要素を置き換える

第10章
まとめ

Check Test

Q1 （1）～（3）に該当するものをア～ウから選んでください。

（1）コンテナ用のポインタに相当するもの
（2）テンプレートで、任意のデータ型に置き換えられるもの
（3）要素番号ではなく、キーから値を取り出せるもの

ア　プレースホルダ　　イ　連想配列　　ウ　イテレータ

Q2 （1）～（3）の［　　］に入るものをアまたはイから選んでください。

（1）関数テンプレートに複数のプレースホルダを指定［　　］。
（2）異なる処理内容の関数を、1つの関数テンプレートに［　　］。
（3）ローカル変数にプレースホルダを指定［　　］。

ア　できる　　イ　できない（複数回選択可）

Q3 （1）～（4）に該当するものをア～エから選んでください。

（1）FIFO形式のバッファを提供する汎用クラス
（2）LIFO形式のバッファを提供する汎用クラス
（3）可変長配列を提供する汎用クラス
（4）キーと値を対応付けて格納できる汎用クラス

ア　vectorクラス　　イ　mapクラス
ウ　stackクラス　　エ　queueクラス

Q4 （1）～（4）に該当するものをア～エから選んでください。

（1）コンテナのデータを置き換える汎用関数
（2）コンテナを探索する汎用関数
（3）コンテナの要素数を得る汎用関数
（4）コンテナを整列する汎用関数

ア　sort関数　　イ　find関数
ウ　count関数　　エ　replace関数

付　録

ここでは、本書で紹介したC++の構文や演算子の種類などを一覧できるよう、まとめて掲載しています。

A 1

構文一覧

ここでは、本書で紹介した構文を抜粋して掲載しています。

第2章　役に立つプログラムを作る（C++の基本構文）

文法　ヘッダファイルをインクルードする

```
#include <ヘッダファイル名>
```

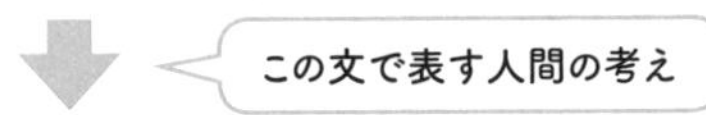

このヘッダファイルをソースコードに含めよ（インクルードせよ）。

第2章P. 039

文法　ネームスペースを使うことを示す文

```
using namespace ネームスペース名;
```

このネームスペースを使え。

第2章P. 042

文法　return文

```
return 戻り値;
```

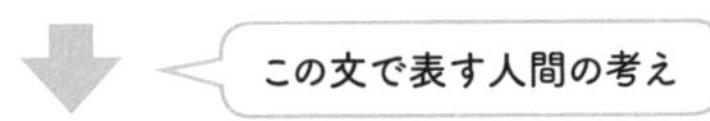

関数の処理結果として、関数の呼び出し元に、戻り値を返せ。

第2章P. 043

文法　変数を宣言する構文（その1）

```
データ型 変数名;
```

この文で表す人間の考え

このデータ型と名前で変数（データを入れる箱）を用意せよ。

● 第2章 P. 049

文法　変数を宣言する構文（その2）

```
データ型 変数名1, 変数名2, ……;
```

この文で表す人間の考え

同じデータ型で、変数名1、変数名2、……という複数の変数を用意せよ。

● 第2章 P. 049

文法　コメントの構文（その1）

```
// コメント
```

この文で表す人間の考え

// の後から行末までは、コメントである。

● 第2章 P. 050

文法　コメントの構文（その2）

```
/*
コメント
コメント
………
*/
```

この文で表す人間の考え

/* と */ で囲まれた部分は、コメントである。

● 第2章 P. 050

文法　キー入力を変数に格納する構文

```
cin >> 変数;
```

この文で表す人間の考え

cinオブジェクトからのデータの流れを変数に入れよ。

● 第2章P. 054

文法　変数や文字列を画面に表示する構文

```
cout << 変数や文字列;
```

この文で表す人間の考え

変数や文字列の内容をcoutオブジェクトに流せ（渡せ）。

● 第2章P. 055

文法　定数を定義する構文

```
const データ型 定数名 = 値;
```

この文で表す人間の考え

このデータ型と名前と値で、定数を用意せよ。

● 第2章P. 064

文法　キャストの構文

```
(データ型)変数や定数
```

この文で表す人間の考え

変数や定数の値のデータ型を、カッコで囲んで示したデータ型に変換せよ。

● 第2章P. 067

第3章　条件に応じた分岐と繰り返し

文法　if～else文の構文（その1）

```
if (条件) {
  処理1;
}
else {
  処理2;
}
```

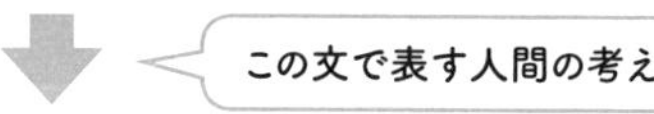

もしも（if）条件が真なら処理1を行え、そうでなければ（else）処理2を行え。

• 第3章P. 074

文法　if～else文の構文（その2）

```
if (条件) {
  処理;
}
```

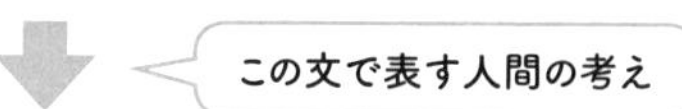

もしも（if）条件がtrueなら処理を行え。

• 第3章P. 077

文法　if～else文の構文（その3）

```
if (条件1) {
  処理1;
}
else if (条件2) {
  処理2;
}
......
else {
  処理n;
}
```

この文で表す人間の考え

もしも（if）条件1がtrueなら処理1を行え、
そうではなくてもしも（else if）条件2がtrueなら処理2を行え、
......、
そうでなければ（else）処理nを行え。

第3章P. 078

文法　switch文の構文

```
switch ( 変数 ) {
  case 値1:
    処理1;
    break;
  case 値2:
    処理2;
    break;
  ……
  default:
    処理n;
    break;
}
```

この文で表す人間の考え

変数の値に応じて切り換える（switch）。
値1の場合（case）は、処理1を行い、switch文を中断する（break）。
値2の場合（case）は、処理2を行い、switch文を中断する（break）。
……。
どの場合にも該当しないときは、デフォルト（default）の処理nを行い、switch文を中断する（break）。

• 第3章P. 088

文法　while文の構文

```
while ( 条件 ) {
  処理;
}
```

この文で表す人間の考え

条件がtrueである限り（while）処理を繰り返せ。

• 第3章P. 093

文法　do～while文の構文

```
do {
  処理;
} while (条件);
```

処理をやれ（do）、条件がtrueである限り（while）繰り返せ。

● 第3章 P. 095

文法　for文の構文

```
for (ループカウンタ = 初期値; 条件; ループカウンタの更新) {
  処理;
}
```

ループカウンタに初期値を代入せよ。条件をチェックしてtrueである限り処理を繰り返せ。処理を繰り返すたびに、ループカウンタを更新せよ。

● 第3章 P. 098

文法　配列を宣言する構文

```
データ型 配列名[要素数];
```

このデータ型と要素数で配列を用意せよ。

● 第3章 P. 103

文法　配列の宣言と要素の格納をまとめて行う構文

データ型　配列名［要素数］＝｛　0番目の要素の値，　1番目の要素の値，　……　｝;

この文で表す人間の考え

このデータ型と要素数で配列を用意して、｛　　｝内の要素を格納せよ。

● 第3章 P. 105

第4章　プログラムを関数で部品化する

文法　関数を呼び出す構文（引数と戻り値がある関数の場合）

変数　＝　関数（引数）;

この文で表す人間の考え

引数を渡して関数を呼び出し、戻り値を変数に格納せよ。

● 第4章 P. 118

文法　関数のプロトタイプの構文

戻り値のデータ型　関数名（データ型1　引数名1，　データ型2　引数名2，　……）

この文で表す人間の考え

これは、この関数名で、これらのデータ型の引数を指定して、
このデータ型の戻り値を返す関数である。

● 第4章 P. 121

文法 構造体を定義する構文

```
struct 構造体名 {
  データ型1 メンバ名1;
  データ型2 メンバ名2;
    ……
};
```

この文で表す人間の考え

ここに示したメンバをひとまとまりにして、全体に構造体名を付けて、
それを新たなデータ型として使う。

● 第4章P. 147

第5章　プログラムをクラスで部品化する

文法 クラスを定義する構文（一般的な例）

```
class クラス名 {
  private:
    メンバ変数の宣言1;
    メンバ変数の宣言2;
      ……
  public:
    メンバ関数のプロトタイプ宣言1;
    メンバ関数のプロトタイプ宣言2;
      ……
    コンストラクタのプロトタイプ宣言;
};
```

この文で表す人間の考え

ここに示したメンバ変数とメンバ関数をひとまとまりにして、全体にクラス名を付けて、
それを新たなクラスとして定義する。

● 第5章P. 172

文法　クラスのインスタンスを宣言する構文（一般的な例）

```
クラス名 インスタンス名(コンストラクタに渡す引数);
```

このクラスのインスタンスを生成し、引数で示した初期値を設定せよ。

• 第5章P. 181

文法　オブジェクトを動的に生成する構文（引数を渡す場合）

```
クラス名 *ポインタ変数 = new クラス名(引数);
```

このクラスのオブジェクトを動的に生成し、そのアドレスをポインタ変数に格納し、コンストラクタに引数を渡せ。

• 第5章P. 194

文法　動的に生成されたオブジェクトを破棄する構文

```
delete ポインタ変数;
```

このポインタ変数が指し示しているオブジェクトを破棄せよ。

• 第5章P. 194

文法　配列を動的に生成する構文

```
データ型 *ポインタ変数 = new データ型[要素数];
```

このデータ型で、指定した要素数の配列を動的に作成し、その先頭アドレスをポインタ変数に格納せよ。

• 第5章P. 197

文法　動的に生成された配列を破棄する構文

```
delete[] ポインタ変数;
```

この文で表す人間の考え

このポインタ変数が指し示している配列を破棄せよ。

第5章P. 197

第6章　クラスがあるから表現できること

文法　既存のクラスを継承して新たなクラスを定義する構文（一般的な例）

```
class 新たなクラス名 : public 既存のクラス名 {
  追加する新たなメンバ
        ……
};
```

この文で表す人間の考え

既存のクラスのメンバを引き継ぎ、それに新たなメンバを追加して、新たなクラスを定義する。

第6章P. 223

文法　純粋仮想関数を定義する構文

```
virtual 関数のプロトタイプ = 0;
```

この文で表す人間の考え

この関数には、処理内容を記述できないので、呼び出すことはできない。

第6章P. 244

第8章　コピーコンストラクタと代入演算子のオーバーロード

文法　コピーコンストラクタの構文（インライン関数の場合）

```
クラス名(const クラス名 &引数名) { ……… }
```

これは、このクラスのコピーコンストラクタである。引数には、コピー元のオブジェクトの参照が与えられる。コピー元のオブジェクトのメンバ変数の値を変更しない。

• 第8章P. 300

文法　代入演算子をオーバーロードする構文（インライン関数の場合）

```
クラス名 &operator=(const クラス名 &引数名) { ……… }
```

これは、このクラスの代入演算子のオーバーロードである。引数には、コピー元のオブジェクトの参照が与えられる。コピー元のオブジェクトのメンバ変数の値を変更しない。

• 第8章P. 319

付録

A 2

主なデータ型、演算子などの一覧

ここでは、本書で紹介した主なデータ型や演算子など、表で示した内容を掲載しています。なお、表の番号は本文中のものと同じにしています。

主なデータ型

表2-2　主なデータ型の種類

分類	データ型	大きさ	格納できる値
整数型	bool	1バイト	trueまたはfalseだけ
	char	1バイト	-128～127
	unsigned char	1バイト	0～255
	short	2バイト	-32768～32767
	unsigned short	2バイト	0～65535
	int	4バイト	-2147483648～2147483647（約±21億）
	unsigned int	4バイト	0～4294967295（0～約43億）
	long	4バイト	-2147483648～2147483647（約±21億）
	unsigned long	4バイト	0～4294967295（0～約43億）
浮動小数点数型	float	4バイト	約3.4^{-38}～約3.4^{38}
	double	8バイト	約1.7^{-308}～約1.7^{308}

• 第2章 P. 046

演算子

表2-3　算術演算子の種類

演算子	機能	使用例
+	加算を行う	ans = a + b;
-	減算を行う	ans = a - b;
*	乗算を行う	ans = a * b;
/	除算を行う	ans = a / b;
%	除算の余りを求める	ans = a % b;

• 第2章P. 051

表2-4　複合代入演算子（算術演算子の場合）

演算子	機能	使用例	冗長な表現の例
+=	加算と代入を行う	ans += 100;	ans = ans + 100;
-=	減算と代入を行う	ans -= 100;	ans = ans - 100;
*=	乗算と代入を行う	ans *= 100;	ans = ans * 100;
/=	除算と代入を行う	ans /= 100;	ans = ans / 100;
%=	除算の余りを代入する	ans %= 100;	ans = ans % 100;

• 第2章P. 062

表3-1　比較演算子の種類

演算子	意味	使用例
>	より大きい	if (a > b)
>=	以上	if (a >= b)
<	より小さい	if (a < b)
<=	以下	if (a <= b)
==	等しい	if (a == b)
!=	等しくない	if (a != b)

● 第3章P. 077

表3-2　論理演算子の種類

<table>
<tr><th>演算子</th><th>意味</th><th>使用例</th><th>使用例の意味</th></tr>
<tr><td>&&</td><td>かつ</td><td>if (a > b && c > d)</td><td>もしもa > bかつc > dなら</td></tr>
<tr><td>||</td><td>または</td><td>if (a >b || c > d)</td><td>もしもa > bまたはc > dなら</td></tr>
<tr><td>!</td><td>でない</td><td>if (!(a > b))</td><td>もしもa > bでないなら</td></tr>
</table>

● 第3章P. 079

その他

表5-1　stringクラスの主な機能

分類	プロトタイプ	機能
メンバ関数	int length()	保持している文字列の長さを返す
	int find(string x)	保持している文字列から、文字列xを検索して見つかった位置（先頭を0とする）を返す。見つからなかったら、int型の最大値（符号ありでは-1となる）を返す
	string substr(int pos, int num)	pos番目（先頭を0とする）からnum文字の部分文字列を返す
	void clear()	保持している文字列を削除する
	bool empty()	保持している文字列が空かどうかをチェックする
演算子のオーバーロード	=	文字列を代入する
	+=	末尾に文字列を追加する
	+	2つの文字列を連結する
	[ ]	配列の表現で文字を読み書きする
	==	等しいことを比較する
	!=	等しくないことを比較する
	>	より大きいことを比較する
	>=	以上であることを比較する
	<	より小さいことを比較する
	<=	以下であることを比較する

※比較は辞書順で、辞書の前の方に掲載される方を小さいとします。

● 第5章P. 166

付録

表6-1　アクセス指定子の種類

アクセス指定子	クラスの内部から	クラスの外部から	派生クラスから
private:	使える	使えない	使えない
public:	使える	使える	使える
protected:	使える	使えない	使える

● 第6章P. 216

表9-1　0〜15の10進数と8桁の2進数

10進数	2進数	10進数	2進数
0	00000000	8	00001000
1	00000001	9	00001001
2	00000010	10	00001010
3	00000011	11	00001011
4	00000100	12	00001100
5	00000101	13	00001101
6	00000110	14	00001110
7	00000111	15	00001111

● 第9章P. 363

表9-2　8桁の2進数と2桁の16進数

2進数	16進数	2進数	16進数	2進数	16進数
00000000	00	00001000	08	00010000	10
00000001	01	00001001	09	00010001	11
00000010	02	00001010	0A	00010010	12
00000011	03	00001011	0B	:	:
00000100	04	00001100	0C	11111100	FC
00000101	05	00001101	0D	11111101	FD
00000110	06	00001110	0E	11111110	FE
00000111	07	00001111	0F	11111111	FF

• 第9章P. 363

表10-1　主なコンテナの種類とそれぞれの機能を提供するクラス名

コンテナの種類	STLの汎用クラス	ヘッダファイル
ベクトル	vector	<vector>
マップ	map	<map>
キュー	queue	<queue>
スタック	stack	<stack>

• 第10章P. 385

付録

表10-2　主なアルゴリズムと汎用関数

アルゴリズム	汎用関数
整列する	void sort(IT begin, IT end)
探索する	IT find(IT begin, IT end, CT data)
要素数を得る	int count(IT begin, IT end, CT data)
逆順にする	void reverse(IT begin, IT end)
置き換える	void replace(IT begin, IT end, CT oldData, CT newData)

※プレースホルダITは、イテレータであることを示す。
※プレースホルダCTは、コンテナに格納するデータ型であることを示す。

● 第10章P. 395

おわりに

　本書の学習を終了したことで、皆様には、プログラミングの基礎知識とC++の言語構文が十分に身に付いたはずです。サンプルプログラムの改造の経験を積み重ねたことで、自分の考えをプログラムで表現できるようになったはずです。

　では、次のステップとして、何をしたらよいでしょう。ツールやゲームなど、自分が作ってみたいと思うプログラムを、どんどん作ってください。筆者がそういわなくても、皆様は、自ら進んでそうするでしょう。なぜなら、皆様は、プログラミングの楽しさを知ったからです。大事なことなので、大きく書きます。

これからもプログラミングを大いに楽しんでください！

2022年6月吉日　著者　矢沢久雄

謝辞

本書の作成ならびに改訂にあたり、企画の段階からお世話になりました株式会社翔泳社のスタッフの皆様、若かりし頃の筆者にプログラミングを指導してくださった先輩諸兄の皆様、そして何より、本書をご購読いただいた読者の皆様に、この場をお借りして厚く御礼申し上げます。

Answer

まとめのCheck Testの解答例

第1章

A1 (1) ーイ (2) ーア (3) ーウ

A2 (1) ーウ (2) ーア (3) ーイ

A3 (1) ーウ (2) ーイ (3) ーア (4) ーエ (5) ーア

A4 (1) ーイ (2) ーウ (3) ーア

第2章

A1 (1) ーエ (2) ーウ (3) ーイ (4) ーア

A2 (1) ーイ (2) ーア (3) ーウ

A3 (1) ーウ (2) ーイ (3) ーア

A4 (1) ーイ (2) ーウ (3) ーア

第3章

A1 (1) ーエ (2) ーア (3) ーウ (4) ーイ

A2 (1) ーア (2) ーエ (3) ーウ (4) ーイ

A3 (1) ーウ (2) ーイ (3) ーア

A4 (1) ーエ (2) ーウ (3) ーア (4) ーイ

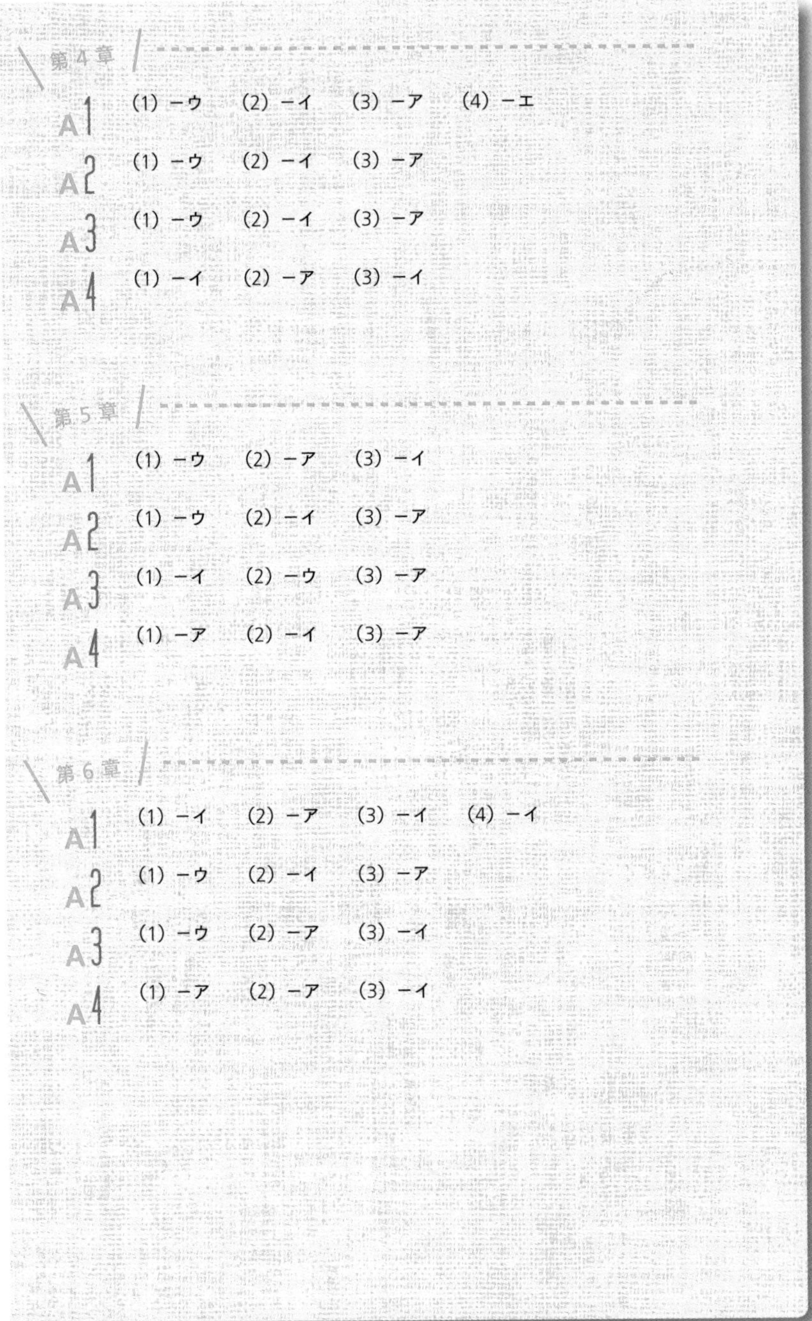

第4章

A1 (1) ーウ　(2) ーイ　(3) ーア　(4) ーエ

A2 (1) ーウ　(2) ーイ　(3) ーア

A3 (1) ーウ　(2) ーイ　(3) ーア

A4 (1) ーイ　(2) ーア　(3) ーイ

第5章

A1 (1) ーウ　(2) ーア　(3) ーイ

A2 (1) ーウ　(2) ーイ　(3) ーア

A3 (1) ーイ　(2) ーウ　(3) ーア

A4 (1) ーア　(2) ーイ　(3) ーア

第6章

A1 (1) ーイ　(2) ーア　(3) ーイ　(4) ーイ

A2 (1) ーウ　(2) ーイ　(3) ーア

A3 (1) ーウ　(2) ーア　(3) ーイ

A4 (1) ーア　(2) ーア　(3) ーイ

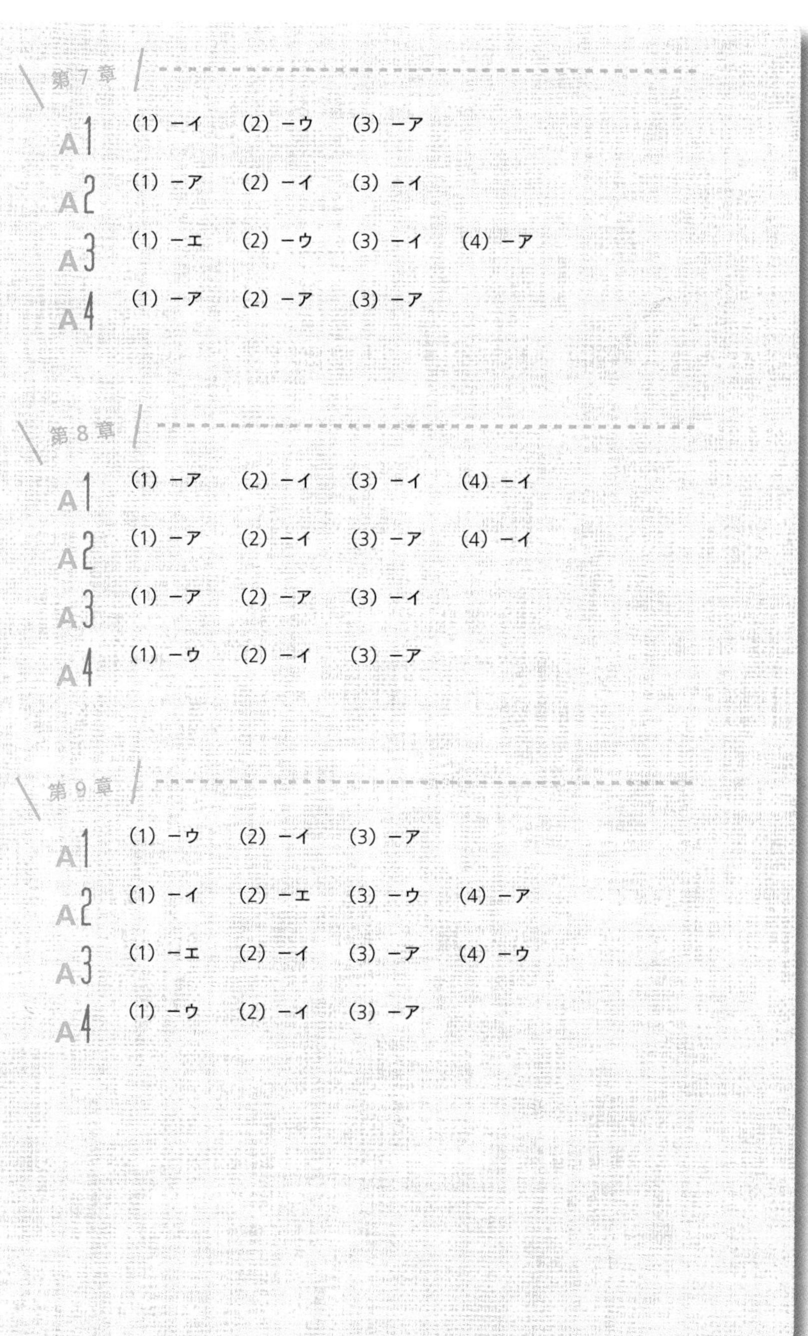

第7章

A1 (1)－イ　(2)－ウ　(3)－ア

A2 (1)－ア　(2)－イ　(3)－イ

A3 (1)－エ　(2)－ウ　(3)－イ　(4)－ア

A4 (1)－ア　(2)－ア　(3)－ア

第8章

A1 (1)－ア　(2)－イ　(3)－イ　(4)－イ

A2 (1)－ア　(2)－イ　(3)－ア　(4)－イ

A3 (1)－ア　(2)－ア　(3)－イ

A4 (1)－ウ　(2)－イ　(3)－ア

第9章

A1 (1)－ウ　(2)－イ　(3)－ア

A2 (1)－イ　(2)－エ　(3)－ウ　(4)－ア

A3 (1)－エ　(2)－イ　(3)－ア　(4)－ウ

A4 (1)－ウ　(2)－イ　(3)－ア

第10章

A1 (1) ーウ　(2) ーア　(3) ーイ

A2 (1) ーア　(2) ーイ　(3) ーア

A3 (1) ーエ　(2) ーウ　(3) ーア　(4) ーイ

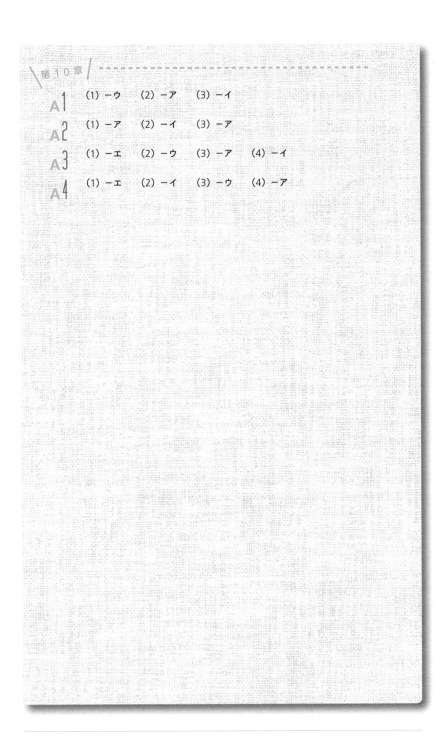

A4 (1) ーエ　(2) ーイ　(3) ーウ　(4) ーア

索引

記号

- 29, 51
-- 97
　後置き 98
　前置き 98
! 79
!= 77, 166
" " 26, 54, 95
#include 38, 39
#include <cmath> 117
#include <cstring> 276
#include <fstream> 348
#include <iomanip> 59, 364
#include <iostream> 38
#include <string> 85
% 51
%= 62
& 132, 138, 364
&& 79
&（参照渡し） 144
&operator 319
* 29, 51
*（値渡し） 130
*（ポインタ変数） 195
*（ポインタ渡し） 134, 138
*this 286
. 149, 164, 181
.bin 353
.cpp 17
.exe 17
.h 124, 125
/ 29, 51
/* ～ */ 49
// 49
/= 61
: 222
:: 42, 176
; 20, 96
[ ] 103, 166
{ } 42
|| 79
~ 190
' ' 95
¥ 97
¥' 97
¥" 97
¥¥ 97
¥n 97
¥t 97
+ 29, 51, 166
++ 97
　後置き 98
　前置き 98
+= 62, 166
< 77, 166
<< 53, 167
<= 77, 166
= 29, 166
== 30, 77, 166
> 77, 166
-> 153
>= 76, 77, 166
>> 53, 167

数字

10進数 362
16進数 362, 363
1バイト 362
2進数 362

A

algorithm 395
AND 364
argc 360
argv 360
auto型 112

B

begin 396
BMI 37
bool 46, 47
break; 87
break文 107

C

C# 32
C++ 32
case 87, 89
cd 23
cerr 367
char 46, 47
cin 53, 54
class 172, 223
clear 166
close 350
cmath 117
const 64, 139
continue; 109
continue文 109
count 391, 395, 400
cout 40, 53, 55
cstring 161, 276
C言語 32

D

default: 87
delete演算子 194, 197
dir 23
do～while文 93, 95
double 46, 47

E

else 74
else if 78
empty 166, 393
end 396
endl 40, 60, 97
enum 156
exit 25

F

false 47
FIFO 386
find 166, 395, 398
fixed 58, 60

float 46, 47
for文 96, 98
friend 288
front 393
fstream 348

G

g++ 23
  --help 24
  -o 24
G++ 10
GCC 10
get 220, 357
getline 352

H

has-a関連 236
hex 364

I

if～else文 73, 74, 77, 78
ifstreamクラス 352
inline 299
insert 390
int 42, 46, 47
int main() { } 42
iomanip 59, 364
ios::binary 354, 357
ios::in 357
ios::out 354
iostream 39
is_open 349
is-a関連 236
istreamクラス 287

J

Java 32

L

length 163, 166
LIFO 386
long 46, 47

M

main関数 42, 43
make_pair 390
map 385, 390
MinGW 3, 10

N

new演算子 194, 197

O

ofstreamクラス 348
operator演算子 279
ostreamクラス 287

P

part-of関連 236
pop 393
pop_back 389
private: 172, 216
private継承 223
protected: 216
protected継承 223
public: 172, 216
public継承 223
push 393
push_back 389
put 355

Q

queue 385, 393

R

replace 395, 400
return 43
return文 43
reverse 395, 400

S

set 220
setfill 364
setprecision 58, 60
setw 364
short 46, 47
size 389
sizeof演算子 106
sort 395, 396
sqrt 30, 117
stack 385, 393
static 199
STL 385
strcmp 276
string 85
stringクラス 85, 163, 165
strlen 161
struct 147
substr 166
switch文 73, 82, 86, 88

T

template 377
this-> 177, 286
thisポインタ 177, 286
true 47
twice 299

U

UML 247
　依存 247
　継承 247
　合成 247
　集約 247
union 156
unsigned 47
unsigned char 46
unsigned int 46
unsigned long 46

unsigned short 46
until文 93
uppercase 364
using namespace 40, 42
using namespace std; 40

V

vector 385, 388
virtual 244, 259
void 121

W

while文 91, 93

あ

アクセサ 220
アクセス指定子 216, 223
値渡し 129
アドレス 134
アルゴリズム 395
　整列 396
　探索 398
アロー演算子 153
暗黙の型変換 67

い

委譲 235
異常系 342
イテレータ 395
イニシャライザ 224
インクリメント演算子 97
インクルード 39
インスタンス 163, 187
　宣言 181
インデックス 103
インデント 20
インライン関数 299
インライン展開 299

え

エスケープ記号 97
エスケープシーケンス 97
エスケープ文字 97
演算 27
演算子 29, 50
演算子のオーバーロード
　............................ 166, 167, 276
演算子の優先順位 51
演算装置 27

お

オーバーライド 255
オーバーロード 152, 262
　<< 287
　>> 287
　演算子 278
　比較演算子 283
オブジェクト 53, 163, 187
　動的に生成 194
　破棄 194
オブジェクト指向の三大要素 209
オブジェクト指向の三本柱 209

オブジェクト指向プログラミング
 .... 31, 161, 174
親クラス 222

か

格納 29
加算 29, 50
仮想関数 259
カプセル化 209
カレントディレクトリ 23
環境変数 12
関数 30, 117
begin 396
clear 166
count 391, 395, 400
empty 166, 393
end 396
find 166, 395, 398
front 393
get 357
getline 352
insert 390
length 163, 166
make_pair 390
pop 393
pop_back 389
push 393
push_back 389
put 355
replace 395, 400
reverse 395, 400
size 389
sort 395, 396
sqrt 30, 117
strcmp 276
strlen 161
substr 166
twice 299
関数テンプレート 376
関数のプロトタイプ 121

き

偽 47
記憶 27
記憶装置 27
基底クラス 222
基本クラス 222
キャスト 67
キュー 385, 386, 391
共用体 156

く

クラス 117, 163, 187
定義 171, 172, 223
クラステンプレート 382
繰り返し 28, 91
グローバルオブジェクト 193
グローバル解決演算子 176
グローバル変数 127

け

継承 210, 222, 226
ゲッタ 220
減算 29, 50

こ

合成 236
構造体 146
　定義 147
コールする 30
子クラス 222
コピーコンストラクタ 295, 300
コマンド 23
　cd 23
　dir 23
　exit 25
　g++ 23
コマンドプロンプト 23
コマンドライン引数 360
コメント 49, 50
コンストラクタ 172, 190
コンソール 53
コンテナ 385
コンパイラ 3, 17
コンパイル 17, 22
コンピュータの五大装置 27

さ

サブクラス 222
三項演算子 82
算術演算子 50
　オーバーロード 278
参照渡し 144

し

字下げ 20
実装 175
シャローコピー 306
集約 232
終了コード 43
出力 27, 53
　書式設定 58
出力装置 27
順次 28
純粋仮想関数 243
乗算 29, 50
初期化 177
除算 29, 50
真 47

す

数値リテラル 48
スーパークラス 222
スコープ 127
スコープ解決演算子 42, 176
スタック 385, 386, 391

せ

制御 27
制御装置 27
正常系 342
整数型 46
静的メンバ 199
セッタ 220

宣言
インスタンス 181
配列 103, 105
プロトタイプ 123
変数 48

そ

添え字 103
ソースコード 17, 19
ソースファイル 17
作成 19
ソフトウェア 27

た

代入 30
多次元配列 107
多重継承 228
多重定義 152
多重ループ 100
多態性 210, 211, 238
単精度浮動小数点数形式 47

ち

抽象クラス 244

て

ディープコピー 306
定義
クラス 171, 172, 223
構造体 147
変数 64
定数 46, 64
定義 64
データ型 46
テキストエディタ 3
テキストファイル 346
デクリメント演算子 97
デストラクタ 190
手続き型プログラミング 31, 161
デフォルトコピーコンストラクタ 295
デフォルトコンストラクタ
.... 178, 225, 267, 295
デフォルト引数 273

と

統一モデリング言語 247
動的 194, 388
動的配列 388
特化 240

に

入出力マニピュレータ 60
入力 27, 53
入力装置 27

ね

ネームスペース 41
ネストしたループ 100

は

ハードウェア 27
倍精度浮動小数点数形式 47
バイト 46
バイナリファイル 346
配列 103
　宣言 103, 105
　動的な生成 197
　破棄 197
配列の長さ 139
配列の要素数 139
バグ 128
パス 10
パスの設定 10
派生クラス 216, 222
汎化 240
汎用関数 378
汎用クラス 382

ひ

比較演算子 50, 76, 77
　オーバーロード 283
引数 30
ビット演算 364
標準エラー出力 367
標準関数 117, 120
標準出力 367
標準入力 367

ふ

複合代入演算子 61
符号あり 47
符号なし 47
浮動小数点数型 46, 47
プレースホルダ 377
フレンド関数 288
プログラミングツール 3
プログラム 27
　改造 25
　実行 25
　部品化 31
ブロック 42
プロトタイプ 121
プロトタイプ宣言 123
文 43
分岐 28, 73

へ

ベクトル 385, 387
ヘッダファイル 39, 124
　algorithm 395
　cmath 117
　cstring 161, 276
　fstream 348
　iomanip 59, 364
　iostream 39
　map 385
　queue 385
　stack 385
　string 85
　vector 385
変数 29
　宣言 48

ほ

ポインタ 129
　インクリメント 142
　デクリメント 142
ポインタ変数 194, 195
ポインタ渡し 129, 134

ま

マジックナンバー 64
マップ 385, 386, 389

む

無限ループ 92

め

明示的な型変換 67
命名規約 46
命令 27
メモリリーク 195
メンバ 147
メンバオブジェクト 232
メンバ関数 163, 173
メンバ変数 163, 173

も

文字 95
文字コード 47
モジュール 31, 117
モジュール化 31, 117
文字列 95
戻り値 30

よ

要素番号 103
呼び出す 30

り

リダイレクト 369
リンク 119

る

ループカウンタ 96, 179

れ

列挙型 156
連想コンテナ 391
連想配列 391

ろ

ローカルオブジェクト 193
ローカル変数 127
論理演算 47
論理演算子 50, 79
論理積 364

■著者プロフィール

矢沢 久雄（やざわ ひさお）

1961年栃木県足利市生まれ。パッケージソフトの開発と販売に従事する傍ら、書籍や雑誌記事の執筆活動や、IT企業や学校における講演活動も、精力的にこなしている。お客様の満足を何よりも大事にする、自称ソフトウエア芸人である。

『情報処理教科書 出るとこだけ！ 基本情報技術者 テキスト＆問題集（翔泳社）』『プログラムはなぜ動くのか 第3版（日経BP社）』『新・標準プログラマーズライブラリ アルゴリズム はじめの一歩 完全攻略（技術評論社）』『10代からのプログラミング教室 できる！ わかる！ うごく！（河出書房新社）』『いちばんやさしいSQL入門教室（ソーテック社）』など多数の著書がある。

装丁・本文デザイン	新井 大輔
イラスト・マンガ	ヤギワタル
DTP	株式会社シンクス
macOS環境 編集・検証協力	文鳥姉妹

スラスラわかるC++ 第3版

2022年 7月19日 初版第1刷発行
2024年 2月 5 日 初版第2刷発行

著 者 矢沢 久雄（やざわ ひさお）
発行人 佐々木 幹夫
発行所 株式会社 翔泳社（https://www.shoeisha.co.jp/）
印刷・製本 株式会社ワコー

ISBN978-4-7981-7294-1 Printed in Japan